新工科建设·人工智能与智能科学系列教材

机器学习与算法应用

主　编　许桂秋　汤海林　武文斌

副主编　李　鹏　褚　杰　张立辉　宋　智

電子工業出版社

Publishing House of Electronics Industry

北京·BEIJING

内 容 简 介

本教材从实用的角度出发，采用理论与实践相结合的方式，介绍机器学习算法与应用的基础知识，力求培养读者使用机器学习相关算法进行数据分析的能力。本教材的主要内容有机器学习概述，机器学习的Python常用库，回归分析与应用，特征工程、降维与超参数调优，分类算法与应用，关联规则，聚类算法与应用，神经网络，文本分析，图像数据分析，深度学习入门。

本教材可以作为人工智能学科相关的机器学习技术的入门教材，目的不在于覆盖机器学习技术的所有知识点，而是介绍机器学习的常用算法及其应用，使读者了解机器学习的基本构成及不同场景下使用何种机器学习算法。为了增强实践效果，本教材引入了多个基础技术案例及综合实践案例，以帮助读者了解机器学习涉及的基本知识和技能。

本教材可作为高等院校本科生机器学习、数据分析、数据挖掘等课程的教材，也可供对机器学习技术感兴趣的读者阅读参考。

图书在版编目（CIP）数据

机器学习与算法应用 / 许桂秋，汤海林，武文斌主编. —北京：电子工业出版社，2023.1

ISBN 978-7-121-44709-9

Ⅰ. ①机… Ⅱ. ①许… ②汤… ③武… Ⅲ. ①机器学习－算法－高等学校－教材 Ⅳ. ①TP181

中国版本图书馆 CIP 数据核字（2022）第 242306 号

责任编辑：孟　宇　　　　特约编辑：田学清
印　　刷：保定市中画美凯印刷有限公司
装　　订：保定市中画美凯印刷有限公司
出版发行：电子工业出版社
　　　　　北京市海淀区万寿路 173 信箱　　　邮编：100036
开　　本：787×1092　1/16　　印张：18.75　　字数：480 千字
版　　次：2023 年 1 月第 1 版
印　　次：2023 年 7 月第 2 次印刷
定　　价：69.80 元

凡所购买电子工业出版社图书有缺损问题，请向购买书店调换。若书店售缺，请与本社发行部联系，联系及邮购电话：（010）88254888，88258888。

质量投诉请发邮件至 zlts@phei.com.cn，盗版侵权举报请发邮件至 dbqq@phei.com.cn。

本书咨询联系方式：mengyu@phei.com.cn。

前　言 PREFACE

机器学习是人工智能的重要技术基础，涉及的内容十分广泛。本教材涵盖了机器学习的基础知识，主要包括机器学习的概述、回归、分类、聚类、神经网络、文本分析、图像分析等经典的机器学习基础知识，还包括深度学习入门等内容。

本教材是由广东白云学院曙光大数据产业学院牵头，联合数据中国“百校工程”项目中的高校及广东白云学院、白云宏产业学院老师共同编写的校企双元教材，也可供对机器学习感兴趣的读者阅读参考。本教材适合作为高等院校本科生机器学习、数据分析、数据挖掘等课程的教材，也可供对机器学习感兴趣的读者阅读参考。全书章节结构如下。

第 1 章为机器学习概述。介绍机器学习的基础概念和知识，包括机器学习简介，人工智能、数据挖掘和机器学习，典型机器学习应用领域，机器学习算法分类。

第 2 章为机器学习的 Python 常用库。在机器学习和人工智能领域，Python 是受欢迎的编程语言之一。Python 的设计哲学是优雅、明确、简单，属于通用型的编程语言。本章介绍机器学习常用的几个 Python 库及其使用基础。

第 3 章为回归分析与应用。回归分析是一种针对连续型数据进行预测的方法，目的在于分析两个或多个变量之间是否相关及相关方向和强度的关系。回归分析可以帮助人们观测数据连接有一个自变量变化时因变量的变化情况。本章介绍不同回归算法及其应用，并使用 Python 来建立回归模型进行分析。几种回归算法分别是线性回归、岭回归和 Lasso 回归、逻辑回归。

第 4 章为特征工程、降维与超参数调优。本章介绍机器学习的基础知识，包括特征工程、降维与超参数调优，目标是使读者理解并掌握机器学习的主要原理。特征工程就是一个从原始数据提取特征的过程，从而使这些特征能表征数据的本质特点，并使基于这些特征建立的模型在未知数据上的性能可以达到最优。特征提取越有效，意味着构建的模型性能越出色。高维数据降维是指采用某种映射方法，降低随机变量的数量，如将数据点从高维空间映射到低维空间，从而实现维度减少。降维分为特征选择和特征提取两类，前者是从含有冗余信息及噪声信息的数据中找出主要变量，后者是去掉原来数据，生成新的变量，可以寻找数据内部的本质结构特征。通常情况下，有很多参数是需要手动指定的（如 K 近邻算法中的 K 值），这种叫超参数。但是手动指定过程烦杂，所以需要对模型预设几种超参数组合。每组超参数都采用交叉验证来进行评估，最后选出最优参数组合建立模型。它们跟训练过程中学习的参数（权重）是不一样的，通常是手工设定的，还要不断试错调整。机器学习模型的性能与超参数直接相关。超参数越能确调优，得到的模型就越好。

第 5 章为分类算法与应用。分类是一种常见的机器学习问题。本章首先讨论分类问题简介，然后对 K 近邻算法、概率模型、朴素贝叶斯分类、向量空间模型、支持向量机和集成学习进行介绍。

第 6 章为关联规则。关联规则是机器学习经典的算法之一。本章首先讨论关联规则的概念，然后讲解典型关联规则算法——Apriori 算法。

第 7 章为聚类算法与应用。聚类算法是一种无监督学习算法，在无监督学习中占据很大的比例。本章主要介绍几种聚类分析的算法，如划分聚类、层次聚类、密度聚类。除此之外，还介绍了聚类效果评测。

第 8 章为神经网络。人工神经网络（ANN）是由简单神经元经过相互连接形成的网状结构，通过调节各连接的权重改变连接的强度，进而实现感知判断。神经网络作为一种重要的机器学习方法，已在医学诊断、信用卡欺诈识别、手写数字识别及发动机的故障诊断等领域得到了广泛应用。本章包括神经网络介绍、神经网络相关概念、神经网络识别 MNIST 手写数据集三部分，重点介绍神经网络的概念，为后续深度学习章节的内容打下基础。

第 9 章为文本分析。文本分析是机器学习领域重要的应用之一。通过对文本内部特征提取获取隐含的语义信息或概括性主题，从而产生高质量的结构化信息，合理的文本分析技术能够获取作者的真实意图。本章首先讨论文本数据处理的相关概念，再介绍中英文的文本数据处理方法对比，然后介绍文本数据处理分析案例，最后介绍自然语言处理的应用。

第 10 章为图像数据分析。图像数据分析是机器学习领域重要的应用之一。本章首先讨论图像相关的基本概念，然后结合 Python 图像处理工具包介绍图像数据分析的常用方法。本章包括图像数据、图像数据分析方法、图像数据分析案例、计算机视觉的应用四部分。

第 11 章为深度学习入门。深度学习是一种利用复杂结构的多个处理层来实现对数据进行高层次抽象的算法，是机器学习的一个重要分支。传统的 BP 算法往往仅有几层网络，需要手工指定特征，并且易出现局部最优问题；而深度学习引入了概率生成模型，可自动从训练集提取特征，解决了手工特征考虑不周的问题；而且深度学习初始化了神经网络权重，采用反向传播算法进行训练，与 BP 算法相比取得了很好的效果。本章首先介绍深度学习的概念，然后重点介绍卷积神经网络和循环神经网络的理论及深度学习流行框架，最后介绍一个基于卷积神经网络识别手写数字的实战。

目　　录 | CONTENTS

第 1 章

机器学习概述

近年来，伴随着计算机计算能力的不断提升及大数据时代的到来，人工智能也获得了前所未有的进步。目前，很多企业均开始将机器学习的相关技术应用于业务工作中，以此获得更为强大的洞察力，也为企业的日常工作和企业运营带来了很大的帮助，从而提高了整个产品的服务质量。机器学习的典型应用领域有搜索引擎、自动驾驶、量化投资、计算机视觉、信用卡欺诈检测、游戏、数据挖掘、电子商务、图像识别、自然语言处理、医学诊断、证券金融市场分析及机器人等，因此在一定程度上，机器学习相关技术的进步也提升了人工智能领域发展的速度。

1.1 机器学习简介

机器学习（Machine Learning）作为计算机科学的子领域，是人工智能领域的重要分支和实现方式。1997 年，汤姆・米切尔（Tom Mitchell）在 *Machine Learning* 一书中提到，机器学习的思想在于计算机程序随着经验的积累，能够提高实现性能。同时，他也提出了相对形式化的描述：对于某一类任务 T 及其性能度量 P，若一个计算机程序在 T 上以 P 衡量的性能随着经验 E 而自我完善，那么就称这个计算机程序在从经验 E 学习。

机器学习是一门交叉学科，其主要的基础理论包括数理统计、数学分析、概率论、线性代数、优化理论、数值逼近及计算复杂性理论。其核心的元素是算法、数据及模型。

1.1.1 机器学习简史

作为一门不断发展的学科，机器学习尽管在最近几年才发展成为一门独立的学科，但是其起源可以追溯到从 20 世纪 50 年代发展起来的人工智能的逻辑推理、启发式搜索、专家系统、符号演算、自动机模型、模糊数学及神经网络的反向传播 BP 算法等。当时，尽管这些相关技术并没有被叫作机器学习，但是现如今，它们却是机器学习重要的基础理论。

从学科发展过程的角度去思考机器学习，对目前层出不穷、各种各样的机器学习算法的理解是有帮助的。表 1-1 所示为机器学习的大致演变过程。

表 1-1　机器学习的大致演变过程

机器学习阶段	年份	主要成果	代表人物
人工智能起源	1936	自动机模型理论	阿兰 • 图灵
	1943	MP 模型	沃伦 • 麦卡洛克、沃特皮茨
	1951	符合演算	冯 • 诺依曼
	1950	逻辑主义	克劳德 • 香农
	1956	人工智能	约翰 • 麦卡锡、马文 • 明斯基、克劳德 • 香农
人工智能初期	1958	LISP	约翰 • 麦卡锡
	1962	感知器收敛理论	弗兰克 • 罗森布拉特
	1972	通用问题求解	艾伦 • 纽厄尔、赫伯特 • 西蒙
	1975	框架知识表示	马文 • 明斯基
进化计算	1965	进化策略	英格 • 雷森博格
	1975	遗传算法	约翰 • 亨利 • 霍兰德
	1992	基因计算	约翰 • 柯扎
专家系统和知识工程	1965	模糊逻辑、模糊集	拉特飞 • 扎德
	1969	DENDRA、MYCIN	费根鲍姆、布坎南、莱德伯格
	1979	ROSPECTOR	杜达
神经网络	1982	Hopfield 网络	霍普菲尔德
	1982	自组织网络	图沃 • 科霍宁
	1986	BP 算法	鲁姆哈特、麦克利兰
	1989	卷积神经网络	乐康
	1998	LeBNet	乐康
	1997	循环神经网络 RNN	塞普 • 霍普里特、尤尔根 • 施密德胡伯
分类算法	1986	决策树 ID3 算法	罗斯 • 昆兰
	1988	Boosting 算法	弗罗因德、米迦勒 • 卡恩斯
	1993	C4.5 算法	罗斯 • 昆兰
	1995	AdaBoost 算法	弗罗因德、罗伯特 • 夏普
	1995	支持向量机	科林纳 • 科尔特斯、万普尼克
	2001	随机森林	里奥 • 布雷曼、阿黛勒 • 卡特勒
深度学习	2006	深度信念网络	杰弗里 • 希尔顿
	2012	谷歌大脑	吴恩达
	2014	生成对抗网络 GAN	伊恩 • 古德费洛

机器学习的发展分为知识推理、知识工程、浅层学习和深度学习几个阶段。知识推理期始于 20 世纪 50 年代中期，这时的人工智能主要通过专家系统提供计算机逻辑推理功能。赫伯特 • 西蒙（Herbert Simon）和艾伦 • 纽厄尔（Allen Newell）实现的自动实现定理证明系统（Logic Theorist）证明了逻辑学家拉塞尔和怀特海德撰写的《数学原理》中的 52 个定

理，甚至其中一个定理比原作者的证明更精巧。从 20 世纪 70 年代开始，人工智能进入知识工程时期，费根鲍姆（Feigenbaum）作为知识工程之父，于 1994 年获得了图灵奖。由于人类无法汇总所有知识并将其教授给计算机系统，因此现阶段的人工智能正面临知识获取的瓶颈。实际上，在 20 世纪 50 年代人们已经进行了机器学习的相关研究，代表性的工作主要是罗森布拉特（Rosenblatt）基于神经感觉科学提出的计算机神经网络，即感知器。在随后的十年，浅层学习的神经网络风靡一时，其代表是马文•明斯基（Marvin Minsky）提出的著名的 XOR 问题和感知器线性度不可分割的问题。由于计算机的计算能力有限，很难训练多层网络，通常仅使用具有一个隐藏层的浅层模型，所以虽然当时已经陆续有人提出了各种浅层机器学习模型，对理论分析和应用都产生了较大的影响，但是理论分析和训练方法要有大量的经验和技能，之后随着近邻算法的提出，浅层模型在模型理解、准确性和模型训练方面都已经被超越，机器学习的发展几乎停滞不前。

在 2006 年，希尔顿（Hinton）发表了一篇深度信念网络的论文，本戈欧（Bengio）等人发表了 *Greedy Layer-Wise Training of Deep Networks* 一文，乐康（LeCun）团队发表了 *Efficient Learning of Sparse Representations with an Energy-Based Model* 一文，这些事件标志着人工智能正式进入深层网络的实践阶段。同时，云计算和 GPU 并行计算为深度学习的发展提供了基础，尤其是近年来，机器学习在各个领域都实现了迅猛发展。但新的机器学习算法面临的主要问题更加复杂。机器学习的应用领域已从广度向深度发展，这对模型的训练和应用提出了更高的要求。随着人工智能的发展，冯•诺依曼有限状态机的理论基础变得越来越难以满足当前神经网络中层数的要求，这些都给机器学习带来了挑战。

1.1.2　机器学习主要流派

在人工智能的发展过程中，随着人们对智能的理解加深和对实际问题的解决方案的优化，机器学习大致出现了符号主义、贝叶斯、联结主义、进化主义、行为类推主义五大流派。

1．符号主义

符号主义起源于逻辑学和哲学，其实现方法是利用符号来表达知识并使用规则进行逻辑推理。专家系统和知识工程是该主义的代表。符号主义学派认为，知识是信息符号的表示，是人工智能的基础。这些符号被输入计算机中进行仿真和推理，以实现人工智能。

2．贝叶斯

贝叶斯定理是概率论中的一个定理，其中 $P(A|B)$ 是事件 B 发生时事件 A 发生的概率（条件概率）。贝叶斯学习已被应用于许多领域。例如，自然语言中的情感分类、自动驾驶和垃圾邮件过滤等。

3．联结主义

联结主义起源于神经科学，主要算法是神经网络，它由大量神经元以一定结构组成。生物中的神经元是一种树状的细胞，它由细胞主体和细胞突起组成，长轴突被鞘覆盖以形成神经纤维，其末端的小分支称为神经末梢。每个神经元可以具有一个或多个树突，这些树突可以接受刺激并将兴奋转移到细胞体内。每个神经元只有一个轴突，可以将兴奋从细胞体传递到另一个神经元或其他组织，神经元相互连接，从而形成一个大型的神经网络，人类所学到的几乎所有知识都存在其中，图 1-1 所示为机器学习中神经元的结构。

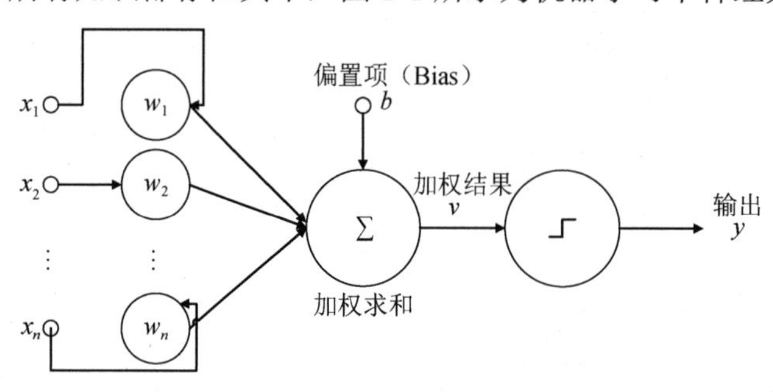

图 1-1　机器学习中神经元的结构

在神经网络中，将 n 个互相连接的神经元的输出用作当前神经元的输入，进行加权计算，并添加一个偏置（Bias）之后，通过激活函数实现变换，激活功能的作用是将输出控制在一定范围内。以 Sigmoid 函数为例，输入是从负无穷大到正无穷大，在激活后会映射到（0，1）区间。

人工神经网络是层（Layer）组织的，每层包含多个神经元，这些层通过某种结构连接，对神经网络训练的目的是找到网络中各个突触连接的权重和偏置。作为一种监督学习算法，神经网络的训练过程是通过不断反馈当前网络计算结果与训练数据之间的误差来校正网络权重，使得误差足够小，这就是反向传播算法。

4．进化主义

1850 年，达尔文提出了进化论。在微观上，DNA 是线性串联编码，进化过程是基因交叉和突变的过程。在宏观上，进化过程是优胜劣汰的过程。人工智能需要适应不断变化的环境，通过对进化过程进行建模来生成智能行为。根据进化主义生成的进化算法（Evolutionary Algorithm，EA）是基于宏观进化的原理，在计算机上模拟进化过程，直到找到最佳结果的算法。进化算法的基本操作包括基因编码、种群初始化和交叉变异算子等。它是一种相对成熟的全局优化方法，具有广泛的适用性，具有自组织、自适应和自学习的特性，可以有效地处理传统优化。但用该算法难以解决复杂问题（如 NP 难优化问题）。进化算法的优化应根据具体情况进行算法选择，也可以与其他算法结合进行补充。对于动态数据，可能难以使用进化算法来找到最佳解，并且种群可能会过早收敛。

5．行为类推主义

根据约束条件优化功能，行为类推主义者倾向于通过类比推理获得知识和理论，在未知情况和已知情况之间建立相应的关系。在实际应用中，行为类推是计算它们之间的相似度，然后定义关联关系。

1.2　人工智能、数据挖掘和机器学习

当前，人工智能非常流行，但是许多人很容易将人工智能与机器学习混淆。此外，数据挖掘与机器学习也很容易混淆。本质上，数据挖掘的目标是通过处理各种数据来促进人们的决策；机器学习的主要任务是使机器模仿人类的学习过程来获取知识。人工智能使用机器学习和推理来最终形成特定的智能行为。机器学习与其他领域的关系如图 1-2 所示。

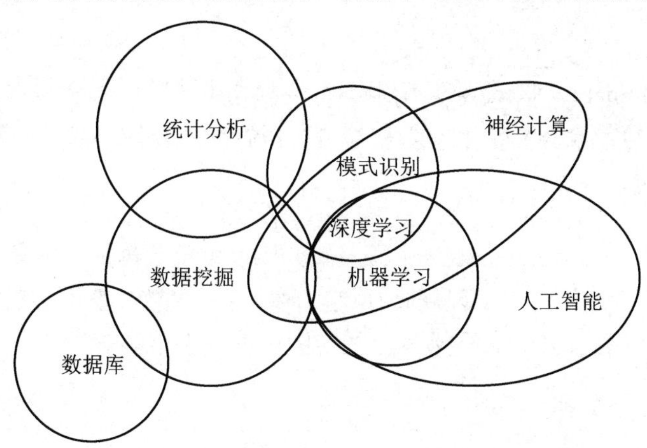

图 1-2　机器学习与其他领域的关系

1.2.1　什么是人工智能

人工智能可以使机器的行为看起来像人类所表现出的智能行为。这是由麻省理工学院的约翰·麦卡锡（John McCarthy）于 1956 年在达特茅斯会议上提出的，字面上讲就是为机器赋予智慧。人工智能的先驱者希望机器具有与人类相似的能力，如感知、语言、思考、学习、行动等。近年来，人工智能在世界范围内普及的主要原因是随着机器的发展，人们发现机器具有感知（图像识别）和学习方面的能力。

由于目前人工智能与人类智能之间的实现原理并不相同，特别是，人脑中信息的存储和处理尚未得到清晰的研究，与当前主流的深度学习理论有很大的基本差异。因此，人工智能现在仍处于“弱人工智能”（Narrow AI）阶段，距离“强人工智能”（General AI）阶段还很远。例如，人类不需要大量的数据来进行反复的迭代学习以获取知识和进行推理，他们只需要看一下自行车的图像就可以粗略地区分各种自行车。因此，要达到“强人工智能”阶段，可能有必要对计算机的基本理论进行创新并模仿人脑的结构设计。

典型的人工智能系统包括以下方面。

（1）博弈游戏（如深蓝、Alpha Go、Alpha Zero 等）。

（2）机器人相关控制理论（运动规划、控制机器人行走等）。

（3）机器翻译。

（4）语音识别。

（5）计算机视觉系统。

（6）自然语言处理（自动程序）。

1.2.2 什么是数据挖掘

数据挖掘使用如机器学习、统计学和数据库等方法来发现在相对大量的数据集中的模式和知识。它涉及数据预处理、模型和推理、可视化等。数据挖掘包括以下类型的常见任务。

1. 异常检测

异常检测（Anomaly Detection）识别不符合预期模式的样本和事件。异常也称为离群值、偏差和例外。异常检测通常用于入侵检测、银行欺诈检测、疾病检测、故障检测等。

2. 关联规则学习

关联规则学习（Association Rule Learning）可以发现数据库中变量之间的关系（强规则）。例如，在购物篮分析中，发现规则{面包，牛奶}→{酸奶}表示如果客户同时购买面包和牛奶，他们很有可能也会购买酸奶，这些规则可以用于市场营销。

3. 聚类

聚类是一种探索性分析，在数据结构未知的情况下，人们根据相似度将样本划分为不同的簇或子集，不同簇的样本有很大的差异，以发现数据的类别和结构。

4. 分类

分类是根据已知样本的某些特征确定新样本所属的类别的过程。机器可以通过特征选择和学习，建立判别函数以对样本进行分类。

5. 回归

回归是一种统计分析方法，用于了解两个或多个变量之间的相关关系，回归的目标是找到误差最小的拟合函数作为模型，并使用特定的自变量来预测因变量的值。

随着数据存储（非关系 NoSQL 数据库）、分布式数据计算（Hadoop/Spark 等）、数据可视化和其他技术的发展，数据挖掘具有越来越强的理解事务的能力。数据的增多提高了人们对算法的要求。因此，一方面数据挖掘必须获取尽可能多，并且更有价值和更全面的数据；另一方面要从这些数据中提取价值。

数据挖掘在商务智能中有许多应用，特别是在决策辅助、流程优化和精确营销等方面。广告公司可以使用用户的浏览历史记录、访问记录、购买信息等数据来准确地投放宣传广告。利用舆论分析，尤其是情感分析，有关部门或公司可以提取公众意见来驱动市场决策。例如，在电影宣传期间采集社会评论，寻找与目标观众产生共鸣的元素，然后调整媒体宣传策略以迎合观众的口味并吸引更多人。

1.2.3　人工智能、数据挖掘和机器学习的关系

机器学习是人工智能的一个分支，作为人工智能的核心技术和实现方法，机器学习方法被用来解决人工智能面临的问题。机器学习使用一些算法，这些算法允许计算机自动“学习”，分析数据并从中获取规则，然后使用这些规则来预测新样本。

数据挖掘是从大量业务数据中挖掘隐藏的、有用的及正确的知识，以促进决策的执行。数据挖掘的许多算法都来自机器学习和统计学，统计学关注理论研究。机器学习中的某些算法利用统计理论，并在实际应用中对其进行优化以实现数据挖掘的目标。近年来，机器学习的演化计算、深度学习等方法也逐渐跳出实验室，从实际数据中学习模式并解决实际问题。数据挖掘与机器学习的交集越来越多，机器学习已成为数据挖掘的重要支撑技术。

机器学习是人工智能的重要支撑技术，其中深度学习就是一个重要分支。深度学习的典型应用是选择数据来训练模型，然后使用该模型进行预测。例如，博弈游戏系统（Deep Blue）专注于探索和优化未来的解决方案空间（Solution Space），而深度学习则为开发游戏算法（如 Alpha Go）提供了巨大帮助，并享誉全球。

数据挖掘与机器学习之间的关系越来越紧密。例如，通过分析公司的业务数据可以发现某种类型的客户在消费行为上与其他用户有着明显的差异，并通过可视化图表进行显示，这是数据挖掘和机器学习的工作，它主要输出某些信息和知识。企业决策者可以基于这些输出人为地更改业务策略，而人工智能则使用自动机器决策而不是人工行为来实现机器智能。

1.3　典型机器学习应用领域

机器学习可以显著提高企业的智能办公水平并增强其竞争力，对各个行业的影响越来越大。机器学习应用程序的典型领域包括网络安全、搜索引擎、产品推荐、自动驾驶、图像识别、语音识别、量化投资、自然语言处理等。随着海量数据的积累和硬件计算能力的提高，机器学习的应用领域仍在迅速增加中。

1.3.1　艺术创作

图像处理中有许多应用，尤其是卷积神经网络（CNN）等，它们在图像处理中具有天然的优势。机器学习被广泛应用于图像处理领域（如图像识别、图像分类、图像隐藏等），并且近年来在图像处理中的创新应用还涉及图像生成、美化、恢复和图像场景描述等。

2015 年，脸书开发了可描述图像内容的应用程序，通过描述图像中的背景、字符、对象和场景来帮助视障人士了解图像的内容。其主要的应用技术是图像识别，它以脸书现有图像库中的标记图像作为模型的训练集，在学习之后，它逐渐实现了对图像中对象的识别，但是内容的描述主要以列表的形式返回，而不是以故事的形式返回，因此这种类型的应用程序的一个困难是自然语言的生成，这是人工智能领域当前的困难之一。

借助深层的神经网络，人们可以通过合成画出充满艺术气息的图画。其原理是使用卷积神经网络提取模板图像中的绘画特征，然后应用马尔可夫随机场（MRF）来处理输入的涂鸦图像，最后合成一张新图像。图 1-3 所示为应用深度神经网络将图像生成艺术画，显示了 Neural Doodle 项目的应用效果。在图 1-3 中，左图是油画模板，中图是用户的涂鸦作品，右图是合成后的新作品。

图 1-3　应用深度神经网络将图像生成艺术画

除了在上述项目应用中生成新图像，神经网络还可以用于图像恢复，将对抗性神经网络（GAN）和卷积神经网络结合，并应用 MRF 理论对现有图像进行修复。此外，使用经过培训的 VGG Net 作为纹理生成网络可以删除现有图像中的干扰对象，这种技术具有广泛的应用范围。除了美化图像，经过培训的 VGG Net 还可以将其集成到图像处理软件中以进行智能图像编辑或扩展现有图像。

谷歌公司的 PlaNet 神经网络模型可以识别图像中的地理位置（不使用图像的 Extif 位置数据）。在该模型的训练过程中，使用了约 1.26 亿张网络图像，将图像的 Extif 位置信息用作标记，对除南北极和海洋的地球区域进行网格划分，从而使图像对应到特定的网格，然后使用约 9 100 万张图像进行培训，使用约 3 400 万张图像进行验证，以及使用 Flickr 中约 2 300 万张图像进行测试，大约 3.6%的图像可以被准确地识别出其所在街道，28%的图像可以被准确地识别出其所在的国家，48%的图像可以被准确地识别出其所在的大陆板块。该模型的识别误差距离约为 1 131 千米，在相同情况下，图像位置的人为定位误差距离为 2 320 千米。尽管训练样本的数量很大，但最终的神经网络模型的大小仅为 377MB。

1.3.2　金融领域

金融与人们的日常生活息息相关。与人类相比，机器学习在处理金融行业业务方面更为高效，它可以同时准确地分析成千上万的股票并在短时间内得出结论，它没有人的缺点，在处理财务问题上更可靠和稳定，通过建立欺诈或异常检测模型可以有效地检测出细微的模式差异并提高结果的准确性，来提高财务安全性。

在信用评分方面，评分模型用于评估信用过程中的各种风险并进行监督，根据客户的职业、薪水、行业、历史信用记录等信息确定客户的信用评分，这不仅可以降低风险，而且可以加快贷款流程，减少尽职调查的工作量并提高效率。

在欺诈检测中，人们基于收集的历史数据训练机器学习模型，以预测欺诈的可能发生性。与传统检测相比，此方法花费的时间更少，并且可以检测到更复杂的欺诈。在训练过程中，应注意样本类别的不平衡，以防止过度拟合。

在股市趋势预测方面，机器学习算法用于分析上市公司的资产负债表、现金流量表及其他财务数据和公司运营数据，并提取与股价或指数有关的特征进行预测。此外，使用与公司相关的第三方信息（如政策法规、新闻或社交网络中的信息），通过自然语言处理技术来分析舆情观点或情感指向，为股价预测提供支持，从而使预测结果更准确。另外，还可以应用监督学习方法建立两个数据集之间的关系，以便使用一个数据集来预测另一数据集的结果，如使用回归分析通胀对股票市场的影响等；可以在股票市场中使用无监督学习方法对影响因素进行分析，揭示背后的主要规则；深度学习适用于处理非结构化大数据集并提取不容易明确表达的特征；强化学习的目标是找到通过算法探索最大化收益的策略。应用诸如 LSTM 之类的深度学习方法可以基于股票价格波动的特征和可量化的市场数据进行股票价格的实时预测，该方法可用于股票市场和高频交易等其他领域中。

在客户关系管理（CRM）方面，机器学习可以从银行和其他金融机构的现有海量数据中提取信息，通过机器学习模型对客户进行细分，以支持业务部门的销售、宣传和营销活动。此外，如聊天机器人等集成人工智能技术可以为客户提供全天候服务，并提供个人财务助手服务，如提供个人财务指南和跟踪开支等。在长期积累用户的历史记录后，机器学习模型可以为客户提供合适的财务管理解决方案。

1.3.3　医疗领域

机器学习可用于预测患者的诊断结果，制定最佳治疗方案，甚至评估风险水平。另外，还可以减少人为错误。在 2016 年《美国医学会》杂志（JAMA Magazine）上发表的一项研究中，人工智能在学习了许多历史病理学图像之后，其识别准确性达到 96%。这一研究表明，在对糖尿病视网膜病变进行诊断方面，人工智能已经与普通医生水平相当。此外，在对 13 万张皮肤癌的临床图像进行深度学习之后，机器学习系统在皮肤癌的检测方面超过了皮肤科医生。

对于脑外科医生而言，术中病理分析通常是诊断脑肿瘤的最佳方法之一，但该过程耗时过长，容易延误正在进行的脑外科手术。科学家开发了一种机器学习系统，可以“染色”未经处理的大脑样本并提供非常准确的信息，效果与病理分析相同，诊断脑肿瘤的准确性和使用常规组织切片的准确性几乎一样，这对于接受脑瘤手术的患者来说非常重要，它大大减少了诊断时间。

在临床试验方面，每个临床试验都需要大量数据，如患者的病历、卫生日志、App 数据和医学检查数据等。机器学习可以收集并挖掘这些数据以获得有价值的信息。例如，某生物制药公司根据个体患者的生物特征进行建模，并根据患者的药物反应对测试人群进行分类，还在整个过程中监视患者的生物体征和反应。英国某公司使用机器学习技术来分析大量图像数据，通过分析模型识别和预测早期癌症，还为患者提供个性化的治疗程序。研究人员从大量心脏病患者的电子病历数据库中检索出患者的医疗信息，比如疾病史、手术史及个人生活习惯等，并在机器学习算法帮助下对该信息进行分析和建模，以预测患者的心脏病风险因素。机器学习在预测是否会患心脏病及预测心脏病患者人数方面均优于之前的预测模型。

1.3.4 自然语言处理

自然语言处理属于文本挖掘的范畴，融合了计算机科学、语言学和统计学等基础学科。自然语言处理包括自然语言理解和自然语言生成。前者包括文本分类、自动摘要、机器翻译、自动问答、阅读理解等。目前，机器学习在这些领域已经取得了很高的成就，然而自然语言生成方面成果却不是很多，具备一定智能且能够商用的产品少之又少。在自然语言处理中涉及的内容详细描述如下。

1. 分词

分词（Word Segmentation）主要基于字典对词语识别，最基本的方法是最大匹配方法（MM），其效果取决于字典的覆盖范围。另外，常见的基于统计的分词方法是利用语料库中的词频和共现概率等统计信息对文本进行分词。解决切分歧义的方法包括句法统计和基于记忆的模型。前者结合了自动分词和基于马尔可夫链词性的自动标注，并使用从人工标注语料库中提取出的词性的二元统计规律来消解歧义。而基于记忆的模型，将机器认为歧义的常见交集型歧义进行切分，如将“辛勤劳动”切分为“辛勤”“勤劳”“劳动”，并在表中预先记录唯一正确的分割形式，通过直接查找表可消除歧义。

2. 词性标记

词性标记（Part-of-Speech Tagging）用于标记句子中的单词的词性，如动词、名词等。词性标记本质上是对序列上的每个单词的词性进行分类和判断，故早期使用了隐马尔可夫模型进行词性标记，后来又出现了最大熵、条件随机场、支持向量机等模型。随着深度学习技术的发展，出现了许多基于深度神经网络的词性标记方法。

3. 句法分析

在句法分析中，人工定义规则非常耗时费力且维护成本高。近年来，自动学习规则的方法已成为句法分析的主流方法。目前，数据驱动的方法是主流的分析方法。通过将诸如概率值（如单词共现概率）之类的统计信息添加到文法规则中，扩展原始的上下文无关文法分析方法，最终实现概率上下文无关文法（Probabilistic Context Free Grammar，PCFG）分析方法，在实践中取得了较好的成果。句法分析主要分为依存句法分析、短语结构句法分析、深层文法句法分析和基于深度学习的句法分析等。

4. 自然语言生成

自然语言生成（Natural Language Generation，NLG）的难点在于，它需要大量知识库或逻辑形式的基础工作。人类语言系统中有较多的背景知识，一方面，机器表述系统在整合大量的背景知识（信息量太大）时有一定的困难；另一方面，语言很难在机器中进行合适的表达，因此自然语言生成的相关结果较少。

当前大多数自然语言生成方法都使用模板，模板源自人工定义、知识库或从语料库中提取，以这种方式生成的文本容易出现僵硬的问题。目前，神经网络也可以用于生成序列，如 Seq2Seq、GAN 等深度学习模型，但是由于训练语料库的质量不同，容易出现如结果随机、结果不可控制等相关问题。

自然语言生成的步骤包括内容规划、结构规划、聚集语句、选择字词、指涉语生成和文本生成等。当前，较为成熟的应用主要是通过摘录一些数据库或一些资料集，从而生成文章。例如，某些天气预报的生成、财经新闻或体育新闻的写作、百科全书的写作、诗歌的写作等，这些文章本身具有一定的范式，具有固定的文章结构，并且语言风格也较少变化。此外，这类文章着重于内容，读者对文章的样式和措辞等要求较低。总体而言，在当前的人工智能领域，自然语言生成的问题尚未真正解决，所谓“得语言者得天下”，语言也代表着更高水平的智能。

5．文本分类

文本分类（Text Categorization）是将文本内容划分为某一个特定类别的过程。目前，其研究成果层出不穷，特别是随着深度学习的发展，深度学习模型在文本分类任务中取得了长足的进步。文本分类算法可以分为以下几类：基于规则的分类模型、基于机器学习的分类模型、基于神经网络的方法、卷积神经网络（CNN）和循环神经网络（RNN）。文本分类技术具有广泛的应用。例如，社交网站每天都会生成大量信息，如果对文本进行手动整理，将很费时费力，应用自动化分类技术可以避免以上问题，从而实现文本内容的自动标记，为后续的用户兴趣建模和特征提取提供基础支持。此外，作为基础组件，文本分类还用于信息检索、情感分析、机器翻译、自动文摘和垃圾邮件检测等领域。

6．信息检索

信息检索（Information Retrieval）是从信息资源集合中提取需求信息的行为，可以基于全文索引或内容索引。在自然语言处理方面，信息检索中使用的技术包括向量空间模型、权重计算、TF-IDF（词频-逆向文档频率）词项权重计算、文本相似度计算、文本聚类等，具体应用于搜索引擎、推荐系统、信息过滤等方面。

7．信息抽取

在信息抽取（Information Extraction）方面，从非结构化文本中抽取指定的信息，并通过信息归并、冗余消除和冲突消解等方法，将非结构化文本转换为结构化信息。它可以应用于许多方向，如从相关新闻报道中抽取事件信息（时间、地点、施事人、受事人、结果等）；或者从体育新闻中抽取体育赛事信息（主队、客队、赛场、比分等）；从医学文献中抽取疾病信息（病因、病原体、症状、药物等）。除此之外，它还广泛应用于舆情监测、网络搜索、智能问答等相关领域。同时，信息抽取技术是中文信息处理和人工智能的基本核心技术。

8．文本校对

文本校对（Text-Proofing）的应用领域主要是修复自然语言生成的内容或检测并修复 OCR 识别的结果，所使用的技术包括应用词典和语言模型等，其中词典是将常用词以词典的形式对词频进行记录。如果词典中不存在某些词，则需要对其进行修改并选择最相似的单词来替换，这种方法对词典的要求较高，并且在实际操作中，由于语言的变化多端且存在很多的组词方式，导致误判的情况很多，在实际应用中准确性不是很理想。语言模型根据词汇之间搭配的可能性（概率）来判断词汇的正确性。一般情况下，以句子为单位检测整个句子，当前常见的语言模型有 SRILM、RNNLM 等。

9. 自动问答系统

自动问答（Question Answering）系统在回答用户问题之前，第一步需要正确理解用户所提出的自然语言问题，这涉及分词、命名实体识别、句法分析、语义分析等自然语言理解相关技术。然后针对提问类、事实类、交互类等不同形式的提问分别进行回答，如用户所提的问题属于提问类的范畴，可以从知识库或问答数据库中进行检索、匹配用户问题，以获得答案。此外，它还涉及对话上下文处理逻辑推理及知识工程和语言生成等多种关键技术。自动问答系统代表了自然语言处理的智能处理水平。

10. 机器翻译

机器翻译（Machine Translation）是机器在不同自然语言之间进行的翻译，涉及语言学、机器学习、认知语言学等多个语言交叉学科。当前基于规则的机器翻译方法需要人工设计和编纂翻译规则，而基于统计的机器翻译方法可以自动获取翻译规则，近年来流行的端到端的神经网络机器翻译方法可以直接自动地通过编码网络和解码网络学习语言之间的转换算法。

11. 自动摘要

自动摘要（Automatic Summarization）主要是解决信息过载的问题。用户可以通过阅读摘要来了解文章的主要思想。当前，通常使用两种抽象方法，即抽取式和生成式。抽取式方法是通过评估句子或段落的权重，根据其重要性选择并撰写摘要。生成式方法除了使用自然语言理解技术分析文本内容，还使用句子计划和模板等自然语言生成技术来生成新句子。传统的自然语言生成技术在不同领域的泛化能力较差，随着深度学习的发展，生成式摘要的应用逐渐增多。目前，主流仍然采用基于抽取式的方法，因为该方法易于实现，可以确保摘要中的每个句子具有良好的可读性，不需要大量的训练语料，并且可以跨领域应用。

1.3.5 网络安全

网络安全包括反垃圾邮件、反网络钓鱼、网络内容过滤、反欺诈、防御攻击和活动监视等，随着机器学习算法逐渐应用于企业安全中，各种新型的安全解决方案应运而生，这些模型在网络分析、网络监控和异常情况的发现等方面效果显著，可以保护企业免受威胁。

在密码学方面，机器学习主要用于密码破解。例如，通过分析通用符号密码的特征和当前通用密码的各种缺点，使用神经网络算法来破解密码。近年来，谷歌大脑已将生成对抗网络（GAN）引入了密码的加密和解密中。随着迭代训练的数量不断增加，加密模型和解密模型的性能已同时得到了改善，并且最终在不提供密码知识的情况下获得了性能很强的加密模型。在加强网络安全性方面，人们使用机器学习来检测网络安全的优势和劣势，并提出了一些改进建议。由于恶意请求通常都经过了一定的伪装，因此对网络入侵的检测更加困难，并且因为攻击行为的例子较少，样本不平衡，所以人们往往使用召回率（Recall）作为模型评估中的性能度量指标。

在垃圾邮件过滤系统中，如何提高过滤精度一直是一个难题。传统的机器学习算法包括贝叶斯分类器、支持向量机、决策树等分类算法，传统的机器学习算法使用自然语言处理技术从普通和垃圾邮件的文本内容中提取特征，并训练分类器判断垃圾邮件。

机器学习方法在实际应用中仍然存在许多挑战，主要有数据收集难、样本标注和分类工作繁重、数据不平衡及数据噪声等问题。当前机器学习分为有监督学习和无监督学习两种类型，通过训练数据集找到模式（规律），当前机器学习仍然需要数据分析人员的参与。

1．工业领域

机器学习在工业领域中的应用主要是在质量管理、灾害预测、缺陷预测、工业分拣、故障感知等方面。通过采用人工智能技术，机器学习实现了智能化和无人化的制造和检测，并且使用深度学习算法进行判断的精确率与手动判断的精确率几乎相当。

将深度学习算法应用于工业机器人上可以大大提高其作业性能，并实现自动化和无人化的制造过程。例如，对于商品或零件的分类，采用合适的分类算法对商品进行识别，同时可以使用强化学习（Reinforcement Learning）算法来实现商品的定位和拣起动作。

在机器故障检测和预警方面，机器学习用于分析物联网中各种传感器所提取的数据，并结合历史故障记录、硬件状态指标等相关信息建立预测模型，以提前预测机器的异常情况。或者从故障定位的角度，建立决策树等分类模型来判断故障原因，快速定位并提供维修建议，减少故障的平均修复时间（MTTR），以此降低由于停机造成的损失。

机器学习在工业领域的应用中也有瓶颈，主要表现如下。

1）数据质量

有监督方法训练可以得到较好的效果，但是前提是有大量的标记数据，并且数据的质量、归一化方法、分布因素等对模型的效果影响很大。如果数据量太多，则需要更高的计算能力和计算成本；如果数据量太少，则模型的预测能力通常较差。

2）工程师经验

机器学习的相关算法和方法具有一定的门槛，如果在对算法的原理理解不透彻的情况下进行实验，很难获得理想的结果。因此，工程师不仅要有实现工程的能力，而且还要有线性代数、统计分析等相关理论基础，并对数据科学和机器学习中的常用算法有一定的理解。

3）计算能力

由于在深度学习训练的过程中需要不断地调整参数，甚至重新设计网络结构，因此训练建模的周期通常需要数周甚至数月，随着模型复杂度的增加，对计算资源（如 GPU）的要求也越来越高。一般情况下，模型越大，应用时效率就越低。

4）机器学习的不可解释性

在机器学习中，深度学习模型在解释模型中的参数方面较差，在工业应用中，如果除了结果还需要对学习的过程进行相关解释，实施起来会更加困难。另外，深度学习对数据质量有很高的要求，如果存在缺失值之类的问题，那么将会有较大的误差出现。

2. 机器学习在娱乐行业的应用

美国波士顿的 Pilot Movies 公司使用了机器学习算法来进行票房的预测，将需要预测的电影与 1990 年以来的每部电影进行比较，预测的准确率可以超过 80%。此外，人工智能和大数据还用于分析娱乐行业的其他方面，如分析观众愿意为哪些内容付费等问题。

芬兰的一家公司开发出了一个 AI 平台，该平台可以检测和识别视频中的人物、上下文、主题、命名实体、主题和视频的敏感内容，该系统使用计算机视觉、机器学习和自然语言处理等相关技术为每秒的视频均创建元数据。

IRIS.TV 公司使用一个叫作广告计划管理器（Campaign Manager）的工具使观看者在视频内容上的停留时间更长，并且还可以插入品牌视频广告，视频浏览的保留率平均提高了 70%。其主要原理是在客户观看视频时收集各种相关数据，并将其输入机器学习模块中，以推荐更多相关的视频。大数据创建的智能视频分发模型可以帮助视频平台实现其视频内容的准确分发，并增加内容演示的次数。

1.4 机器学习算法分类

机器学习算法是一种从数据中自动分析获得规律，之后使用规律预测未知数据的方法。机器学习算法一般可以分为监督学习、无监督学习和半监督学习。

（1）监督学习是从有标记的训练数据中学习并建立模型，然后基于该模型预测未知的样本的算法。其中，模型的输入是某个样本数据的特征，而函数的输出是与该样本相对应的标签。常见的监督学习算法包括回归分析和统计分类。监督学习包括分类和预测两个类别，前者包括逻辑回归、决策树、K 近邻算法、随机森林、支持向量机、朴素贝叶斯等算法，后者包括线性回归、K 近邻算法、Gradient Boosting 和 AdaBoost 等算法。

（2）无监督学习也称为非监督学习，该类算法的输入样本不需要标记，算法自动地从样本中学习这种特征以实现预测。常见的无监督学习算法包括聚类和关联分析，在人工神经网络中，自组织映射（SOM）和适应性共振理论（ART）是最常见的无监督学习算法。

（3）半监督学习只有少量的标记数据。完全靠这些不完全标记的数据不可能训练好一个模型，只能依靠大量的无监督数据来提高算法性能。因此，只有选择半监督学习来使数据的价值达到最大化，使机器学习模型能够从庞大的数据集中挖掘出其隐藏规律。经过研究人员的不懈努力和长期坚持，半监督学习的发展取得了一定的成效，研究人员提出了不少半监督学习方法，也应用到了不少实际领域当中。但是，半监督学习的研究仍然存在许多待解决的问题，未来的研究大门正等着大家去开启。

根据机器学习的任务分类，它可以分为三种常见的机器学习任务，分别是回归、分类和聚类。某些机器学习算法可能同时属于不同的类别，如某些深度学习算法可能存在于监督学习中，也可能存在于半监督学习中。在具体的实践过程中，研究人员可以根据实际需要进行具体选择。

熟悉各种分析方法的特性是选择分析方法的基础，研究人员不仅需要了解如何使用各种分析算法，还需要了解其实现的过程及原理，以便在参数优化和模型改进过程中减少无效的调整。在选择模型之前，有必要对数据进行探索性分析，了解数据类型和数据的相关特征，并发现各个变量之间的关系及自变量和因变量之间的关系，当存在多个维度时，特别注意变量的多重共线性问题，可以使用箱形图、直方图和散点图来查找规律性信息。

在模型选择过程中，首先选择多个可能的模型，然后进行详细分析，最后选择可用于分析的模型。在选择自变量时，在大多数情况下，人们有必要结合业务手动选择自变量。选择模型后，需要比较不同模型的拟合度、统计显著性参数、决定系数 R^2，调整 R^2，遵守最小信息标准、BIC 和误差标准、Mallow's Cp 标准等。在单个模型中，数据可以划分为训练集及测试集，作为交叉验证和结果稳定性分析的数据集。反复调整参数可使模型趋于稳定及高效。

1.4.1　分类算法

分类算法是应用分类规则对记录进行目标映射，将它们划分为不同的分类，并建立具有泛化能力的算法模型，即构建映射规则以预测未知样本的类别的算法。分类算法包括预测和描述，经过训练而建立的预测模型在遇到未知样本时会使用建立好的模型对未知样本进行类别划分。描述性分类主要解释和区分现有数据集中的特征，如描述动植物的各项特征，并进行标注分类，通过这些特征来确定它们属于哪个类别。

主要的分类算法包括决策树、支持向量机（Support Vector Machine，SVM）、最近邻算法、贝叶斯网络（Bayes Network）和神经网络等算法。

1．决策树

顾名思义，决策树是用于决策的树，目标类别作为叶子节点，特征属性的验证被视为非叶子节点，每个分支都是特征属性的输出结果。决策树擅长评估人物、位置、事物的不同特征、品质和特性，并且可以应用于基于规则的信用评估和比赛结果的预测等。决策树的决策过程是从根节点开始测试不同的特征属性，根据不同的结果选择分支，最后落入某个叶子节点获得分类结果，主要的决策树算法有 ID3、C4.5、C5.0、CART、CHAID、SLIQ、SPRINT 等。

决策树的构建过程是根据属性的优先级或重要性逐层确定树的层次结构，以使叶子节点尽可能属于同一类别，通常情况下，采用局部最优的贪心（贪婪）策略来进行决策树的构建。

2．支持向量机

支持向量机是由瓦普尼克（Vapnik）等人设计的一款分类器，其主要思想是将低维特征空间中的线性不可分问题进行非线性映射，将其映射到高维空间，从而线性可分。此外，应用结构风险最小理论在特征空间优化分割超平面，找到的分类边界应尽可能宽，所以该算法更加适用于二分类问题。例如，二维平面图中的某些点无序排列，仅仅使用一条直线无法将其准确地划分为两个类别，但是如果将其映射到三维空间中，可能存在一个平面可以将这些杂乱无序的点划分为两个类别。

为了避免从低维空间到高维空间的转换过程中存在的计算复杂性增加和“维数灾难”等问题的出现，支持向量机使用核函数，故不用担心非线性映射的显式表达式问题，直接构建它们在高维空间中的线性分类器，降低了整个过程中的计算复杂度。常见的支持向量核函数包括线性核函数、多项式核函数、径向基函数和二层神经网络核函数等。

支持向量机是典型的二分类算法，尽管也可以用于多分类问题，但是实际效果不佳。与其他分类算法相比，支持向量机在小样本数据集中有很好的分类效果。

3．最近邻算法

将样本用向量空间模型表示，将相似高的样本划分为一个类别，之后计算与新样本最接近（最相似）的样本的类别，则新样本就属于这些样本中类别最多的那一类。可以看出，影响分类结果的因素包括距离计算方法、近邻样本的数量等。

最近邻算法支持多种相似度距离计算方法：欧氏距离（Euclidean Distance）、切比雪夫距离（Chebyshew Distance）、标准化欧氏距离（Standardized Euclidean Distance）、巴氏距离（Bhattacharyya Distance）、夹角余弦（Cosine）、皮尔逊系数（Pearson Correlation Coefficient）、曼哈顿距离（Manhattan Distance）、闵可夫斯基距离（Minkowski Distance）、马氏距离（Mahalanobis Distance）、汉明距离（Hamming Distance）、杰卡德相似系数（Jaccard Similarity Coefficient）。

最近邻算法的主要缺点是：①当各分类样本的数量不平衡时，误差较大；②由于每一次比较都需要遍历整个训练样本集来计算其相似度，因此分类的效率较低，时间复杂度和空间复杂度较高；③选择近邻的数量如果不当，可能会导致结果误差较大；④原始的最近邻算法中没有权重的概念，所有的特征均使用相同的权重系数，因此计算出的相似度容易出现误差。

4．贝叶斯网络

贝叶斯网络也称为置信网络（Belief Network），是基于贝叶斯定理绘制且具有概率分布的有向弧段图形化网络，它的理论基础是贝叶斯定理，网络中的每个点都代表变量，有向弧段表示两者之间的概率关系。

与神经网络相比，贝叶斯网络中的节点都具有实际的意义，节点之间的关系相对较为清晰，可以直观地从贝叶斯网络中看到变量之间的条件独立性和依存关系，并且可以进行结果和原因的双向推理。在贝叶斯网络中，随着网络中节点数量的增加，概率求解的过程非常复杂且难以计算，因此当节点数量较大时，为了减少推理过程并降低复杂度，通常选择朴素贝叶斯算法或推理的方法实现，以降低模型的复杂度。

5．神经网络

神经网络包括输入层、隐藏层和输出层，每个节点代表一个神经元，节点与节点之间的连接对应于权重，当输入变量通过神经元时，它将运行激活函数，对输入值赋予权重并加上偏置传递到下一层的神经元中，而在神经网络训练过程中会不断修改权重和偏置。

神经网络的训练过程主要包括前向传输和逆向反馈，将输入变量逐层向前传递，以获得输出的结果，之后与实际结果相比较，并逐层逆向反馈误差，同时校正神经元中的权重值及偏置，然后再次执行前向传输，并依次重复进行迭代，直到最终预测结果与实际结果一致或在允许的误差范围内为止。

BP 神经网络结果的准确性与训练集的样本数量及质量有关，如果样本数量太少，则可能会出现过拟合的情况，无法泛化新样本；并且 BP 神经网络对训练集中的异常点相对敏感，因此数据分析人员需要对数据做好数据预处理，比如数据标准化、删除重复数据和删除异常数据等操作，以提高 BP 神经网络的性能。

由于神经网络是基于历史数据训练并构建的数学模型，因此随着新数据的不断生成，需要对其进行动态地优化，比如随着时间的变化，使用新数据重新进行模型的训练，并调整网络的结构及参数值。

6．聚类

聚类是基于无监督学习的分析模型，不需要标记原始数据，根据数据的固有结构特征进行聚集。从而形成簇群，并实现数据的分离。聚类和分类之间的主要区别在于，聚类不关心数据属于哪种类别，而是把具有相类似特征的数据聚集起来形成某一类别的簇。

在聚类的过程中，首先选择有效的特征来构成特征向量，然后根据欧氏距离或其他距离函数来计算其相似度，从而实现对类别的划分，最后通过对聚类结果进行评估，逐步迭代并生成新的聚类。

聚类具有广泛的应用领域，可用于发现不同公司客户群体的特征，并且进行消费者行为分析、市场细分、交易数据分析、动植物种群分类、疾病诊断、环境质量检测等，也可以用于互联网领域和电子商务领域中的客户分析、行为特征分类等。在数据分析的过程中，可以先使用聚类探索数据发现其中包含的类别特征，然后使用分类等算法对每个类别的特征进行分析。

聚类可以分为基于层次的聚类（Hierarchical Method，HM）、基于划分的聚类（Partitioning Method，PAM）、基于密度的聚类、基于约束的聚类、基于网络的聚类等。

基于层次的聚类是将数据集划分为不同的层次，并使用合并或分解的操作进行聚类，主要包括 BIRCH（Balanced Iterative Reducing and Clustering Using Hierarchies）、CURE（Clustering Using Representatives）等。

基于划分的聚类是将数据集划分为 K 个簇，然后计算其中的样本距离以获得假设簇的中心点，之后使用簇的中心点重新迭代计算新的中心点，直到 K 个簇的中心点收敛为止。基于划分的聚类有 K 均值（K-Means）等。

基于密度的聚类是根据样本的密度不断增长聚类，最终形成一组“密集连接”的点集。基于密度聚类的核心思想是只要数据的密度大于阈值，就可以将数据合并到一个簇当中，可以对噪声进行过滤，聚类的结果可以是任何形状的，不一定是凸形。基于密度的聚类方法主要分为 DBSCAN（Density-Based Spatial Clustering of Application with Noise）、OPTICS（Ordering Points to Identify the Clustering Structure）等。

7．BIRCH 算法

BIRCH 算法是指使用层次方法来平衡迭代规则和聚类，它只需要扫描一次数据集即可实现聚类，它使用了类似于 B +树的结构来划分样本数据集，叶节节点之间使用双向链表连接起来，逐步优化树的结构以获得聚类。

BIRCH 算法的主要优点是空间复杂度低、内存占用量少、效率高及具有滤除噪声点的能力。其缺点是树中节点的聚类特征的数量是有限的，可能会出现与实际类别数量不一致的情况。除此之外，BIRCH 算法对样本有一定的限制，要求数据集的样本为超球体，否则聚类的效果不是很好。

8. CURE 算法

传统的基于划分聚类的方法会得到凸形的聚类，该凸形的聚类对异常数据较为敏感，而 CURE 算法使用多个代表点来代替聚类中的单个点，算法相对更为健壮。此外，在处理大数据时使用随机采样和分区，这使得 CURE 算法在处理大数据样本集时更加具有时效性，而且对聚类质量没有影响。

9. K 均值算法

传统的 K 均值算法的聚类过程是在样本集中随机选取 k 个聚类中心点，计算每个样本的候选中心的距离并且根据距离的大小将其分组，获得分组后将重新计算聚类的中心，循环迭代，反复地进行计算，直到聚类的中心不再改变或收敛。K 均值算法有很多改进的算法，如初始化优化 K 均值算法、距离优化 Elkan K 均值算法、K Prototype 算法等。

K 均值算法的主要优点是可以简单地、快速地处理大型数据集，并且具有可伸缩性，当在类别之间明确区分时，聚类效果最佳。该算法的缺点是用户需要自己给出并确定 k 的值，即簇的数量（聚类的数目），而人们对于簇的数量，事先难以确定出一个较为合理的值。另外，K 均值算法对 k 的值较为敏感，如果 k 的值取得不合理，则最终的结果可能只是局部最优的。

10. DBSCAN 算法

DBSCAN 算法基于样本之间的密度实现空间聚类，基于边界点、核心点及噪声点等因素对空间中任何形状的样本数据进行聚类。与传统的 K 均值算法相比，DBSCAN 算法通过邻域半径和密度阈值自动生成聚类，无须指定聚类的数量，并支持噪声点的过滤。然而当数据量增加时，算法的空间复杂度将升高，DBSCAN 算法不适合样本之间密度不均匀的情况，否则聚类的质量将不会很好。对于高维度的数据，一方面，密度的定义较为困难；另一方面，也将出现大量的计算，从而很大程度地降低了聚类的效率。

11. OPTICS 算法

在 DBSCAN 算法中，用户需要指定两个初始参数，分别是 ε（邻域半径）和 minPts（ε 邻域中的最小点数）。用户通过手动设置这两个参数将对聚类的结果产生较为关键的影响。而 OPTICS 算法很好地解决了上述问题，并生成了用于聚类分析的增广的簇排序，该簇排序表示了每个样本点基于密度的聚类结构。

1.4.2　关联分析

关联分析（Associative Analysis）是通过估计数据集当中两个或多个事物同时出现的概率来发现它们之间是否存在一定的关联关系，典型应用是购物篮分析，它通过分析购物篮中不同商品之间的关联来分析消费者的消费习惯，从而制定相应的营销策略，支持产品促销、产品定价、位置摆放等。除此之外，购物篮分析还可以用来划分不同的消费者群体。关联分析主要包括 Apriori 算法、FP-growth 算法等。

1．Apriori 算法

Apriori 算法的主要实现过程是：首先生成所有的频繁项集，然后由频繁项集构造出满足最小置信度的规则。由于 Apriori 算法需要对样本集进行多次扫描，需要从候选的频繁项集中生成频繁项集，故在处理大量数据时，其效率较低。

2．FP-growth 算法

为了提高 Apriori 算法的效率，韩家炜等人提出了一种基于 FP 树生成频繁项集的 FP-growth 算法，该算法仅扫描数据集两次，不使用候选项目集，而是根据支持程度直接构建频繁模式树，并使用该树生成关联规则，当处理相对较大的数据集时，其效率比 Apriori 算法大约快一个数量级，对于海量数据，可以通过数据分区和样本采样之类的方法再次对其进行改进和优化。

3．Eclat 算法

Eclat 算法是一种深度优先算法，该算法使用垂直数据表示，并基于前缀的等价关系将搜索空间划分为较小的子空间，从而可以快速挖掘频繁项集。与 FP-growth 算法和 Apriori 算法不同的是，Eclat 算法的核心思想是倒排，转换事务数据中的事务主键与项目（Item），采用项目作为主键的方式，这样操作的好处是：能够很明显地看到每个项目有哪些对应的事务 ID，以方便项目频次计算，从而迅速地获取频繁项集。

在 Eclat 算法中，可以通过计算项集的交集并切割结果来快速地获得候选集的支持率。然而，由于计算交集需要很长的时间，因此在该过程中，时间复杂度高，效率很低。另外，该算法的空间复杂度同样较高，会消耗大量的存储空间。

1.4.3　回归分析

回归分析是一种预测模型，用于研究自变量和因变量之间的关系，其核心思想是：当自变量发生变化时，分析因变量的变化值，要求自变量彼此独立。回归分析的分类如下。

1．线性回归

在使用线性回归进行数据分析时，要求自变量是连续的，换句话说，线性回归是使用直线（也称之为回归线）来建立因变量与一个或多个自变量之间的联系。

线性回归的主要特征如下。

（1）自变量和因变量之间的关系是线性的。

（2）多重共线性，自相关和异方差对多元线性回归的影响均较大。

（3）线性回归对异常值非常敏感，异常值的存在会影响预测的结果。

（4）当同时处理的自变量较多时，需要使用逐步回归的方式来逐步确定显著性变量，而无须人工干预，其核心思想是逐个引入自变量至模型中，并执行 F 检验、t 检验等来对变量进行筛选，当新的变量被引入且模型的结果不能得到优化时，对该变量的操作即消除，直至模型的结果相对稳定为止。

逐步回归的目的是选择重要的自变量，使用最少的变量来实现具有最大化预测能力的模型，在选择变量的同时，逐步回归也是降维技术的一种，其主要方法包括前进法和后退法，前进法是首先选择最显著的变量，然后逐渐增加次显著变量；后退法是首先选择所有的变量，然后逐渐剔除不显著的变量，即无关紧要的变量。

2. 逻辑回归

逻辑（Logistic）回归是数据分析当中较为常用的机器学习算法，该算法的输出是概率估算值，使用 Sigmoid 函数将该概率估算值映射到[0，1]区间内，便可以用来实现样本的类别。逻辑回归算法对样本的数据量有一定的要求。当样本数据量较小时，概率估计存在的误差较大。

3. 多项式回归

在回归分析中，有时会遇到线性回归的较差的直线拟合效果，如果发现散点图中的数据点是多项式曲线，则可以考虑使用多项式回归进行分析。多项式回归的使用可以减少模型的误差，但是如果处理不当，很容易导致模型过拟合，回归分析完成后，需要对结果进行分析，并对结果进行可视化，以查看拟合程度。

4. 岭回归

岭回归广泛用于共线性数据分析，岭回归也称为脊回归，它是一种偏估计的回归算法，在最小二乘估计方法的基础上进行了改进，通过舍弃最小二乘法的无偏性，使回归系数更加稳定和稳健。其中，R^2 将比普通回归分析方法略低，但回归系数更大，主要用于变量之间存在共线性且数据点少的情况。

5. Lasso 回归

Lasso 回归的特点与岭回归的特点相似，在拟合模型的同时进行变量筛选和复杂度调整。变量筛选是将变量逐步放入模型中，以获得自变量的更好组合。复杂度调整是通过参数调整来控制模型的复杂度，如减少自变量的数量，以避免过拟合。Lasso 回归还擅长处理多重共线性及具有一定噪声和冗余的数据，并且可以支持对连续因变量，二元、多元离散变量的数据分析。

1.4.4 深度学习

深度学习是通过使用多个隐藏层和大量数据来学习特征，以提高分类或预测的准确性，与传统的神经网络相比，它不仅具有更多的层次，而且还采用了逐层的训练机制来对整个网络进行训练，以防止梯度扩散。深度学习包括受限玻尔兹曼机（RBM）、卷积神经网络（CNN）、深度神经网络（DNN）、长短期记忆网络（LSTM）、对抗神经网络（GAN）、深度信念网络（DBN）、层叠自动编码器（SAE）、循环神经网络（RNN）及各种变体的网络结构。这些深度神经网络可以对训练集数据进行特征提取及模式识别，然后应用。

受限玻尔兹曼机主要解决概率分布问题，该算法是玻尔兹曼机的变体，基于物理学中的能量函数进行建模，“受限”指的是层与层之间存在着连接，但层内的单元之间并没有连接。RBM 使用随机神经网络来解释概率图模型（Probabilistic Graphical Model），所谓“随机”是指网络中的神经元是随机神经元，并且输出的状态仅有两种，即未激活状态与激活状态，具体状态是由概率统计而定的。

在卷积神经网络中，卷积指的是源数据和滤波矩阵之间的内积运算，以实现特征权重的融合，并且可以通过设置不同的滤波矩阵来对不同的特征进行提取。将大量复杂的特征进行抽象和提取，极大地减少了模型的计算量。目前，卷积神经网络广泛应用于图像识别、文本分类等领域中。

2006 年，杰弗里・欣顿（Geoffrey Hinton）提出深度信念网络（DBN），作为早期深度生成式模型的代表，其初衷是在样本的数据与标签之间建立联合分布。DBN 是由多个 RBM 层组成的。RBM 层中的神经元分为两个类别，即可见神经元及隐性神经元。其中，可见神经元是接收输入的神经元，而提取特征的神经元被称为隐性神经元。通过对神经元之间的权重进行训练，训练生成的模型既可以用于识别特征及分类数据，也可以使整个神经网络根据最大概率生成训练数据。

长短期记忆（Long Short-Term Memory，LSTM）神经网络是一种循环神经网络，在早期，循环神经网络只允许保留很少的信息，但是它的形式将存在损耗，而 LSTM 具有长期和短期记忆，具有更好地控制记忆的能力，避免了梯度衰减或经过层层传递的值最终出现退化的现象。在 LSTM 的结构中，采用一个称为“门”（Gate）的结构或记忆单元来进行记忆的控制，该门的功能是：能够在正确的时间传输或重置其值。LSTM 的优点是：LSTM 除了具有其他循环神经网络的优点，还具备更好的记忆能力，因此 LSTM 被广泛应用于自然语言处理、语言翻译及智能问答等方面。

目前，深度学习方法在图像、音视频识别、分类和模式检测等领域均已经非常成熟。另外，还可以构建对抗网络（GAN）衍生新的训练数据，从而利用两个模型之间对抗的形式，以提高整体模型的性能。

当数据量很大时，可以考虑使用深度学习算法。在将深度学习的相关方法应用于实际的数据分析时，请注意训练集（用于训练模型）、验证集（用于建模过程中的参数调整和验证）和测试集之间的样本分配问题，通常以 6∶2∶2 的比例分布。除此之外，使用深度学习的相关方法进行数据分析时，对数据量也有一定要求，如果数据量很少，只有几千条数据甚至几百条数据，那么过拟合的问题就很容易发生，其训练的效果可能还不如采用支持向量机等分类算法进行数据分析。

1.5 机器学习的一般流程

机器学习的基本过程包括：①确定分析目标；②收集数据；③整理预处理；④数据建模；⑤模型训练；⑥模型评估；⑦模型应用等。首先从业务角度进行分析，其次抽取相关数据进行一定的探索，发现其中的问题，再次根据每一种算法的具体特征选择较为合适的算法模型进行实验验证，并评估每一种模型的性能，最后选择最为合适的模型进行应用。

1. 确定分析目标

若想采用机器学习的相关算法来解决实际生活中的问题，首先要明确目标任务。通过阐明业务需求及要解决的实际问题，才能根据现有的数据进行模型的设计及算法的选择。例如，在监督学习中，分类算法用于定性问题，而回归算法用于定量分析。同样，在无监督学习中，如果存在样本分割，则可以应用聚类算法。如果需要找出各种数据项之间的内部联系，则可以应用关联分析。

2. 收集数据

数据应具有代表性，并尽可能覆盖各领域，不然就可能出现过拟合和欠拟合的情况。在分类问题的范畴中，如果存在不同类别之间的样本比例较大的情况或样本数据不平衡的现象，均会影响最终模型的准确性。除此之外，还必须评估数据的量级，包括特征的数量及样本的数量，根据这些指标估计数据和分析对内存的消耗，并判断在训练过程中内存是否可以支持，如果内存无法支持则需要对算法进行优化、改进，或者使用一些降维技术，必要的话甚至还会采用一些分布式机器学习的技术。

3. 整理预处理

获取到数据之后，无须急于模型的创建，可以先通过对数据进行一定探索，以了解数据的基本结构、数据的统计信息、数据噪声和数据分布等相关信息。在此过程中，为了更好地对数据的状况进行查看及获取数据模式，可以采用数据可视化等相关方法来评估数据的质量。

经过对数据进行一定的探索之后可能会发现许多数据质量的问题，如缺失值、不规则的数据、数据的分布不平衡、数据异常和数据冗余等问题。这些问题的存在将严重降低数据的质量。因此，数据预处理的操作也是非常有必要的，其重要性在机器学习中更加明显，尤其是在生产环境的机器学习中，数据通常是原始且未经过加工及处理的，数据预处理的工作通常占据着整个机器学习过程中的绝大部分时间。缺失值处理、离散化、归一化、去除共线性等方法是机器学习算法中较为常见的数据预处理方法。

4. 数据建模

采用特征选择的方法可以从大量的数据中提取适当的特征，并将选择好的特征应用于模型的训练中，以获得更高精度的模型。要想筛选出显著特征需要系统理解业务并分析数据。特征选择是否合适通常会对模型的精度有非常直接的影响。选择好的特征，即使采用较为简单的算法，也可以获得较为稳定且良好的模型。所以，在进行特征选择时，一些特征有效性分析的技术可用于其中，如相关系数、后验概率、卡方检验、条件熵、逻辑回归权重等方法。

在训练模型之前，通常将数据集分为训练集与测试集，有的时候，会将训练集继续细分为训练集和验证集，以评估模型的泛化能力。

模型本身不存在好坏之分。在进行模型的选择时，通常没有哪一种算法在任何情况下都能够表现良好，这也被称为“没有免费的午餐”原则。所以，在实际进行算法的选择时，通常人们采用几种不同的算法同时进行模型的训练，之后再比较它们之间的性能，并选择其中表现最佳的算法。不同的模型采用不同的性能指标衡量。

5. 模型训练

在模型训练的过程中，需要对模型的超参数进行调优。如果对算法的原理没有足够的了解，通常很难快速地定位可以控制模型优劣的模型参数。因此，在训练的过程中，对机器学习算法的原理理解的要求越高，以及对机器学习算法的了解越深，就越容易找到问题出现的原因，从而进行合理的模型调整。

6. 模型评估

利用训练集数据将模型构建成功之后，需利用测试集数据对模型的精度进行评估与测验，以便评估训练模型对新数据的泛化能力。假如评估的效果不是很理想，那么就需要分析模型效果不理想的原因并对训练模型进行一定优化与改进，如手动调整参数等改进方法。如果发生模型过度拟合的问题，尤其是回归一类的问题，那么可以采用一些正则化的方法来提高训练模型的泛化能力。可以首先诊断模型以确定模型调整的正确思路与方向。过度拟合和欠拟合问题的判断是模型诊断中的重要步骤。典型的方法包括绘制学习曲线和交叉验证。出现过度拟合问题时，其模型的基本调整策略是在增加数据量的同时能够降低模型的复杂度。出现欠拟合的问题时，其模型的基本调整策略是在增加特征数量和质量的同时也增加模型的复杂度。

误差分析是对产生误差的样本进行观察，分析误差的产生原因。通常情况下，误差分析的过程是由数据质量的验证、算法选择的验证、特征选择的验证、参数设置的验证等几部分组成的，其中最容易被忽略的部分是数据质量的验证。通常，调整模型后，需要对其进行重新训练及模型评估。因此，建立机器学习模型的过程也是不断尝试的过程，直至最后模型达到最佳且最稳定的状态。从这个角度来看，机器学习具有一定程度的艺术性。

在工程实施方面，主要通过预处理、特征清理及模型集成等方式来提高算法的精确度及泛化能力。通常，直接对参数进行调整的工作不是太多。因为当数据的量级达到一定的程度时，其训练的速度非常缓慢，并且不能保证效果。

7. 模型应用

模型应用主要和工程的实现有很大的关系。模型在线执行的效果与模型的质量有着非常直接的关系，不仅简单地包括其准确性、误差等方面的信息，还包括其资源消耗的程度（空间复杂度）、运行速度（时间复杂度）及稳定性是否可以接受等方面的问题。

第2章

机器学习的 Python 常用库

在机器学习和人工智能领域，Python 无疑是最受欢迎的编程语言之一。Python 的设计哲学是优雅、明确、简单，属于通用型编程语言。它之所以深受计算机科研人员的喜爱，是因为它有开源的社区和优秀科研人员贡献的开源库，可以满足人们各种各样的需求。

本章主要介绍 Python 中常用的机器学习库 Numpy、Pandas、Matplotlib、Scikit-Learn，并使用这些机器学习库完成简单的机器学习应用案例，以此帮助大家对机器学习的 Python 常用库的理解。

本章主要的内容如下。

（1）Numpy 简介及基础使用。

（2）Pandas 简介及基础使用。

（3）Matplotlib 简介及基础使用。

（4）Scikit-Learn 简介及基础使用。

（5）波士顿房价预测实验。

2.1 Numpy 简介及基础使用

Numpy 是 Python 语言的一个扩展程序库，支持大量的维度数组与矩阵运算，此外也针对数组运算提供大量的数学函数库。

Numpy 的前身 Numeric 最早是由 Jim Hugunin 与其他协作者共同开发的。2005 年，特拉维斯·奥列芬特在 Numeric 中结合了另一个同性质的程序库 Numarray 的特色，并加入了其他扩展而开发了 Numpy。现在 Numpy 为开源代码，由许多协作者共同维护开发。

2.1.1 Numpy 简介

Numpy 的全称是 Numerical Python，作为高性能的数据分析及科学计算的基础包，Numpy 提供了矩阵科学计算的相关功能。Numpy 提供的功能主要分为以下几种。

（1）提供了数组数据快速进行标准科学计算的相关功能。

（2）提供了有用的线性代数，傅里叶变换和随机数的相关功能。

（3）ndarray——一个具有向量算术运算和复杂广播能力的多维数组对象。

（4）用于读写磁盘数据的工具及用于操作内存映射文件的工具。

（5）提供了集成 Fortran 及 C/C++代码的工具。

【注】上述所提及“广播”的意思可以理解为：当存在两个不同维度数组（Array）进行科学运算时，由于 Numpy 运算时需要相同的结构，可以用低维的数组复制成高维数组参与运算。

1. Numpy 安装

Python 官网上的发行版是不包含 Numpy 模块的，即如果使用 Numpy 就需要自行安装，安装的方式有以下几种。

1）使用 pip 工具安装

使用 pip 工具进行 Numpy 的安装是最简单且快速的方法，使用如下命令即可完成安装。

```
pip install --user numpy
```

--user 选项的功能是设置 Numpy 只安装在当前用户下，而不是写入系统目录中。

该命令在默认情况下使用的是国外线路，速度很慢，故推荐使用清华镜像进行下载并安装。

```
pip install numpy -i #-i 后面需要加入清华镜像的下载地址，地址可以在“必应”网站上搜索“pypi.tuna.tsinghua.edu.cn”即可得到
```

2）使用已有的发行版本

对于大多数用户，尤其是使用 Windows 操作系统的用户，安装 NumPy 最简单的方法是下载 Anaconda Python 发行版，因为 Anaconda 集成了许多数据科学计算的关键包（包括 NumPy、SciPy、Matplotlib、IPython、SymPy 及 Python 核心自带的其他包）。

Anaconda 是开源且免费的 Python 发行版，适用于大规模数据处理、预测分析和科学计算，实现包的简化管理和部署，并且支持 Linux、Windows 和 Mac 等系统。

2. Numpy 的数据类型

下面开始介绍 ndarray 的属性及其基本操作，包括用 Numpy 进行数组的运算、统计和数据存取等操作。

（1）创建一个 numpy.ndarray 对象：

```
>>>import numpy as np
>>>a= np.array([[1,2,3],[4,5,6]])
>>>a
```

运行结果如下：

```
array([[1, 2, 3],
       [4, 5, 6]])
```

（2）ndarray 对象的别名是 array：

```
>>>type(a)
```

运行结果如下：

```
numpy.ndarray
```

（3）确定各个维度的元素个数：

```
>>>a.shape
```

运行结果如下：

```
(2, 3)
```

（4）元素个数：

```
>>>a.size
```

运行结果如下：

```
6
```

（5）数据的维度：

```
>>>a.ndim
```

运行结果如下：

```
2
```

（6）数据类型：

```
>>>a.dtype
```

运行结果如下：

```
dtype('int32')
```

（7）每个元素的大小，以字节为单位：

```
>>>a.itemsize
```

运行结果如下：

```
2
```

（8）访问数组的元素：

```
>>>a[0][0]
```

运行结果如下：

```
1
```

（9）从列表创建：

```
>>>import numpy as np
```

```
>>>np.array([[1,2,3],[4,5,6]],dtype=np.float32)
```

运行结果如下：

```
array([[1., 2., 3.],
       [4., 5., 6.]], dtype=float32)
```

（10）从元组创建：

```
>>>np.array([(1,2),(2,3)])
```

运行结果如下：

```
array([[1, 2],
       [2, 3]])
```

（11）从列表和元组创建

```
>>>np.array([[1,2,3,4],(4,5,6,7)])
```

运行结果如下：

```
array([[1, 2, 3, 4],
       [4, 5, 6, 7]])
```

（12）类似 range( )函数，返回 ndarray 类型，元素从 0 到 $n-1$

```
>>>np.arange(5)
```

运行结果如下：

```
array([0, 1, 2, 3, 4])
```

2.1.2　Numpy 基础使用

1．切片

Numpy 支持切片操作，以下为相关例子说明：

```
import numpy as np
matrix=np.array([[10,20,30],[40,50,60],[70,80,90]])
print(matrix[:,1])
print(matrix[:,0:2])
print(matrix[1:3,:])
print(matrix[1:3,0:2])
```

上述代码的结果为：

```
 [20 50 80]
[[10 20]
 [40 50]
 [70 80]]
[[40 50 60]
 [70 80 90]]
[[40 50]
 [70 80]]
```

对于代码的输出结果做以下的解释：

使用 np.array([[10,20,30],[40,50,60],[70,80,90]])生成数组。

（1）对于上述的 print(matrix[:,1])，该语句的第一个参数省略，表示所有的行均被选择，第二个参数索引是 1，表示打印第二列。故打印的结果为第二列的所有行，即[20 50 80]。

（2）对于 print(matrix[:,0:2])，该语句的第一个参数省略，表示所有的行均被选择，第二个参数列的索引为大于等于 0 小于 2 且步长为 1，即第零列和第一列被选择，故打印的结果为第一列和第二列的所有行，即[[10 20] [40 50] [70 80]]。

（3）对于 print(matrix[1:3,:])，该语句第一个参数行的索引为大于等于 1 小于 3，步长为 1，即第二行和第三行被选择，第一个参数省略，表示所有的列均被选择，故打印的结果为第二行和第三行的所有列，即[[40 50 60] [70 80 90]]。

（4）对于 print(matrix[1:3,0:2])，该语句第一个参数行的索引为大于等于 1 小于 3，步长为 1，即第二行和第三行被选择，第二个参数列的索引为大于等于 0 小于 2 且步长为 1，即第一列和第二列被选择，故打印的结果为第二行和第三行的第一列和第二列，即[[40 50] [70 80]]。

2．数组比较

Numpy 也提供了较为强大的矩阵和数组比较功能，对于数据的比较，最终输出的结果为 boolean 值。

为了方便理解，举以下例子来说明：

```
import numpy as np
matrix=np.array([[10,20,30],[40,50,60],[70,80,90]])
m=(matrix==50)
print(m)
```

输出的结果为：

```
[[False False False]
 [False True False]
 [False False False]]
```

下面再来看一个比较复杂的例子：

```
import numpy as np
matrix=np.array([[10,20,30],[40,50,60],[70,80,90]])
second_column_50=(matrix[:,1]==50)
print(second_column_50)
print(matrix[second_column_50,:])
```

以上代码的运行结果为：

```
 [False True False]
[[40 50 60]]
```

关于上述代码的解释：上述代码中 print(second_column_50)输出的是[False True False]，

首先 matrix[:，1]代表的是所有的行，以及索引为 1 的列——[20 50 80]，最后和 50 进行比较，得到的就是[False True False]。print(matrix[second_column_50,:1])代表的是返回 true 值的那一行数据——[40 50 60]。

【注意】上述的例子是单个条件，Numpy 也允许使用条件符来拼接多个条件，其中“&”代表的是“且”，“|”代表的是“或”。比如 vector=np.array([1,10,11,12])，equal_to_five_and_ten=(vector ==5)&(vector==10)返回的都是[False]，如果是 equal_to_ five_or_ten=(vector==5)|(vector==10)则返回的是[True True False False]。

3．替换值

Numpy 可以运用布尔值来替换值，如替换数组中的值，代码如下：

```
import numpy
vector =numpy.array([10,20,30,40])
equal_to_ten_or_five=(vector==20)|(vector==20)
vector[equal_to_ten_or_five]=200
print(vector)
```

运行结果为：

```
[ 10 200   30   40]
```

如替换矩阵中的值，代码如下：

```
import numpy
matrix=numpy.array([[10,20,30],[40,50,60],[70,80,90]])
second_column_50=matrix[:,1]==50
matrix[second_column_50,1]=20
print(matrix)
```

运行结果为：

```
[[10 20 30]
[40 20 60]
[70 80 90]]
```

先创立数组 matrix，将 matrix 的第二列和 50 比较，得到一个布尔值数组，然后将 matrix 第二列值为 50 的替换为 20。

替换有一个很好的应用，那就是替换空值。之前提到过 Numpy 中只能有一个数据类型。现在，假如读取的是一个字符类型的矩阵，其中有一个值为空值，那么将其中的空值替换为其他值，比如该组数据的平均值或直接将其删除，这在大数据处理中是非常有必要的一项操作。

下面演示把空值替换为“0”的操作。

```
import numpy as np
matrix=np.array([
['10','20','30'],
['40','50','60'],
```

```
['70','80','']])
second_column_50=(matrix[:,2]=='')
matrix[second_column_50,2]='0'
print(matrix)
```

运行结果为：

```
[['10' '20' '30']
['40' '50' '60']
['70' '80' '0']]
```

4．数据类型转换

在 Numpy 当中，ndaray 数组的数据类型可以使用 dtype 参数进行设置，还可以通过 astype 方法进行数据类型的转换，该方法在进行文件的相关处理时方便、实用，值得注意的是，使用 astype( )方法对数据类型进行转换时，其结果是一个新的数组，可以理解为对原始数据的一份复制，但不同的是数据的数据类型。

把 String 转换成 float，代码如下：

```
import numpy
vector=numpy.array([ " 22 " , " 33 " , " 44 " ])
vector=vector.astype(float)
print(vector)
```

输出结果为：

```
[22. 33. 44.]
```

在以上的 Python 代码中，假如在字符串中含有非数字类型的对象，string 转化为 float 就会报错。

5．统计计算

除了以上介绍的相关功能，Numpy 还内置了更多科学计算的方法，尤其是最为重要的统计方法，典型的几种统计计算如下。

（1）max( )：用于统计计算出数组元素当中的最大值，矩阵计算结果为一个一维数组，需要指定行或列。

（2）mean( )：用于统计计算数组元素当中的平均值，矩阵计算结果为一个一维数组，需要指定行或列。

（3）sum( )：用于统计计算数组元素当中的和，矩阵计算结果为一个一维数组，需要指定行或列。

值得注意的是，用于这些统计方法计算的数值类型必须是 int 或 float。

在数组中进行统计计算：

```
import numpy
vector=numpy.array([10,20,30,40])
print(vector.sum( ))
```

运行结果为：

```
100
```

对矩阵进行统计计算：

```
import numpy as np
matrix=np.array([[10,20,30],[40,50,60],[70,80,90]])
print(matrix.sum(axis=1))
print(np.array([5,10,20]))
print(matrix.sum(axis=0))
print(np.array([10,10,15]))
```

运行结果为：

```
 [ 60 150 240]
[ 5 10 20]
[120 150 180]
[10 10 15]
```

如上述例子所示，axis=1 计算的是行的和，结果以列的形式展示。axis=0 计算的是列的和，结果以行的形式展示。

2.2　Pandas 简介及基础使用

Pandas 是 Python 生态环境下非常重要的数据分析包，它是一个开源的、有 BSD 开源协议的库。正因为它的存在，基于 Python 的数据分析才能大放异彩，为世人所瞩目。

Pandas 吸纳了 Numpy 中的很多精华，二者最大的不同在于，Pandas 在设计之初倾向于支持图表和混杂数据运算，相比之下，Numpy 是基于数组构建的，一旦被设置为某种数据类型，就不允许再改变。Pandas 是基于 Numpy 构建的数据分析包，但它含有比 ndarray 更为高级的数据结构和操作工具。

2.2.1　Pandas 简介

Pandas 库在数据分析中是非常重要和常用的库，它让数据的处理和操作变得简单、快捷，在数据预处理、缺失值填补、时间序列、可视化等方面都有应用。接下来简单介绍 Pandas 的一些应用。

1. Pandas 安装

如果已经安装了 Anaconda，那么 Anaconda 中已经包含了安装好了的 Pandas。如果安装了 Anaconda，而系统中没有安装 Pandas，在命令行输入如下命令即可自动在线安装。

```
conda install pandas
```

2. Pandas 的数据结构及基础使用

在实现基于统计学分析的数据挖掘时候，最常用到的工具就 Pandas，Pandas 全称是 Python Data Analysis Library，是基于 Numpy 的一种工具，该工具是为了解决数据分析任务而创建的。Pandas 中包含大量库和一些标准的数据模型，提供了高效地操作大型数据集所需的统计工具。Pandas 提供了大量能快速便捷地处理数据的函数和方法。你很快就会发现，它是使 Python 成为强大而高效的数据分析环境的重要因素之一。

在使用 Pandas 进行数据分析之前，要先简单地了解一下 Pandas 的数据结构及常用的统计分析函数。

Pandas 有两种核心数据结构。

1）Pandas 一维数据结构（Series）

Series 是类似 Numpy 的一维数组，但其还具有额外的统计功能。下面通过几个简单示例了解一下 Series。

（1）Series 的创建方法：

```
>>>import pandas as pd
>>>a = pd.Series([1, 2, 3, 4, 5])
>>>a
```

输出结果如下：

```
0    1
1    2
2    3
3    4
4    5
dtype: int64
```

（2）使用下标和切片对 Series 进行访问：

```
>>>a = pd.Series([11, 22, 33, 44, 55])
>>>a[1:3]
```

输出结果如下：

```
1    22
2    33
dtype: int64
```

（3）求平均值 mean 函数的调用方法：

```
>>>a = pd.Series([1, 2, 3, 4, 5])
# 求平均值
>>>print(a.mean( ))
```

输出结果如下：

```
3.0
```

（4）Series 的数组间的运算：

```
>>>a = pd.Series([1, 2, 3, 4])
>>>b = pd.Series([1, 2, 1, 2])
>>>print(a + b)
>>>print(a * 2)
>>>print(a >= 3)
>>>print(a[a >= 3])
```

输出结果如下：

```
0     2
1     4
2     4
3     6
dtype: int64
0     2
1     4
2     6
3     8
dtype: int64
0     False
1     False
2      True
3      True
dtype: bool
2     3
3     4
dtype: int64
```

（5）Series 数据结构的索引创建方式，索引在 Series 中称为 index：

```
>>>a = pd.Series([1, 2, 3, 4, 5], index=['a', 'b', 'c', 'd', 'e'])
>>>a
```

输出结果如下：

```
a     1
b     2
c     3
d     4
e     5
dtype: int64
```

2）Pandas 二维数据结构（DataFrame）

DataFrame 是 Pandas 的二维数据结构，类似于矩阵，但其在拥有矩阵型的数据结构同时，也拥有着丰富的函数支持，这使得用户在使用 DataFrame 时可以实现快速的数学运算，这也是它为什么被应用于统计学的原因，下面通过几个简单示例了解一下 DataFrame。

（1）使用字典构建 DataFrame。当然，除了使用字典构建，还可以通过外部导入，使用 Series 创建 DataFrame：

```
>>> d = {'col1': [1, 2], 'col2': [3, 4]}
>>> a = pd.DataFrame(data=d)
>>> a
```

输出结果如下：

```
    col1   col2
0      1      3
1      2      4
```

（2）使用列索引和使用 loc 函数访问 DataFrame 的数据，loc 函数的参数为设置的访问条件：

```
>>>print(a['col1'])
>>>print(a.loc[a['col1']>1,'col2'])
```

输出结果如下：

```
0      1
1      2
Name: col1, dtype: int64
1      4
Name: col2, dtype: int64
```

（3）函数的调用方法：

```
>>>print(a.mean( ))
```

输出结果如下：

```
col1      1.5
col2      3.5
dtype: float64
```

（4）DataFrame 的数组的运算操作：

```
>>>d = {'col1': [1, 2], 'col2': [3, 4]}
>>>a = pd.DataFrame(data=d)
>>>d2 = {'col1': [1, 3], 'col3': [1, 4]}
>>>b= pd.DataFrame(data=d2)
>>>print(a+b)
>>>print(a*2)
>>>print(a>1)
```

输出结果如下：

```
    col1   col2   col3
0      2    NaN    NaN
1      5    NaN    NaN
    col1   col2
```

```
0      2      6
1      4      8
    col1   col2
0   False  True
1   True   True
```

（5）为 DataFrame 设置索引的方式：

```
>>>a=a.set_index('col2')
>>>print(a)
```

输出结果如下：

```
      col1
col2
3        1
4        2
```

从上面的例子中不难发现 Pandas 因为内置大量的统计方法函数，且使用方式简易，使其被广泛运用在统计学分析领域，那么 Pandas 支持的常用统计分析函数和其对应的功能还有哪些？Pandas 模块的主要统计函数及描述如表 2-1 所示。

表 2-1　Pandas 模块的主要统计函数及描述

函数名	功能描述
count	观测值的个数
sum	求和
mean	求平均值
mad	平均绝对方差
median	中位数
min	最小值
max	最大值
mode	众数
abs	绝对值
prod	乘积
std	标准差
var	方差
sem	标准误差
skew	偏度系数
kurt	峰度
quantile	分位数
cumsum	累加
cumprod	累乘
cummax	累最大值
cummin	累最小值
cov( )	协方差

续表

函数名	功能描述
corr( )	相关系数
rank( )	排名
pct_change( )	时间序列变化

2.2.2 Pandas 自行车数据统计分析

2.2.1 节介绍了 Pandas 的基础使用，Pandas 的简单操作方式及其封装好的大量的数学统计函数可以帮助读者快速实现数据的统计分析，是统计学分析的首选工具，下面就通过简单的案例来了解使用 Pandas 进行数据统计分析的方法，现在有一组自行车行驶数据，记录了蒙特利尔市内七条自行车道的自行车骑行人数，原始数据集 bikes.csv 可以在 Pandas 官方网址上进行下载，具体分析步骤如下。

（1）导入 Pandas。

```
>>>import pandas as pd
```

（2）准备画图环境。

```
>>>import matplotlib.pyplot as plt
>>>pd.set_option('display.mpl_style', 'default')
>>>plt.rcParams['figure.figsize'] = (15, 5)
```

（3）使用 read_csv 函数读取 csv 文件，读取一组自行车骑行数据，得到一个 DataFrame 对象。

```
# 使用 latin1 编码读入，默认的 utf-8 编码不适合
>>>broken_df = pd.read_csv('bikes.csv', encoding='latin1')
# 查看表格的前三行
>>>broken_df[:3]
```

输出结果如下：

```
Date;Berri 1;Brébeuf (données non disponibles);Côte-Sainte-Catherine;Maisonneuve 1;Maisonneuve 2;du Parc;Pierre-Dupuy;Rachel1;St-Urbain (données non disponibles)
0                    01/01/2012;35;;0;38;51;26;10;16;

1                    02/01/2012;83;;1;68;153;53;6;43;

2                  03/01/2012;135;;2;104;248;89;3;58;
```

（4）对比原始文件的前五行（见图 2-1）和导入的 DataFrame 数据结构，可以发现读入的原始数据存在以下两个问题：

① 使用“;”作为分隔符（不符合函数默认的以“,”作为分隔符）；

② 首列的日期文本格式为 xx/xx/xxxx（不符合 Pandas 的时间日期格式规定）。

```
Date;Berri 1;Br�beuf (donn�es non disponibles);C�te-Sa
inte-Catherine;Maisonneuve 1;Maisonneuve 2;du Parc;Pie
rre-Dupuy;Rachel1;St-Urbain (donn�es non disponibles)
01/01/2012;35;;0;38;51;26;10;16;
02/01/2012;83;;1;68;153;53;6;43;
03/01/2012;135;;2;104;248;89;3;58;
04/01/2012;144;;1;116;318;111;8;61;
```

图 2-1　自行车数据前五行的样式

（5）修复读入问题。

对于读入的数据，bikes.csv 需要做以下数据处理：

① 使用“;”作为分隔符；

② 解析 Date 列（首列）的日期文本；

③ 设置日期文本格式；

④ 使用日期列作为索引。

```
>>>fixed_df = pd.read_csv('bikes.csv', encoding='latin1',
                          sep=';', parse_dates=['Date'],
                          dayfirst=True, index_col='Date')
>>>fixed_df[:3]
```

输出结果如下：

```
            Berri 1    Brébeuf (données non disponibles)    Côte-Sainte-Catherine  \
Date
2012-01-01       35                                  NaN                        0
2012-01-02       83                                  NaN                        1
2012-01-03      135                                  NaN                        2

           Maisonneuve 1   Maisonneuve 2   du Parc   Pierre-Dupuy   Rachel1  \
Date
2012-01-01            38              51        26             10        16
2012-01-02            68             153        53              6        43
2012-01-03           104             248        89              3        58

                  St-Urbain (données non disponibles)
Date
2012-01-01                                      NaN
2012-01-02                                      NaN
2012-01-03                                      NaN
```

（6）读取 csv 文件所得结果是一个 DataFrame 对象，每列对应一条自行车道，每行对应一天的数据。从 DataFrame 中选择一列，使用类似于字典（Dict）的语法访问选择其中的一列。

```
>>>fixed_df['Berri 1']
```

输出结果如下：

```
Date
2012-01-01       35
```

```
    2012-01-02      83
    2012-01-03     135
    2012-01-04     144
    2012-01-05     197
    2012-01-06     146
    2012-01-07      98
    2012-01-08      95
    ......
    2012-10-29    2919
    2012-10-30    2887
    2012-10-31    2634
    2012-11-01    2405
    2012-11-02    1582
    2012-11-03     844
    2012-11-04     966
    2012-11-05    2247
    Name: Berri 1, Length: 310, dtype: int64
```

（7）将所选择的列绘成如图 2-2 所示的 Berri 车道的骑行人数变化趋势，可以直观地看出骑行人数的变化趋势。

```
>>>fixed_df['Berri 1'].plot()
```

运行结果如下（见图 2-2）：

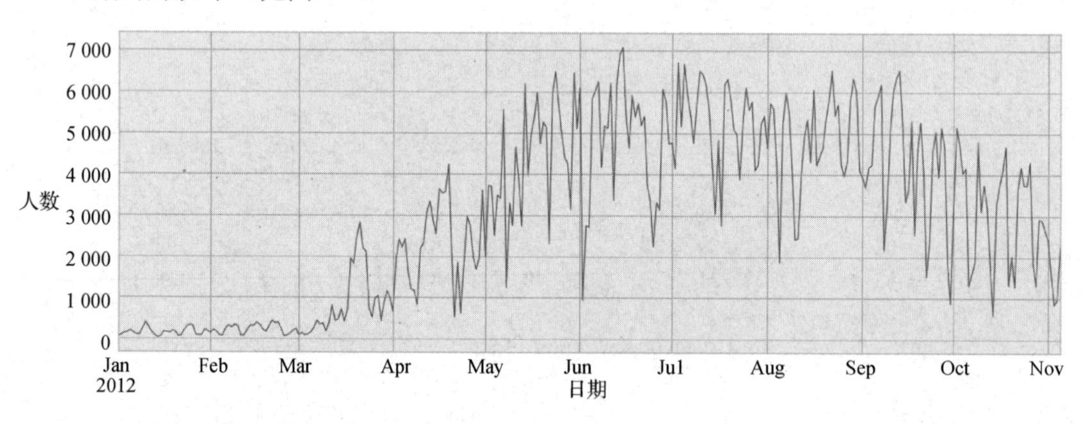

图 2-2　Berri 车道的骑行人数变化趋势

（8）绘制所有的列（自行车道）的骑行人数变化趋势图，可以看到，每条车道的变化趋势都是类似的。

```
>>>fixed_df.plot(figsize=(15, 10))
```

运行结果：所有列（自行车道）的骑行人数变化趋势如图 2-3 所示。

（9）要判断人们在周末还是在工作日骑自行车更多，可在数据结构 DataFrame 中添加一个“工作日”列。

贝里街是蒙特利尔的一条街道，有一条非常重要的自行车道。创建一个数据框，其中只有贝里街相关的数据：

```
>>>berri_bikes = fixed_df[['Berri 1']].copy( )
>>>berri_bikes[:5]
```

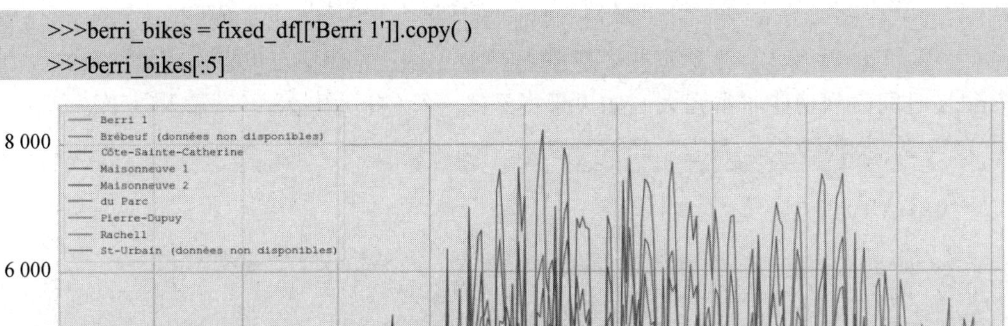

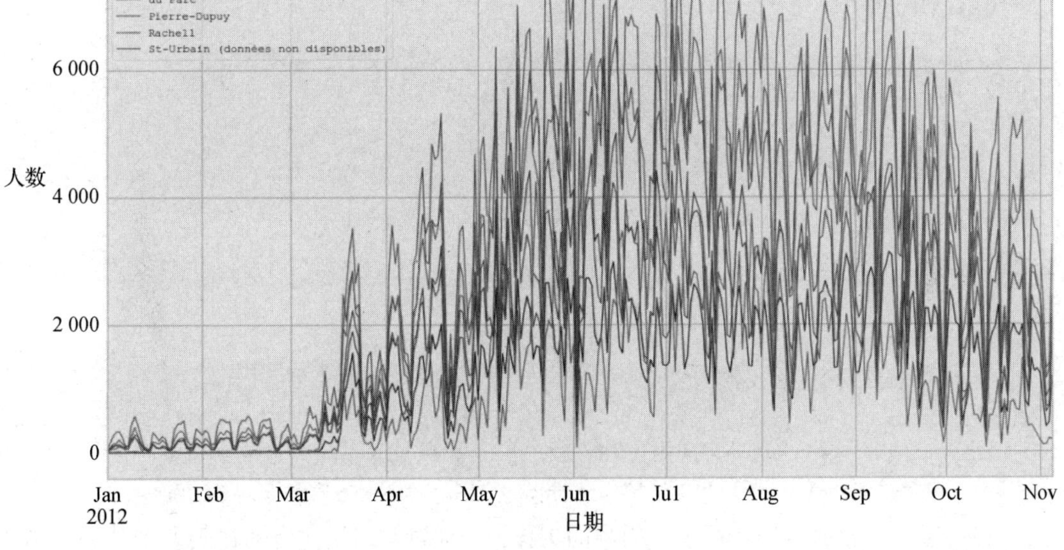

图 2-3　所有列（自行车道）的骑行人数变化趋势

输出结果如下：

```
            Berri 1
Date
2012-01-01       35
2012-01-02       83
2012-01-03      135
2012-01-04      144
2012-01-05      197
```

（10）接下来，再添加一个“工作日”列，可以从索引中获得工作日。目前虽然还没有讲到索引，但是索引在上面的数据框的左边，在“日期”下，基本上是一年中的所有日子：

```
>>>berri_bikes.index
```

输出结果如下：

```
DatetimeIndex(['2012-01-01', '2012-01-02', '2012-01-03', '2012-01-04',
               '2012-01-05', '2012-01-06', '2012-01-07', '2012-01-08',
               '2012-01-09', '2012-01-10',
               ...
               '2012-10-27', '2012-10-28', '2012-10-29', '2012-10-30',
               '2012-10-31', '2012-11-01', '2012-11-02', '2012-11-03',
```

```
                    '2012-11-04', '2012-11-05'],
                   dtype='datetime64[ns]', name='Date', length=310, freq=None)
```

（11）可以看到实际上数据是不完整的，通过 length 数据可以发现，数据只有 310 天。Pandas 时间序列功能非常强大，如果想得到每一行的日子，就可以输入以下语句。

```
>>>berri_bikes.index.day
```

输出结果如下：

```
Int64Index([ 1, 2, 3, 4, 5, 6, 7, 8, 9, 10,
            ...
             27, 28, 29, 30, 31, 1, 2, 3, 4, 5],
           dtype='int64', name='Date', length=310)
```

（12）如果想得到每一周中的工作日，可以输入以下语句。

```
>>>berri_bikes.index.weekday
```

输出结果如下：

```
Int64Index([6, 0, 1, 2, 3, 4, 5, 6, 0, 1,
            ...
             5, 6, 0, 1, 2, 3, 4, 5, 6, 0],
           dtype='int64', name='Date', length=310)
```

（13）通过上面的语句获得了一周中的工作日，通过与日历进行对比会发现数据中的 0 代表的是星期一。现在已经知道如何设置普通日进行索引了，接下来需要做的是把工作日的索引设置为 DataFrame 中的一列：

```
>>>berri_bikes.loc[:,'weekday'] = berri_bikes.index.weekday
>>>berri_bikes[:5]
```

输出结果如下：

```
            Berri 1   weekday
Date
2012-01-01       35         6
2012-01-02       83         0
2012-01-03      135         1
2012-01-04      144         2
2012-01-05      197         3
```

（14）接下来就可以把工作日作为一个统计日进行骑行人数的统计了，而这在 Pandas 中实现也非常简单，Dataframes 中存在一个 groupby( )方法，这个方法有点类似于 SQL 语句中的 groupby 方法，如果读者对 SQL 语法不清楚，可以自行查阅。实现的语句是 weekday_counts = berri_bikes.groupby('weekday').aggregate(sum)，该语句的目的是把 Berri 车道数据按照相同普通日的标准进行分组并累加。

```
>>>weekday_counts = berri_bikes.groupby('weekday').aggregate(sum)
>>>weekday_counts
```

输出结果如下：

```
Berri 1
weekday
0          134298
1          135305
2          152972
3          160131
4          141771
5          101578
6           99310
```

（15）这时候会发现通过 0，1，2，3，4，5，6 这样的数字很难记住其相对应的日子，可以通过以下方法修改。

```
>>>weekday_counts.index = ['Monday', 'Tuesday', 'Wednesday', 'Thursday', 'Friday', 'Saturday', 'Sunday']
>>>weekday_counts
```

输出结果如下：

```
              Berri 1
Monday        134298
Tuesday       135305
Wednesday     152972
Thursday      160131
Friday        141771
Saturday      101578
Sunday         99310
```

（16）接下来通过直方图的形式来查看统计情况，使用如下代码进行直方图的绘制：

```
>>>weekday_counts.plot(kind='bar')
```

运行结果，所有车道的骑行人数直方图如图 2-4 所示。

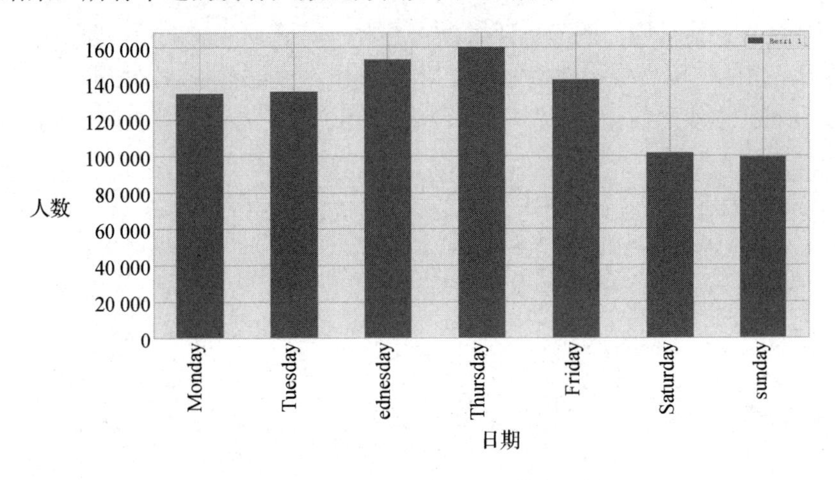

图 2-4　所有车道的骑行人数直方图

通过结果可以发现蒙特利尔市似乎是一个喜欢使用自行车作为通勤工具的城市，即人们在工作日会大量的使用自行车。

2.3 Matplotlib 简介及基础使用

Matplotlib 是 Python 的绘图库，具有丰富的绘图功能。pyplot 是其中的一个模块，它提供了类似 MATLAB 的绘图接口，是数据可视化的好帮手，能够绘制 2D、3D 等丰富的图像。

2.3.1 Matplotlib 简介

Matplotlib 是一款功能强大的数据可视化工具。它与 Numpy 的无缝集成使得 Python 拥有与 MATLAB、R 等语言旗鼓相当的能力。

通过使用 plot( )、bar( )、hist( )和 pie( )等函数，Matplotlib 可以方便地绘制散点图、条形图、直方图及饼形图等专业图形。

1. Matplotlib 安装

与 Numpy 类似，如果读者已经通过 Anconada 安装了 Python，那么就无须再次显式安装 Matplotlib 了，因为它已经默认被安装了。

如果的确没有安装 Matplotlib，可在控制台的命令行使用如下命令进行在线安装。

在 Anaconda 平台下安装输入：

```
conda install matplotlib
```

在 Python 平台下安装输入：

```
pip install matplotlib
```

2. Matplotlib 基础绘图

1）绘制简单图形

二维图形是人们最常用的图形呈现媒介。通常，使用 Matplotlib 中的子模块 pyplot 来绘制 2D 图形。它能让用户较为便捷地将数据图像化，并能提供多样的输出格式。

在使用 pyplot 模块之前，需要先导入。为了使用方便，为这个模块取一个别名，即 plt。

```
import numpy as np
from matplotlib import pyplot as plt
x = np.arange(1,11)
y =   2 * x + 5
plt.title( " Matplotlib demo " )
plt.xlabel( " x axis caption " )
plt.ylabel( " y axis caption " )
plt.plot(x,y)
plt.show( )
```

在以上实例中，np.arange( )函数创建 x 轴上的值。y 轴上的对应值存储在另一个数组对象 y 中。这些点使用 Matplotlib 软件包的 pyplot 子模块的 plot( )函数绘制。图形由 show( )函数显示，用 Matplotlib 绘制简单图形如图 2-5 所示。

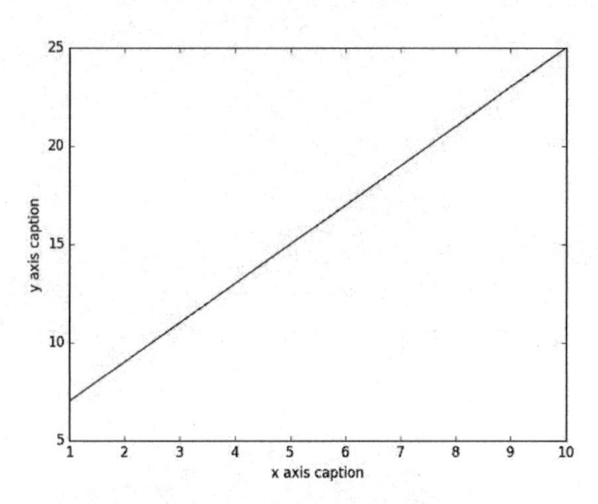

图 2-5　用 Matplotlib 绘制简单图形

2）散点图

在可视化图像应用中，散点图的应用范围也很广泛。例如，如果某一个点或某几个点偏离大多数点，成为孤立点，通过散点图就可以一目了然。在机器学习中，散点图常常用在分类、聚类当中，以便显示不同类别。

在 Matplotlib 中，绘制散点图的方法与使用 plt.plot( )绘制图形的方式类似。

```
import matplotlib.pyplot as plt
import numpy as np

#产生 50 对服从正态分布的样本点
nbPointers = 50
x = np.random.standard_normal(nbPointers)
y = np.random.standard_normal(nbPointers)

# 固定种子数，以便实验结果具有可重复性
np.random.seed(19680801)
colors = np.random.rand(nbPointers)

area = (30 * np.random.rand(nbPointers))**2
plt.scatter(x, y, s = area, c = colors, alpha = 0.5)
plt.show()
```

运行结果：用 Matplotlib 绘制的散点图如图 2-6 所示。

3）直方图

在数据可视化中，直方图常用来展示和对比可测量数据。pyplot 子模块提供 bar( )函数来生成直方图。

```
import numpy as np
import matplotlib.pyplot as plt
plt.rcParams['font.sans-serif'] = ['SimHei']
plt.rcParams[ 'axes.unicode_minus'] = False
objects = ('Python', 'C++', 'Java', 'Perl', 'Scala', 'Lisp')
y_pos = np.arange(len(objects))
performance = [10,8,6,4,2,1]
plt.bar(y_pos, performance, align='center', alpha=0.5)
plt.xticks(y_pos, objects)
plt.ylabel('用户量')
plt.title('数据分析程序语言使用分布情况')
plt.show( )
```

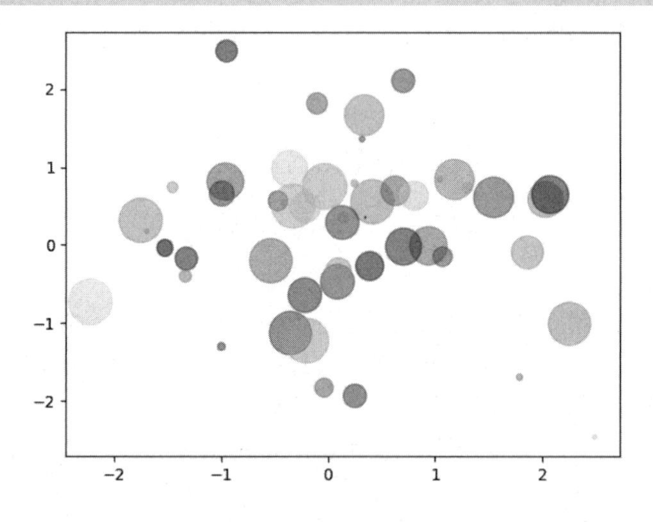

图 2-6　用 Matplotlib 绘制的散点图

运行结果：用 Matplotlib 绘制的直方图如图 2-7 所示。

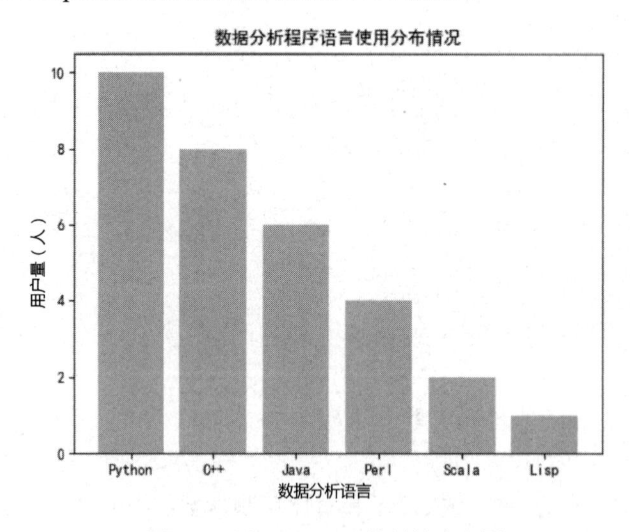

图 2-7　用 Matplotlib 绘制的直方图

2.3.2　Matplotlib 绘图实例

1．实现 Matplotlib 自定义图例

在一张图里绘制 sin 和 cos 的图形，并展示图例代码如下：

```
import numpy as np
import matplotlib.pyplot as plt
x = np.linspace(0, 10, 1000)
fig, ax = plt.subplots( )
ax.plot(x, np.sin(x), label='sin')
ax.plot(x, np.cos(x), '--', label='cos')
ax.legend( )
plt.show( )
```

用 Matplotlib 绘制的 sin 和 cos 图如图 2-8 所示。

调整图例在左上角展示，且不显示边框的代码如下：

```
ax.legend(loc='upper left', frameon=False)
```

用 Matplotlib 绘制的 sin 和 cos 图（调整图例在左上角）如图 2-9 所示。

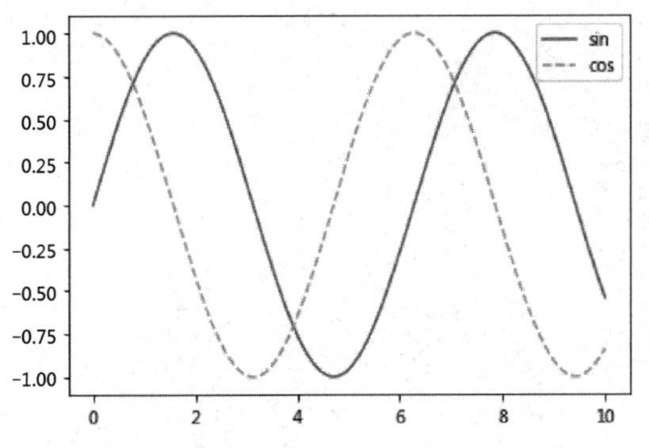

图 2-8　用 Matplotlib 绘制的 sin 和 cos 图

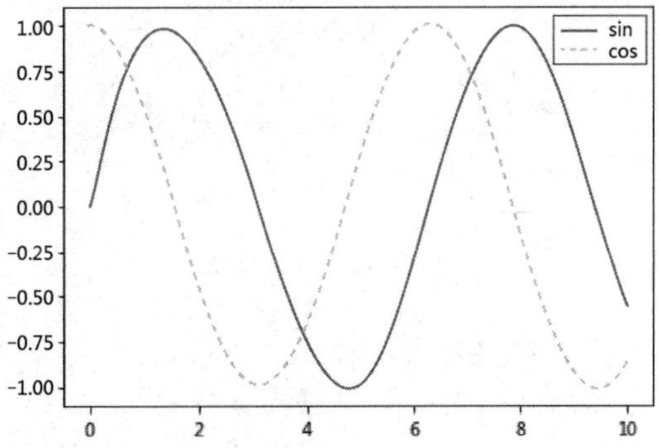

图 2-9　用 Matplotlib 绘制的 sin 和 cos 图（调整图例在左上角）

继续调整图例在画面下方居中展示，且分成 2 列。

```
ax.legend(frameon=False, loc='lower center', ncol=2)
```

用 Matplotlib 绘制的 sin 和 cos 图（图例在画面下方居中）如图 2-10 所示。

绘制图像并只显示前两者的图例：

```
# 第二个方法
plt.plot(x, y[:, 0], label=&apos;first&apos;)
plt.plot(x, y[:, 1],&apos;--&apos;, label=&apos;second&apos;)
plt.legend(framealpha=1, frameon=True)
plt.show( )
```

用 Matplotlib 绘制的 sin 和 cos 图（只显示前两者的图例）如图 2-11 所示。

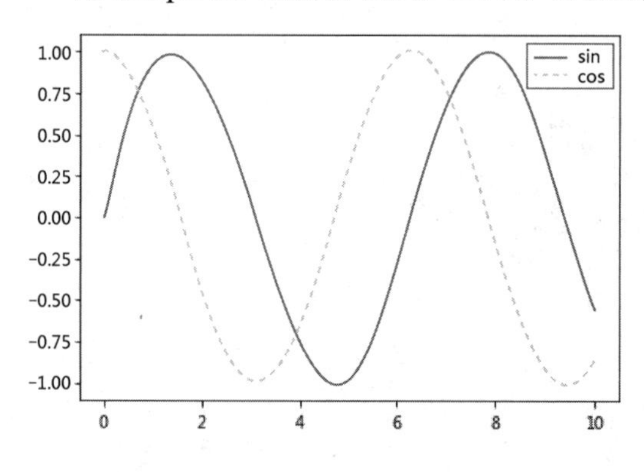

图 2-10　用 Matplotlib 绘制的 sin 和 cos 图（图例在画面下方居中）

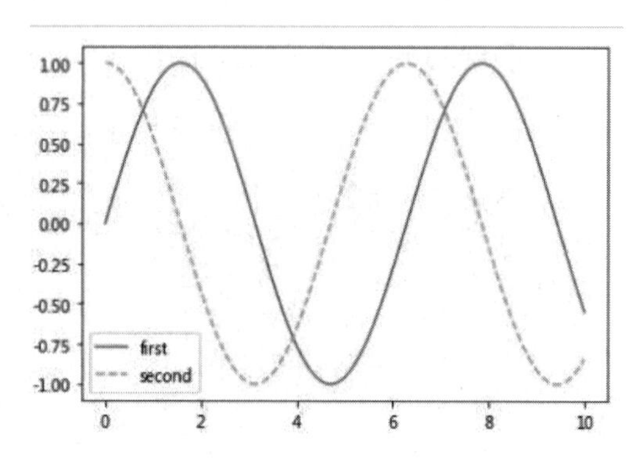

图 2-11　用 Matplotlib 绘制的 sin 和 cos 图（只显示前两者的图例）

将图例分不同的区域展示：

```
fig, ax = plt.subplots( )
lines = []
styles = ['-', '--', '-.', ':']
x = np.linspace(0, 10, 1000)
for i in range(4):
    lines += ax.plot(x, np.sin(x - i * np.pi / 2),styles[i], color='black')
ax.axis('equal')
# 设置第一组标签
ax.legend(lines[:2], ['line A', 'line B'],
          loc='upper right', frameon=False)
# 创建第二组标签
from matplotlib.legend import Legend
leg = Legend(ax, lines[2:], ['line C', 'line D'],
             loc='lower right', frameon=False)
ax.add_artist(leg)
plt.show( )
```

用 Matplotlib 绘制的 sin 和 cos 图（图例分不同的区域）如图 2-12 所示。

2．实现 Matplotlib 多子图

在一个 10×10 的画布中，在(0.65,0.65)的位置创建一个 0.2×0.2 的子图：

```
ax1 = plt.axes( )
ax2 = plt.axes([0.65, 0.65, 0.2, 0.2])
plt.show( )
```

用 Matplotlib 绘制的多子图如图 2-13 所示。

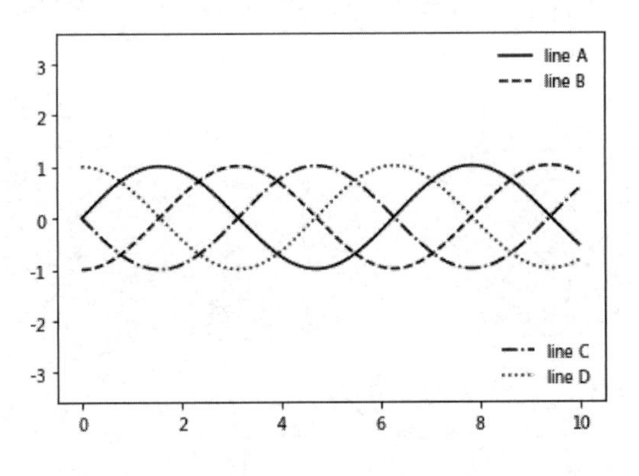

图 2-12　用 Matplotlib 绘制的 sin 和 cos 图（图例分不同的区域）

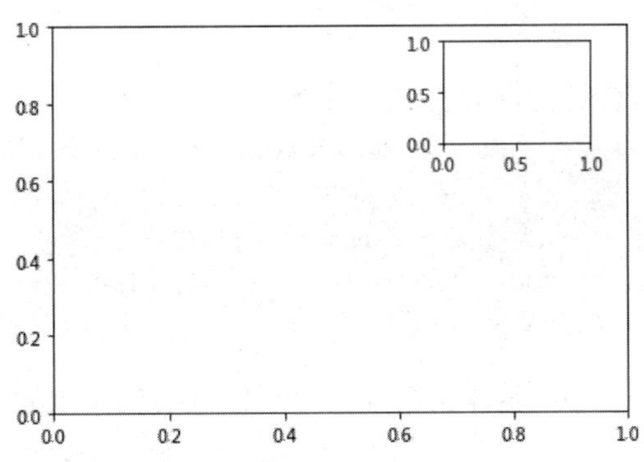

图 2-13　用 Matplotlib 绘制的多子图

在两个子图中，显示 sin(x)和 cos(x)的图像：

```
fig = plt.figure( )
ax1 = fig.add_axes([0.1, 0.5, 0.8, 0.4], ylim=(-1.2, 1.2))
ax2 = fig.add_axes([0.1, 0.1, 0.8, 0.4], ylim=(-1.2, 1.2))
x = np.linspace(0, 10)
ax1.plot(np.sin(x))
ax2.plot(np.cos(x))
plt.show( )
```

用 Matplotlib 绘制的多子图［子图中显示 sin(x)和 cos(x)的图像］如图 2-14 所示。

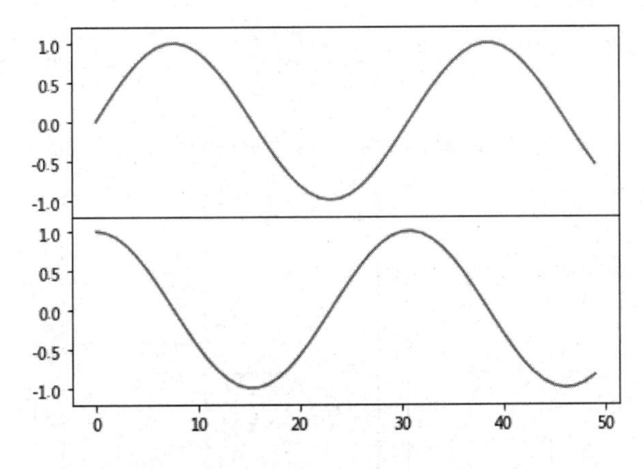

图 2-14　用 Matplotlib 绘制的多子图［子图中显示 sin(x)和 cos(x)的图像］

用 for 创建六个子图，并且在图中标识出对应的子图坐标。

方法一。

```
for i in range(1, 7):
    plt.subplot(2, 3, i)
    plt.text(0.5, 0.5, str((2, 3, i)), fontsize=18, ha='center')
plt.show( )
```

方法二。

```
# fig = plt.figure( )
# fig.subplots_adjust(hspace=0.4, wspace=0.4)
# for i in range(1, 7):
#       ax = fig.add_subplot(2, 3, i)
#       ax.text(0.5, 0.5, str((2, 3, i)),fontsize=18, ha='center')
# plt.show( )
```

for 循环创建的六个子图（子图中显示坐标）如图 2-15 所示。

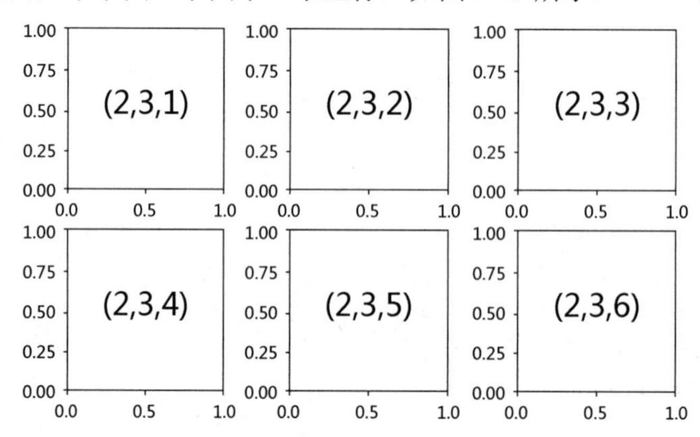

图 2-15　for 循环创建的六个子图（子图中显示坐标）

设置相同行和列共享 x 轴和 y 轴：

```
fig,ax=plt.subplots(2,3,sharex='col',sharey='row')
plt.show( )
```

6 个子图（相同行和列共享 x 轴和 y 轴）如图 2-16 所示。

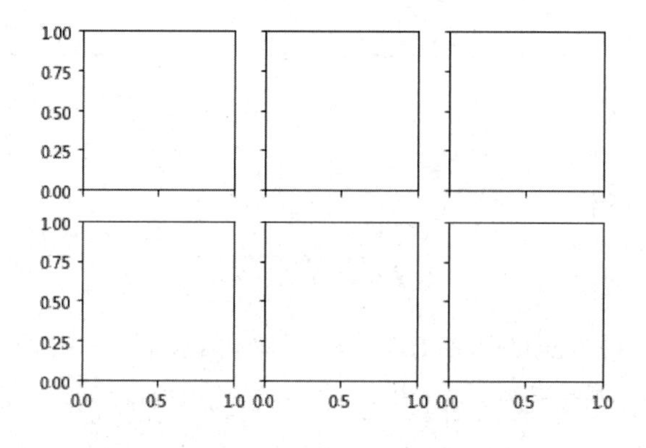

图 2-16　6 个子图（相同行和列共享 x 轴和 y 轴）

用[ ]的方式取出每个子图，并添加子图坐标文字：

```
fig, ax = plt.subplots(2, 3, sharex='col', sharey='row')
for i in range(2):
    for j in range(3):
        ax[i, j].text(0.5, 0.5, str((i, j)),fontsize=18, ha='center')
```

```
plt.show( )
```

6 个子图（用[ ]的方式取出每个子图，并添加子图坐标文字）如图 2-17 所示。

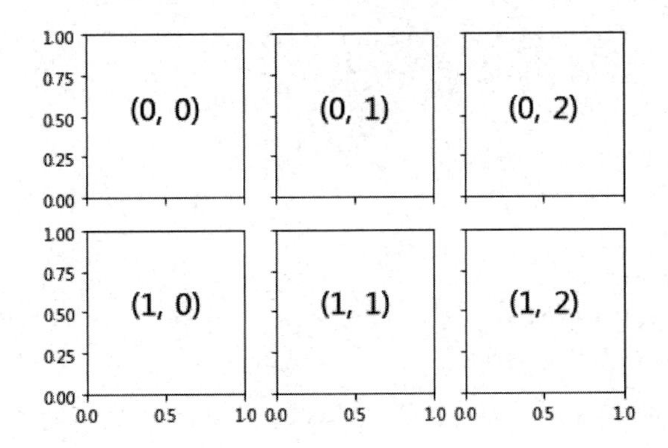

图 2-17　6 个子图（用[ ]的方式取出每个子图，并添加子图坐标文字）

大小不同的子图如图 2-18 所示。

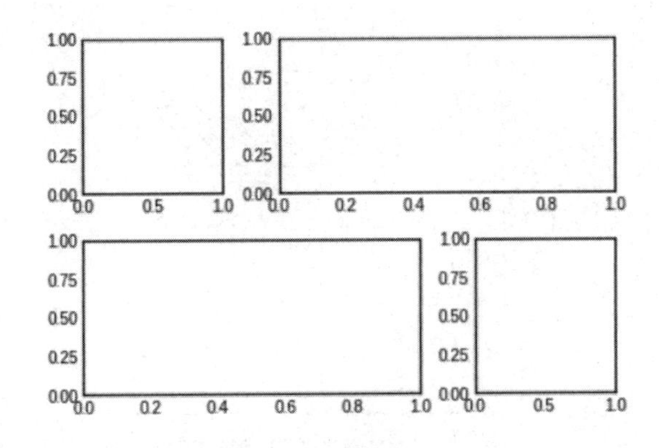

图 2-18　大小不同的子图

使用如下 Python 代码可以实现大小不同子图的绘制：

```
grid = plt.GridSpec(2, 3, wspace=0.4, hspace=0.3)
plt.subplot(grid[0, 0])
plt.subplot(grid[0, 1:])
plt.subplot(grid[1, :2])
plt.subplot(grid[1, 2])
```

除此之外，显示一组二维数据的频度分布，并分别在 x 轴和 y 轴上显示该维度数据的频度分布：

```
mean = [0, 0]
cov = [[1, 1], [1, 2]]
x, y = np.random.multivariate_normal(mean, cov, 3000).T
# Set up the axes with gridspec
fig = plt.figure(figsize=(6, 6))
grid = plt.GridSpec(4, 4, hspace=0.2, wspace=0.2)
```

```
main_ax = fig.add_subplot(grid[:-1, 1:])
y_hist = fig.add_subplot(grid[:-1, 0], xticklabels=[ ], sharey=main_ax)
x_hist = fig.add_subplot(grid[-1, 1:], yticklabels=[ ], sharex=main_ax)
# scatter points on the main axes
main_ax.scatter(x, y,s=3,alpha=0.2)
# histogram on the attached axes
x_hist.hist(x, 40, histtype='stepfilled',
            orientation='vertical')
x_hist.invert_yaxis( )
y_hist.hist(y, 40, histtype='stepfilled',
            orientation='horizontal')
y_hist.invert_xaxis( )
```

显示一组二维数据的频度分布，并在 x 轴和 y 轴上显示该维度数据的频度分布图如图 2-19 所示。

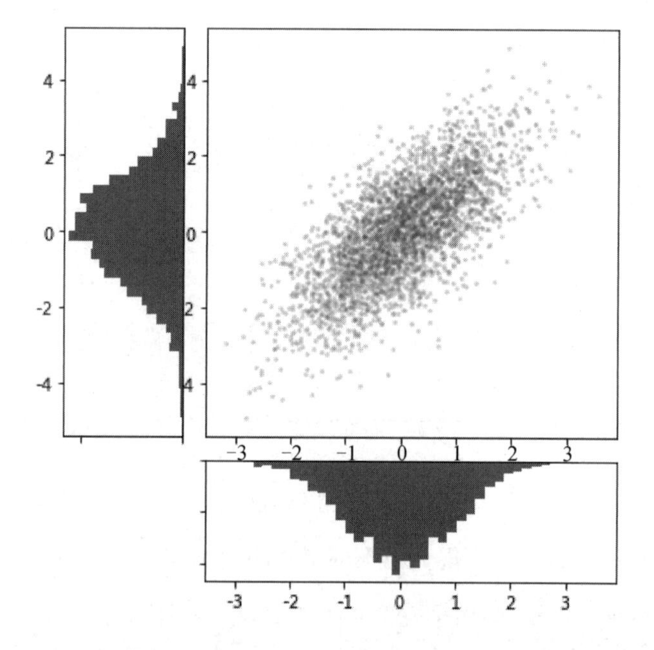

图 2-19 显示一组二维数据的频度分布，并在 x 轴和 y 轴上显示该维度数据的频度分布

3. 用 Matplotlib 打造疫情展示地图

绘制折线图：

```
import matplotlib.pyplot as plt
# 1. 准备数据
time = ['20200401', '20200402', '20200403', '20200404', '20200405']
china = [93, 78, 73, 55 ,75]
# 2. 创建画布
plt.figure(figsize=(10, 8), dpi=100)
# 3. 绘制折线图
plt.plot(time, china)
```

```
#4. 展示
plt.show( )
```

用 Matplotlib 绘制的折线图如图 2-20 所示。

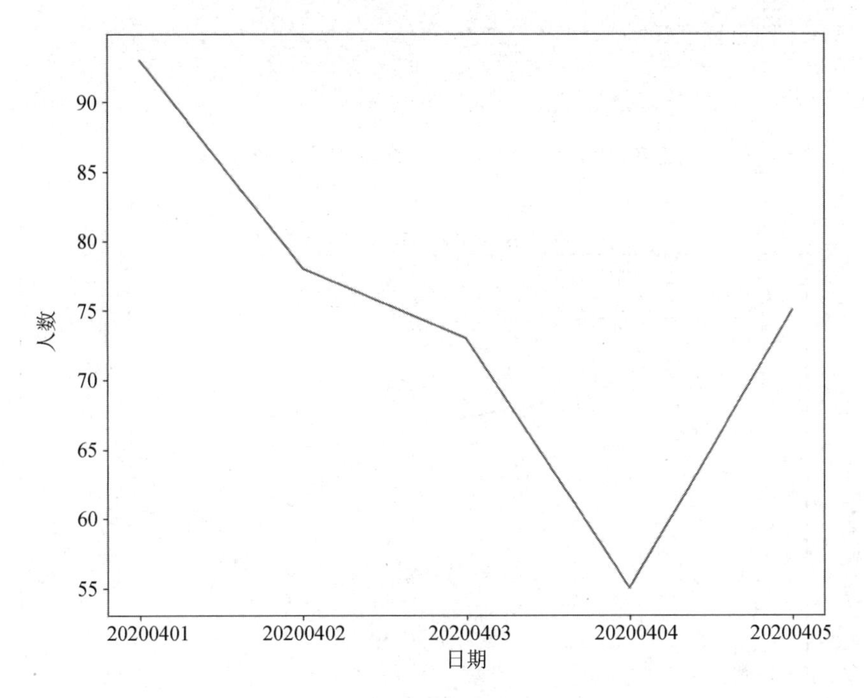

图 2-20　用 Matplotlib 绘制的折线图

添加辅助显示层：

```
import matplotlib.pyplot as plt
plt.rcParams[ 'axes.unicode_minus'] = False    #使坐标轴刻度标签正常显示正负号
plt.rcParams['font.sans-serif'] = ['SimHei'] # 解决中文不能正常显示的问题,使图形中的中文正常编
码显示
#1. 准备数据
time = ['20200401', '20200402', '20200403', '20200404', '20200405']
china = [93, 78, 73, 55 ,75]
#2. 创建画布
plt.figure(figsize=(10, 8), dpi=100)
#3. 绘制折线图
plt.plot(time, china)
#添加辅助显示层
#添加 x，y 轴刻度
xticks = ['4 月 1 日', '4 月 2 日', '4 月 3 日', '4 月 4 日', '4 月 5 日']
plt.xticks(time, xticks)
yticks = range(0, 101, 10)
plt.yticks(yticks)
#添加 x，y 轴名称
plt.xlabel('时间')
```

```
plt.ylabel('新增确诊病例数量')
#设置标题
plt.title('4 月 1 日~4 月 5 日之间新增确诊病例情况')
#添加网格
plt.grid(True, linestyle='--', alpha=0.5)
#4. 展示
plt.show( )
```

4 月 1 日～4 月 5 日之间新增确诊病例情况图如图 2-21 所示：

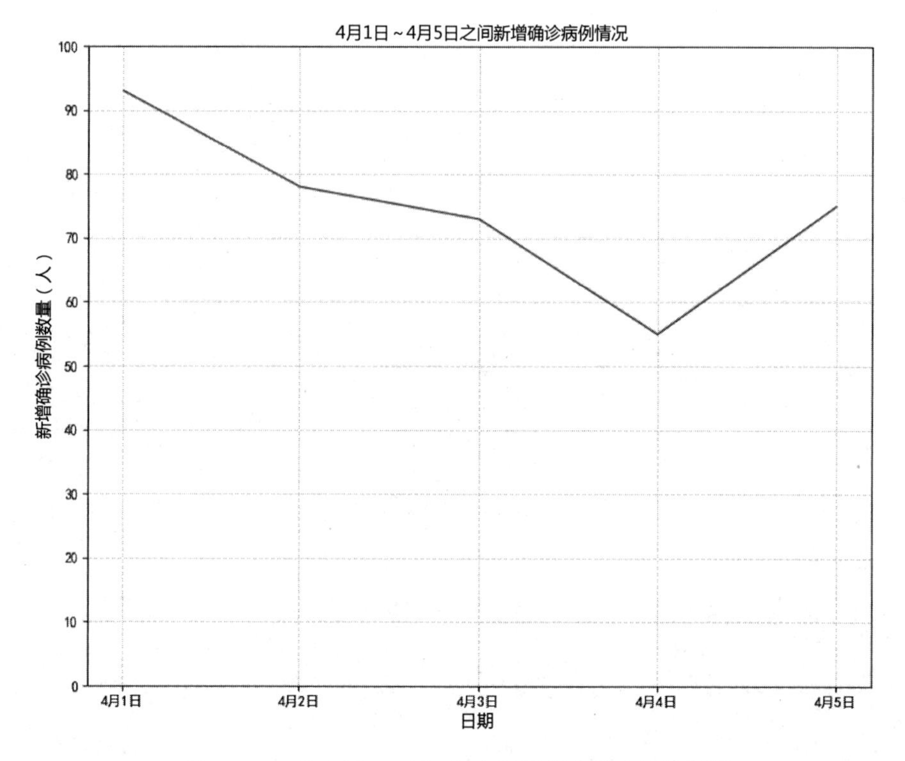

图 2-21　4 月 1 日～4 月 5 日之间新增确诊病例情况图

2.4　Scikit-Learn 简介及基础使用

Scikit-Learn 简写为 sklearn，是一款开源的 Python 机器学习库，它基于 Numpy 和 Scipy，为用户提供了大量用于数据挖掘和分析的工具，以及支持多种算法的一系列接口。

2.4.1　Scikit-Learn 安装与简介

对 Python 语言有所了解的科研人员可能都知道 SciPy——一个开源的基于 Python 的科学计算工具包。基于 SciPy，目前开发者们针对不同的应用领域已经开发出了为数众多的分支版本，它们被统一称为 Scikits，即 SciPy 工具包。而在这些分支版本中，最有名，也是专门面向机器学习的一个就是 Scikit-Learn。

Scikit-Learn 项目最早由数据科学家大卫在 2007 年发起，需要 Numpy 和 SciPy 等其他包的支持，是 Python 语言中专门针对机器学习应用而发展起来的一款开源框架。

1．Scikit-Learn 安装

如果读者是利用 Anaconda 安装的 Python，Anaconda 通常都会假设使用者是数据分析的学习者或从业者，此时 Scikit-Learn 便是默认配置。

如果确实没有安装 Scikit-Learn，则可用通过如下指令安装。需要注意的是，在安装时，命令行执行“scikit-learn”。

```
conda install scikit-learn
```

或者也可以利用 pip 安装。

```
pip install scikit-learn
```

2．Scikit-Learn 简介

作为一款热门的机器学习框架，sklearn 提供了很多好用的 API。通常使用寥寥几行代码就可以很好地完成机器学习的六个流程，分别为数据处理、分割数据、训练模型、验证模型、使用模型、调优模型。

sklearn 的功能主要分为六大部分：分类、回归、聚类、数据降维、模型选择和数据预处理。

（1）简单来说，如果定性输出预测（预测变量是离散值），可称之为分类（Clasification），比如预测花的品类、顾客是否购买商品等。sklearn 中已实现的经典分类算法包括：支持向量机（SVM）、最近邻算法、Logistic 回归、随机森林、决策树及多层感知器（Multilayer Perceptron，MLP）等。

（2）相比而言，如果定量输出预测（预测变量是连续值），则称之为回归（Regression），比如预测花的长势、房价的涨势等。目前 sklearn 中已经实现的回归算法包括：线性回归、支持向量回归（SVR）、岭回归、Lasso 回归、贝叶斯回归等。常见的应用场景有股价预测等。

（3）聚类（Clustering）的功能是将相似的对象自动分组。sklearm 中常用的聚类算法包括：K 均值聚类、谱聚类（Spectral Clustering）、均值漂移（Mean Shift）等。常见的应用场景有客户细分、实验结果分组及数据压缩等。

（4）数据降维（Dimension Reduction）的目的在于减少要考虑的随机变量的数量。skleam 中常见的数据降维计算有主成分分析、特征选择、非负矩阵分解等。常见的应用场景包括数据压缩、模型优化等。

（5）模型选择是指评估与验证模型，对模型参数进行选择与平衡。sklearn 提供了很多有用的模块，可实现许多常见功能，包括模型度量（Metrics）、网格搜索（Grid Search）、交叉验证（Cross Validation）等。其目的在于，通过调整模型参数来提高模型性能（预测准确度、泛化误差等）。

（6）数据预处理的功能在于，把输入数据（如文本、图形图像等）转换为机器学习算

法适用的数据，主要包括数据特征的提取和归一化。在 sklearn 中，常用的模块有数据预处理、特征抽取等。

sklearn 为所有模型提供了非常相似的接口，这样使得读者可以更加快速的熟悉所有模型的用法，在这之前，先来看看模型的常用属性和功能。

1）线性回归

```
from sklearn.linear_model import LinearRegression
# 定义线性回归模型
model = LinearRegression(fit_intercept=True, normalize=False,
    copy_X=True, n_jobs=1)

"""
参数
---
    fit_intercept：是否计算截距，当其设置为 False 时表示没有截距
    normalize： 当 fit_intercept 设置为 False 时，该参数将被忽略。如果 fit_intercept 设置为 True，
则 normalize 表示回归前的回归系数 X 将通过减去平均值并除以 L2 范数而归一化
     n_jobs：指定线程数
"""
```

2）逻辑回归

```
from sklearn.linear_model import LogisticRegression
# 定义逻辑回归模型
model = LogisticRegression(penalty='l2', dual=False, tol=0.0001, C=1.0,
    fit_intercept=True, intercept_scaling=1, class_weight=None,
    random_state=None, solver='liblinear', max_iter=100, multi_class='ovr',
    verbose=0, warm_start=False, n_jobs=1)

"""参数
---
    penalty：使用指定正则化项（默认：L2）
    dual: n_samples > n_features 取 False（默认）
    C：正则化强度的反值越小正则化强度越大
    n_jobs: 指定线程数
    random_state：随机数生成器
    fit_intercept: 是否需要常量
"""
```

3）朴素贝叶斯算法

```
from sklearn import naive_bayes
model = naive_bayes.GaussianNB( ) # 高斯朴素贝叶斯算法
model = naive_bayes.MultinomialNB(alpha=1.0, fit_prior=True, class_prior=None)
model = naive_bayes.BernoulliNB(alpha=1.0, binarize=0.0, fit_prior=True, class_prior=None)
"""
文本分类问题常用 MultinomialNB
```

```
参数
---
    alpha：平滑参数
    fit_prior：是否要学习类的先验概率；False-使用统一的先验概率
    class_prior: 是否指定类的先验概率；若指定则不能根据参数调整
    binarize: 二值化的阈值，若为 None，则假设输入由二进制向量组成
" " "
```

4）决策树

```
from sklearn import tree
model = tree.DecisionTreeClassifier(criterion='gini', max_depth=None,
    min_samples_split=2, min_samples_leaf=1, min_weight_fraction_leaf=0.0,
    max_features=None, random_state=None, max_leaf_nodes=None,
    min_impurity_decrease=0.0, min_impurity_split=None,
     class_weight=None, presort=False)
" " " 参数
---
    criterion ：特征选择准则 gini/entropy
    max_depth：树的最大深度，None-尽量下分
    min_samples_split：分裂内部节点，所需要的最小样本树
    min_samples_leaf：叶子节点所需要的最小样本数
    max_features: 寻找最优分割点时的最大特征数
    max_leaf_nodes：优先增长到最大叶子节点数
    min_impurity_decrease：如果这种分离导致杂质的减少大于或等于这个值，则节点将被拆分
" " "
```

5）支持向量机

```
from sklearn.svm import SVC
model = SVC(C=1.0, kernel='rbf', gamma='auto')
" " " 参数
---
    C：误差项的惩罚参数 C
    gamma: 核相关系数浮点数，If gamma is 'auto' then 1/n_features will be used instead
" " "
```

6）K 近邻算法

```
from sklearn import neighbors
#定义 K 近邻算法分类模型
model = neighbors.KNeighborsClassifier(n_neighbors=5, n_jobs=1) # 分类
model = neighbors.KNeighborsRegressor(n_neighbors=5, n_jobs=1) # 回归
" " " 参数
---
    n_neighbors： 使用邻域的数目
    n_jobs：并行任务数
" " "
```

7）多层感知器（神经网络）

```
from sklearn.neural_network import MLPClassifier
# 定义多层感知器分类算法
model = MLPClassifier(activation='relu', solver='adam', alpha=0.0001)
" " "参数
---
    hidden_layer_sizes: 元祖
    activation：激活函数
    solver ：优化算法{'lbfgs', 'sgd', 'adam'}
    alpha：L2 惩罚(正则化项)参数
" " "
```

2.4.2 Scikit-Learn 基础使用

1．实现 Scikit-Learn 线性回归

线性回归也被称为最小二乘法回归。它的数学模型是这样的：$y = a + bx + e$。其中，a 称为常数项或截距；x 是导入的数据；b 被称为模型的回归系数或斜率；e 为误差项。a 和 b 是模型的参数，当然模型的参数只能从样本数据中估计出来，这样做的目标是选择合适的参数，让这一线性模型最好地拟合观测值，拟合程度越高，模型越好，那么如何判断拟合的质量呢？这一线性模型可以用二维平面上的一条直线来表示，它被称为回归线，模型的拟合程度越高，也意味着样本点围绕回归线越紧密。

```
    #1．导入数据
    from sklearn.datasets import load_boston
    from sklearn.externals import joblib
    boston = load_boston( )
    #2．分割数据
    from sklearn.model_selection import train_test_split
    x_train, x_test, y_train, y_test = train_test_split(boston.data,boston.target, test_size = 0.3, random_
state = 0)
    #3．导入线性回归模块并训练
    from sklearn.linear_model import LinearRegression
    LR = LinearRegression()
    LR.fit(x_train, y_train)
    #4．在测试集合上预测
    y_pred = LR.predict(x_test)
    #5．保存模型
    # 保存模型
    joblib.dump(LR,  " ./ML/test.pkl " )   # LR 是训练好的模型， " ./ML/test.pkl " 是模型要保存的
路径及保存模型的文件名，其中，'pkl' 是 sklearn 中默认的保存格式
    #6．加载模型
    LR = joblib.load( " ./ML/test.pkl " )
    # 进行模型的预测
```

```
#7. 评估模型
from sklearn import metrics
mse = metrics.mean_squared_error(y_test, y_pred)
print( " MSE =  " , mse)                    #模型的均方误差
print( " w0 =  " , LR.intercept_)   #输出截距，即 w0，常量
print( " W =  " , LR.coef_)              #输出每个特征的权值
```

2. 实现 Scikit-Learn K 近邻算法

K 近邻（K-Nearest Neighbors，KNN）算法是一种基于实例的分类方法。该方法就是找出与未知样本 x 距离最近的 k 个训练样本，看这 k 个样本中多数属于哪一类，就把 x 归为那一类。K 近邻算法是一种懒惰学习方法，它存放样本，直到需要分类时才进行分类，如果样本集比较复杂，可能会导致很大的计算开销，因此无法应用到实时性很强的场合。K 近邻算法的核心思想是如果一个样本在特征空间中的 k 个最相邻的样本中的大多数属于某一个类别，则该样本也属于这个类别，并具有这个类别上样本的特性。该方法在确定分类决策上只依据最邻近的一个或几个样本的类别来决定待分样本所属的类别。K 近邻算法在类别决策时，只与极少量的相邻样本有关。由于 K 近邻算法主要靠周围有限的邻近样本，而不是靠判别类域的方法来确定所属类别的，因此对于类域的交叉或重叠较多的待分样本集来说，K 近邻算法较其他方法更为适合。

```
import pandas as pd
from sklearn.datasets import load_iris
#1. 加载 IRIS 数据集合
iris = load_iris( )
x = iris.data
y = iris.target
#2. 分割数据
from sklearn.model_selection import train_test_split
x_train, x_test, y_train, y_test = train_test_split(x, y, test_size = 0.3,
random_state = 123)
#3. 选择模型
from sklearn.neighbors import KNeighborsClassifier
#4. 生成模型对象
knn = KNeighborsClassifier(n_neighbors = 3)
#5. 数据拟合（训练模型）
knn.fit(x,y)
#6. 模型预测
#6.1 单个数据预测
knn.predict([[4,3,5,3]])   #输出 array([2])
#6.2 大集合数据预测
y_predict_on_train = knn.predict(x_train)
y_predict_on_test = knn.predict(x_test)
#7. 模型评估
from sklearn.metrics import accuracy_score
```

```
print('训练集合的准确率为: {:.2f}%'.format(100 * accuracy_score(y_train, y_predict_on_train)))
print('测试集合的准确率为: {:.2f}%'.format(100 * accuracy_score(y_test, y_predict_on_test )))
```

3．实现 Scikit-Learn 鸢尾花识别

传统的机器学习任务从开始到建模的一般流程是获取数据、数据预处理、训练模型、模型评估、预测、分类。本次读者将根据传统机器学习的流程，看看在每一步流程中都有哪些常用的函数及它们的用法是怎么样的。先看一个简单的例子。

鸢尾花识别是一个经典的机器学习分类问题，它的数据样本中包括了 4 个特征变量，1 个类别变量，样本总数为 150。

它的目标是根据花萼长度（Sepal Length）、花萼宽度（Sepal Width）、花瓣长度（Petal Length）、花瓣宽度（Petal Width）这四个特征来识别出鸢尾花的种类，鸢尾花的种类有山鸢尾（Iris-Setosa）、变色鸢尾（Iris-Versicolor）和维吉尼卡鸢尾（Iris-Virginica）。

```
#引入数据集，sklearn 包含众多数据集
from sklearn import datasets
#将数据分为测试集和训练集
from sklearn.model_selection import train_test_split
#利用邻近点方式训练数据
from sklearn.neighbors import KNeighborsClassifier
#引入数据,本次导入鸢尾花数据，Iris 数据包含 4 个特征变量
iris =datasets.load_iris( )
#特征变量
iris_x = iris.data
#print(iris_x)
print('特征变量的长度',len(iris_x))
#目标值
iris_y = iris.target
print('鸢尾花的目标值',iris_y)
# 利用 train_test_split 进行训练，训练集和测试集分开进行，test_size 占 30%
x_train,x_test,y_train,y_test=train_test_split(iris_x,iris_y,test_size=0.3)
#训练数据的特征值分为 3 类
#print(y_train)
'''
[1 1 0 2 0 0 0 2 2 2 1 0 2 0 2 1 0 1 0 2 0 1 0 0 2 1 2 0 0 1 0 0 1 0 0 0 0
 2 2 2 1 1 1 2 0 2 0 1 1 1 1 2 2 1 2 2 2 0 2 2 2 0 1 0 1 0 0 1 2 2 2 1 1 1
 2 0 0 1 0 2 1 2 0 1 2 2 2 1 2 1 0 0 1 0 0 1 1 1 0 2 1 1 0 2 2]
 '''
#训练数据
#引入训练方法
knn = KNeighborsClassifier( )
#填充测试数据进行训练
knn.fit(x_train,y_train)
params = knn.get_params( )
```

```
print(params)
'''
{'algorithm': 'auto', 'leaf_size': 30, 'metric': 'minkowski',
 'metric_params': None, 'n_jobs': None, 'n_neighbors': 5,
 'p': 2, 'weights': 'uniform'}
'''
score = knn.score(x_test,y_test)
print( " 预测得分为：%s " %score)
'''
预测得分为：0.9555555555555556
[1 2 1 1 2 2 1 0 0 0 0 1 2 0 1 0 2 0 0 0 2 2 0 2 2 2 2 1 2 2 2 1 2 2 1 2 0
 2 1 2 1 1 0 2 1]
[1 2 1 1 2 2 1 0 0 0 0 1 2 0 1 0 2 0 0 0 1 2 0 2 2 2 2 1 1 2 2 1 2 2 1 2 0
 2 1 2 1 1 0 2 1]
'''
#预测数据，预测特征值
print(knn.predict(x_test))
'''
[0 2 2 2 2 0 0 0 0 2 2 0 2 0 2 1 2 0 2 1 0 2 1 0 1 2 2 0 2 1 0 2 1 1 2 0 2
 1 2 0 2 1 0 1 2]
'''
#打印真实特征值
print(y_test)
'''
[1 2 2 2 2 1 1 1 1 2 1 1 1 1 2 1 1 0 2 1 1 1 0 2 0 2 0 0 2 0 2 0 2 0 2 2 0
 2 2 0 1 0 2 0 0]
'''
```

2.5 波士顿房价预测实验

本实验主要使用 Python Scikit-Learn 的 Lasso 回归实现波士顿房价的回归预测模型。Lasso 回归的特色就是在对广义线型模型变量进行预测的时候，可以包含一维连续因变量、多维连续因变量、非负次数因变量、二元离散因变量、多元离散因变量，并且无论因变量是连续的还是离散的，Lasso 回归都能处理。总的来说，Lasso 回归对于数据的要求是极其低的，所以应用程度较广。除此之外，Lasso 回归还能够筛选变量和降低模型的复杂程度。通过该实验的学习与实践，希望大家可以：

（1）掌握 Lasso 回归及相关的理论知识；

（2）了解线性回归实验案例。

本实验所使用的数据集为经过数据清洗过的波士顿房价数据，先对数据集中所涉及的字段做一个简单的分类说明，波士顿房价数据集字段说明如表 2-2 所示。

表 2-2　波士顿房价数据集字段说明

类别	特征
房价	SalePrice
地理位置	LotFrontage、Street、Alley、LotShape、LotConfig、LandSlope、LandContour、Neighborhood、Condition1、Condition2
总体	MSSubClass、MSZoning、BldgType、HouseStyle、OverallQual、OverallCond
局部	RoofStyle、RoofMatl、Exterior1st、Exterior2nd、MasVnrType、MasVnrArea、ExterQual、ExterCond、Foundation
卧室厨卫浴	FullBath、HalfBath、Bedroom、Kitchen、KitchenQual、TotRmsAbvGrd、Functional、Fireplaces、FireplaceQu
地下室	BsmtQual、BsmtCond、BsmtExposure、BsmtFinType1、BsmtFinType2、BsmtFullBath、BsmtHalfBath
车库	GarageType、GarageYrBlt、GarageFinish、GarageCars、GarageArea、GarageQual、GarageCond
水电气暖	Utilities、Heating、HeatingQC、CentralAir、Electrical
其他	PoolQC、Fence、MiscFeature、MiscVal
面积	LotArea、1stFlrSF、2ndFlrSF、LowQualFinSF、GrLivArea、BsmtFinSF1、BsmtFinSF2、BsmtUnfSF、TotalBsmtSF、WoodDeckSF、OpenPorchSF、PoolArea、3SsnPorch、EnclosedPorch、ScreenPorch
时间	MoSold、YrSold、YearBuilt、YearRemodAdd
出售	SaleType、SaleCondition

为了便于过程演示，本案例基于 jupyter notebook 开发。实验过程如下。

（1）导入相关库，并加载数据：

```
import pandas as pd
import numpy as np
from sklearn.model_selection import cross_val_score
from sklearn.linear_model import Lasso
from sklearn.externals import joblib
import warnings
data = pd.read_csv('data.csv')
def ignore_warn(*arfs, **kwargs):
    pass
warnings.warn = ignore_warn   # 忽略无意义的警告
l_train = len(data[data['SalePrice'].notnull( )])   # 训练集长度
train = data[:l_train]   # 训练集
y = train['SalePrice']   # 预测目标
x = train.drop('SalePrice', axis=1).values   # 特征向量
```

（2）使用交叉验证法计算精度：

定义得分函数，实例化 Lasso 回归，并指定正则项系数，输出结评分结果。

```
def scoring(model):   # 定义函数 scoring，利用 5 折交叉验证法计算测试误差
    r = cross_val_score(model, x, y, scoring= " neg_mean_squared_error " , cv=5)
    score = -r
    return(score)
clf = Lasso(alpha=0.0005)   # 参数设置
score = scoring(clf)   # 调用 scoring 函数计算回归偏差
```

```
print( " 偏差: {:.4f} ({:.4f}) " .format(score.mean( ), score.std( )))
# 交叉验证法偏差平均值及标准差
```

输出的结果如下：

```
偏差：0.0121 (0.0013)
```

（3）返回特征的权重系数：

sklearn 提供 coef_函数返回特征的权重系数。使用这个函数观察处理后得到的保留特征数。

```
clf = Lasso(alpha=0.0005)  # 参数设置
clf.fit(x, y)  # 训练模型
joblib.dump(clf, " model.pkl " ) # 保存模型
print('特征总数：%d' % len(data.columns))
print('嵌入式选择后，保留特征数：%d' % np.sum(clf.coef_ != 0))  # 计算并显示嵌入式选择后，保留的特征数
```

输出的结果如下：

```
特征总数：367
嵌入式选择后，保留特征数：120
```

（4）查看学习器性能：

这里用学习曲线来观察学习器性能，最后可以看到此学习器很健康。

```
from sklearn.model_selection import learning_curve
import matplotlib.pyplot as plt
%matplotlib inline
def plot_learning_curve(estimator, title, X, y, cv=10,
                        train_sizes=np.linspace(.1, 1.0, 5)):  # 定义 plot_learning_curve 函数绘制学习曲线
    plt.figure( )
    plt.title(title)  # 图像标题
    plt.xlabel('Training examples')  # 横坐标
    plt.ylabel('Score')  # 纵坐标
    train_sizes, train_scores, test_scores = learning_curve(estimator, x, y, cv=cv, scoring= " neg_mean_squared_error " , train_sizes=train_sizes)  # 交叉验证法计算训练误差，测试误差
    train_scores_mean = np.mean(-train_scores, axis=1)  # 计算训练误差平均值
    train_scores_std = np.std(-train_scores, axis=1)  # 训练误差方差
    test_scores_mean = np.mean(-test_scores, axis=1)  # 测试误差平均值
    test_scores_std = np.std(-test_scores, axis=1)  # 测试误差方差
    plt.grid( )  # 增加网格

    plt.fill_between(train_sizes, train_scores_mean - train_scores_std,
                     train_scores_mean + train_scores_std,
                     alpha=0.1, color='g')  # 颜色填充
    plt.fill_between(train_sizes, test_scores_mean - test_scores_std,
```

```
                          test_scores_mean + test_scores_std,
                          alpha=0.1, color='r')  # 颜色填充
        plt.plot(train_sizes, train_scores_mean, 'o-', color='g',
                 label='traning score')  # 绘制训练误差曲线
        plt.plot(train_sizes, test_scores_mean, 'o-', color='r',
                 label='testing score')  # 绘制测试误差曲线
        plt.legend(loc='best')
        return plt
    clf = Lasso(alpha=0.0005)
    g = plot_learning_curve(clf, 'Lasso', x, y)  # 调用 plot_learning_curve 绘制学习曲线 y =
train['SalePrice']  # 预测目标
```

（5）预测并保存数据：

```
    clf = joblib.load('model.pkl')  # 加载模型
    test = data[l_train:].drop('SalePrice', axis=1).values  # 测试集数据
    predict = np.exp(clf.predict(test))  # 预测
    resul = pd.DataFrame( )
    resul['SalePrice'] = predict
    resul.to_csv('submission.csv', index=False)  # 将结果写入 submission.csv
```

综合案例——学习器性能如图 2-22 所示。

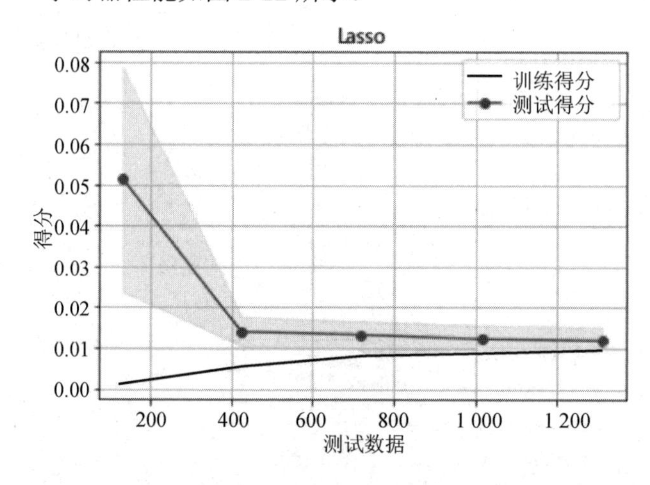

图 2-22　综合案例——学习器性能

（6）对生成的结果文件 submission.csv 进行查看的结果如下：

```
    # 查看 submission.csv
    pd.read_csv('submission.csv')
    SalePrice
    0 121481.128294
    1 155375.149059
    2 185628.353482
    3 199841.767030
    4 196858.642644
```

```
... ...
1454    87752.688321
1455    79773.574929
1456    163530.859859
1457    118462.460432
1458    225774.125584
1459 rows x 1 columns
```

第3章

回归分析与应用

本章将介绍一种具有预测功能的机器学习方法——回归分析。首先讨论回归分析的基本概念，然后分别讨论线性回归模型、岭回归和 Lasso 回归及逻辑回归模型的算法模型及其实验实现。

本章所讨论的问题很多属于回归分析的范畴。对于已具备一些相关知识的读者，可以有选择地学习本章的有关部分。本章将使用到许多 Python 程序模块，如 Numpy、Scikit-Learn、Matplotilib 等。现在，请确保你的计算机已经安装了所需的程序包，并回顾构建一个机器学习框架的基本步骤：

（1）加载数据；

（2）选择模型；

（3）模型的训练；

（4）模型的评估；

（5）模型的保存。

本章最重要的内容如下：

（1）回归分析模型；

（2）线性回归模型；

（3）岭回归和 Lasso 回归；

（4）逻辑回归模型；

（5）线性回归、岭回归和 Lasso 回归及逻辑回归模型的实现实验。

3.1 回归分析问题

3.1.1 介绍

回归分析（Regression Analysis）是确定两种或两种以上变量间相互依赖定量关系的一种统计分析方法，是应用极其广泛的数据分析方法之一。作为一种预测模型，它基于观测数据建立变量间适当的依赖关系，以分析数据内在规律，并用于预测、控制等问题。

假设想要一个能够预测二手车价格的系统。该系统的输入是会影响车价的属性信息：品牌、车龄、发动机性能、里程及其他信息。输出是车的价格。这种输出为数值的问题是回归分析问题。

设x表示车的里程，y表示车的价格。通过调查以往的交易情况，能够收集到多项训练数据。机器学习程序能够使用一个函数拟合这些数据（见图3-1），拟合函数形式如下：

$$y = wx + w_0$$

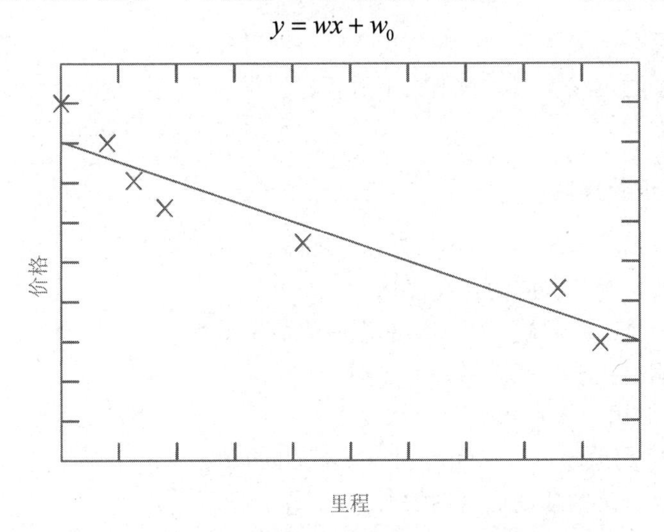

图3-1 二手车的训练数据及其拟合函数（线性模型）

回归和分类均为监督学习（Supervised Learning）问题，其中输入x和输出y的数值是给定的，任务是学习从输入到输出的映射。机器学习的方法是，先假定某个依赖于某一组参数的模型：

$$y = g(x|\theta)$$

式中，$g(\bullet)$是模型；θ是模型参数；对于回归，y是数值；$g(\bullet)$为回归函数。

机器学习程序会优化参数θ，使得逼近误差最小。也就是说估计要尽可能接近训练集中给定的正确值。例如，图3-1所示的模型是线性的，w和w_0是为最佳拟合训练数据优化的参数。在线性模型限制过强的情况下，可以利用二次函数：

$$y = w_2x^2 + w_1x + w_0$$

或更高阶的多项式，或其他非线性函数，为最佳拟合优化它们的参数。

回归的另一个例子是对移动机器人的导航，如自动汽车导航。其中输出是每次转动的角度，使得汽车前进而不会撞到障碍物或偏离车道，输入的数值由汽车上的传感器（如视频相机、GPS等）提供。训练数据可以通过监视和记录驾驶员的动作收集。

来想象一下回归的其他应用，尝试优化一个函数。假设要制造一个焙炒咖啡的机器，该机器有多个影响咖啡品质的输入数值如温度、时间、咖啡豆种类等。针对不同的输入配置进行大量实验，并检测咖啡的品质。例如，可根据消费者的满意度测量咖啡的品质。为寻求最优配置，可以先拟合一个回归模型，并在当前模型的最优样本附近选择一些新的点来检测咖啡的品质，再将它们加入训练数据，并拟合新的模型。这通常被称为响应面设计

（Response Surface Design）。

预测问题可以划分为回归和分类两大类，前者的输出为连续值，后者的输出为离散值。由于这两类问题具有不同的特点，需要使用不同的分析方法。本节将对回归问题进行讨论。

3.1.2 常见回归数据集

本节将介绍几个比较常见的回归数据集，并对数据集的加载方式、数据集的特征和类别信息进行介绍。通过在不同的数据集上进行机器学习建模，有助于读者更好地掌握相关算法模型。

1. 波士顿房价数据集

波士顿房价数据集（Boston House Price Dataset）包含对房价的预测，以千美元计，给定的条件是房屋及其相邻房屋的详细信息。

该数据集是一个回归问题。每个类的观察值数量是均等的，共有 506 个观察值，13 个输入变量和 1 个输出变量。变量名如下。

CRIM：表示城镇人均犯罪率；

ZN：表示住宅用地超过 25 000 英寸（1 英寸为 0.025 4 米）的比例；

INDUS：表示城镇中非商业用地的所占比例；

CHAS：表示查尔斯河虚拟变量，用于回归分析；

NOX：表示环保指数；

RM：表示每栋住宅平均房间数；

AGE：表示 1940 年以前建成的自住单位的比例；

DIS：表示距离五个波士顿就业中心的加权距离；

RAD：表示辐射性公路的接近指数；

TAX：表示每 10 000 美元的不动产税率；

PTRATIO：表示城镇中师生比例；

B：1 000（Bk−0.63）^{2} 表示城镇中黑人的比例，实际使用要经过该运算；

LSTAT：表示地区有多少百分比的房东属于是低收入阶层；

MEDV：表示自住房的平均房价，以千美元计。

预测平均值的基准性能的均方根误差（RMSE）约是 9 210 000 美元。

2. 温室气体观测网络数据集

该数据集包含使用化学方法对天气研究和预报模型（WRF-Chem）模拟创建的加利福尼亚州 2 921 个网格单元的温室气体（GHG）浓度的时间序列，使用化学天气研究和预测模型（WRF-Chem）进行模拟。每个网格单元的面积为 12km×12km，每个网格单元有一个数据文件。每个文件包含 16 个时间序列的温室气体浓度，时间序列中的数据点间隔为 6 小时（2010 年 5 月 10 日至 2010 年 7 月 31 日）。

16 个时间序列的前 15 行是从加利福尼亚州的 14 个不同空间区域释放的温室气体示踪剂的时间序列。最后一行是“合成温室气体观测”的时间序列，EDGAR 产生的 HFC-134a 排放量的系数为 0.7，并且增加了噪声。

利用这些数据，目标是：①使用逆方法来确定与合成观测值最匹配的 15 个示踪剂的加权总和中的权重的最佳值；②使用优化方法来确定要观测的最佳位置。

数据集中的每个文件都标记为 ghg.gid.siteWXYZ.dat，其中 WXYZ 是网格单元的位置 ID，每个网格单元数据文件中包含下列信息（GHG 浓度以万亿分之一为单位）：

第 1～15 行为从区域 1～15 排放的示踪剂的温室气体浓度；

第 16 行为综合观测值的温室气体浓度；

第 1～327 列为自 2010 年 5 月 10 日至 2010 年 7 月 31 日，每 6 个小时的温室气体浓度。

数据集下载地址：

在“必应”网站上搜索“archive.ics.uci.edu”，在搜索列表中单击“UCI Machine Learning Repository: Data Sets”进入该网址，在其中可找到“Greenhouse Gas Observing Network”数据集。

3. 葡萄酒质量数据集

该数据集包括来自葡萄牙北部的红色和白色葡萄酒样品有关的数据集。目标是根据理化测试对葡萄酒质量进行建模。这两个数据集与葡萄牙“ Vinho Verde”葡萄酒的红色和白色变体有关。由于隐私和物流问题，只有理化变量特征是可以进行使用的（例如，数据集中没有葡萄品种、葡萄酒品牌、葡萄酒销售价格等数据）。此数据集可以视为分类或回归任务。

本数据集有 4 898 个观察值，11 个输入变量和 1 个输出变量。各变量名如下。

输入变量（基于理化测试）：

1 为固定酸度值；

2 为挥发性酸度值；

3 为柠檬酸值；

4 为残留糖值；

5 为氯化物值；

6 为游离二氧化硫值；

7 为总二氧化硫值；

8 为密度值；

9 为 pH 值；

10 为硫酸盐值；

11 为醇值。

输出变量（基于感官数据）：

12 为质量（得分在 0～10 之间）。

数据集下载地址：在“必应”网站上搜索“archive.ics.uci.edu”，在搜索列表中单击

"UCI Machine Learning Repository: Data Sets"进入该网址，在其中可找到"Wine Quality"数据集。

4．瑞典汽车保险数据集

瑞典汽车保险数据集（Swedish Auto Insurance Dataset）包含了对所有索赔要求总赔付的预测，单位为千瑞典克朗，给定的条件是索赔要求总数。

这是一个回归问题。它由 63 个观察值组成，包括 1 个输入变量和 1 个输出变量。变量名分别是：

（1）索赔要求数量；

（2）对所有索赔的总赔付，以千瑞典克朗为单位。

瑞典汽车保险数据集前 5 行数据如图 3-2 所示。

X	Y
108	392,5
19	46,2
13	15,7
124	422,2
40	119,4

图 3-2　瑞典汽车保险数据集前 5 行

数据集下载地址：

在"必应"网站上搜索"math.muni.cz/~kolacek"，在搜索列表中单击"Jan Koláček - Masaryk University"进入该网址。单击"Projekty"可看到"'M7222' Zobecněné lineární modely"内容，单击后面的"dokumenty ke stažení"进入数据集下载页面，单击"data"，找到其中的"AutoInsurSweden.txt"，单击进行下载。

3.2　线性回归

当两个或多个变量间存在线性相关关系时，人们常常希望在变量间建立定量关系，相关变量间的定量关系表达即线性回归。在线性回归中，按照因变量的多少，可以分为简单回归分析和多元回归分析。如果在回归分析中，只包括一个自变量和一个因变量，且二者之间的关系可以用一条直线近似表示，可称为一元线性回归分析；如果在回归分析中包括两个或两个以上的自变量，且自变量之间存在线性关系，则称其为多元线性回归分析。

3.2.1　原理与应用场景

给定由 d 个属性描述的示例 $x=(x_1,x_2,\cdots,x_d)$，其中 x_d 是 x 在第 d 个属性上的取值，线性模型就是通过属性的线性组合来构造预测的函数，即

$$f(x)=w_1x_1+w_2x_2+\cdots+w_dx_d+b$$

一般用向量形式写成：

$$f(x)=\boldsymbol{w}^{\mathrm{T}}\boldsymbol{x}+b$$

式中，$w=(w_1,w_2,\cdots,w_d)$。

得到参数 w 和 b 之后，模型就可以确定了。

线性模型形式简单、易于建模，但却蕴含着机器学习中一些重要的基本思想，许多功

能更为强大的非线性模型可在线性模型的基础上通过引入层级结构或高维映射获得。此外，由于 w 直观表达了各属性在预测中的重要性，因此线性模型有很好的解释性。

给定数据集 $D=\{(x_1,y_1),(x_2,y_2),\cdots,(x_m,y_m)\}$，其中 $x_i=(x_{i1},x_{i2},\cdots,x_{id})$， $y_i\in\mathbb{R}$。线性回归就是通过线性模型建立一个数据间的映射关系，即将样本映射到一个预测变量上。

先考虑一种最简单的情形，即输入属性的数目只有一个。为便于讨论，此时忽略关于属性的下标，即 $D=\{(x_i,y_i)\}_{i=1}^{m}$，其中 $x_i\in\mathbb{R}$。对离散属性，若属性值间存在序关系，可通过连续化将其转化为连续值，如二值属性身高的取值“高”“矮”可转化为 $(1.0,0.0)$，三值属性高度的取值“高”“中”“矮”可转化为 $(1.0,0.5,0.0)$。

在上述情形下，线性回归的目的是构建函数 $f(x_i)=wx_i+b$，使得 $f(x_i)\simeq y_i$。

那么如何确定 w 和 b 呢？显然，关键在于如何衡量 $f(x)$ 与 y 之间的差别。均方误差是回归分析中最常用的性能度量参数，是反映函数 $f(x_i)$ 的估计量与真实值差异程度的一种度量参数，因此寻求使得均方差最小的 w 和 b，即：

$$
\begin{aligned}
(w^*,b^*) &= \underset{(w,b)}{\arg\min}\sum_{i=1}^{m}\left[f(x_i)-y_i\right]^2 \\
&= \underset{(w,b)}{\arg\min}\sum_{i=1}^{m}(y_i-wx_i-b)^2
\end{aligned}
$$

均方误差对应了常用的欧氏距离。基于均方误差最小化来进行模型求解的方法称为最小二乘法。在线性回归中，最小二乘法就是试图找到一条直线，使所有样本到直线上的欧氏距离之和最小。

求解 w 和 b 使 $E_{(w,b)}=\sum_{i=1}^{m}(y_i-wx_i-b)^2$ 最小化的过程称为线性回归模型最小二乘法的“参数估计”。具体过程如下，将 $E_{(w,b)}$ 分别对 w 和 b 求偏导，可知：

$$
\frac{\partial E_{(w,b)}}{\partial w}=2\left[w\sum_{i=1}^{m}x_i^2-\sum_{i=1}^{m}(y_i-b)x_i\right]
$$

$$
\frac{\partial E_{(w,b)}}{\partial w}=2\left[mb-\sum_{i=1}^{m}(y_i-w_i)\right]
$$

然后令上两式为 0，可得 w 和 b 最优解为：

$$
w=\frac{\sum_{i=1}^{m}y_i(x_i-\bar{x})}{\sum_{i=1}^{m}x_i^2-\frac{1}{m}\left(\sum_{i=1}^{m}x_i\right)^2}
$$

$$
b=\frac{1}{m}\sum_{i=1}^{m}(y_i-wx_i)
$$

式中，$\bar{x}=\frac{1}{m}\sum_{i=1}^{m}x_i$，为 x 的均值。

一般的情形是数据集 D 的样本有 d 个属性描述，此时回归分析的目的是构建函数 $f(x_i)=\boldsymbol{w}^{\mathrm{T}}x_i+b$，使得 $f(x_i)\simeq y_i$，这称为多元线性回归。类似的，也可利用最小二乘法来对 w 和 b 进行评估。

3.2.2 实现线性回归

本节基于 Matplotlib、Numpy、Pandas 及 sklearn 等库文件实现线性回归。导入相应的库文件，其中 Matplotlib 为 Python 2D 绘图模块，Numpy 和 Pandas 是数据处理模块，sklearn 是机器学习算法模块。

```
#encoding:utf-8
>>>import matplotlib.pyplot as plt
>>>import numpy as np
>>>import pandas as pd
>>>from sklearn import datasets, linear_model
```

线性回归拟合函数，其中 X_parameters 和 Y_parameter 是样本点值，predict_value 是要预测的自变量值，返回线性拟合系数 a 和 b，以及预测出的因变量值。这里使用的是 Scikit-Learn 机器学习算法包。该算法包是目前 Python 实现最好的机器算法包之一。

```
>>>def linear_model_main(X_parameters,Y_parameters,predict_value):
>>>      # 创建一个线性回归实例
>>>      regr = linear_model.LinearRegression( )
>>>      regr.fit(X_parameters, Y_parameters)    #train model
>>>        predict_outcome = regr.predict(predict_value)
>>>        predictions = {}
>>>        predictions['intercept'] = regr.intercept_
>>>      predictions['coefficient'] = regr.coef_
>>>      predictions['predicted_value'] = predict_outcome
>>>      return predictions
```

拟合曲线绘图函数，输入是样本值 X_parameters 和 Y_parameters，输出是样本的散点图及拟合曲线。

```
>>>def show_linear_line(X_parameters,Y_parameters):
>>>    # 创建线性回归实例
>>>        regr = linear_model.LinearRegression( )
>>>        regr.fit(X_parameters, Y_parameters)
>>>        plt.scatter(X_parameters,Y_parameters,color='blue')
>>>        plt.plot(X_parameters,regr.predict(X_parameters),color='red',linewidth=4)
>>>        plt.xticks(( ))
>>>        plt.yticks(( ))
>>>      plt.show( )
```

测试代码如下所示，其中 X 和 Y 为训练样本，predictvalue 为待预测的自变量取值。

```
>>>X = [[150.0], [200.0], [250.0], [300.0], [350.0], [400.0], [600.0]]
>>>Y = [6450.0, 7450.0, 8450.0, 9450.0, 11450.0, 15450.0, 18450.0]
>>>predictvalue = 700
>>>result = linear_model_main(X,Y,predictvalue)
>>>print  " 截距值： " , result['intercept']
>>>print  " 常数值： " , result['coefficient']
```

```
>>>print  "预测值：", result['predicted_value']
>>>show_linear_line(X,Y)
```

输出结果为：

```
截距值：  [ 1771.80851064]
常数值：  [ 28.77659574]
预测值：  [ 21915.42553191]
```

一元线性拟合曲线如图 3-3 所示。

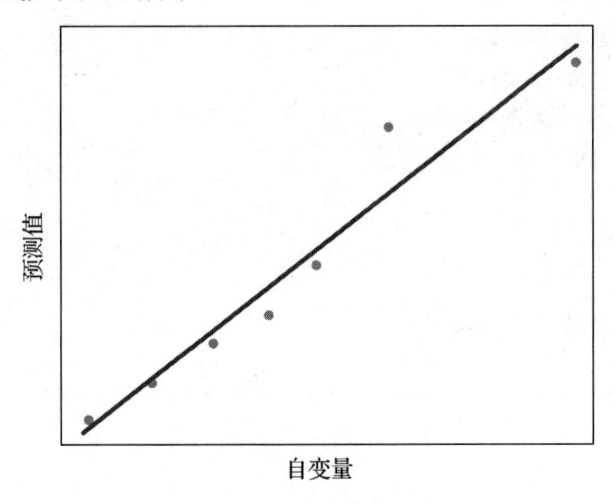

图 3-3　一元线性拟合曲线

3.2.3　Python 实现最小二乘法拟合直线

最小二乘法用于求目标函数的最优值，它通过最小化误差的平方和寻找匹配项，所以又称为最小平方法；这里将用最小二乘法求线性回归的最优解。

（1）加载相关模块：

```
>>>import numpy as np
>>>import matplotlib.pyplot as plt
>>>from bz2 import __author__
```

（2）最小二乘法：

```
>>>#设置随机种子
>>>seed = np.random.seed(100)
>>>#构造一个 100 行 1 列的矩阵。矩阵数值生成用 rand，得到数字是 0~1 均匀分布的小数
>>>X = 2*np.random.rand(100,1) #最终得到的是 0~2 均匀分布的小数组成的 100 行 1 列的矩阵。这一步构建列 X(训练集数据)
>>>#构建 Y 和 X 的关系。np.random.randn(100,1)是构建符合高斯分布（正态分布）的 100 行一列的随机数。相当于给每个 Y 增加一个波动值
>>>y= 4 + 3*X + np.random.randn(100,1)
>>>#将两个矩阵组合成一个矩阵。得到的 X_b 是 100 行 2 列的矩阵。其中第一列全都是 1
>>>X_b = np.c_[np.ones((100,1)),X]
>>>#解析 theta 得到最优解
```

```
>>>theta_best = np.linalg.inv(X_b.T.dot(X_b)).dot(X_b.T).dot(Y)
>>># 生成两个新的数据点,得到的是两个 X1 的值
>>>X_new = np.array([[0],[2]])
>>># 填充 X0 的值，两个 1
>>>X_new_b = np.c_[(np.ones((2,1))),X_new]
>>># 用求得的 theta 和构建的预测点 X_new_b 相乘，得到预测结果
>>>Y_predict = X_new_b.dot(theta_best)
```

（3）可视化：

```
>>># 画出预测函数的图像，r-表示为用红色的线
>>>plt.plot(X_new,Y_predict,'r-')
>>># 画出已知数据 X 和掺杂了误差的 Y，用蓝色的点表示
>>>plt.plot(X,Y,'b.')
>>># 建立坐标轴
>>>plt.axis([0,2,0,15,])
>>>plt.show( )
```

最小二乘法拟合直线如图 3-4 所示。

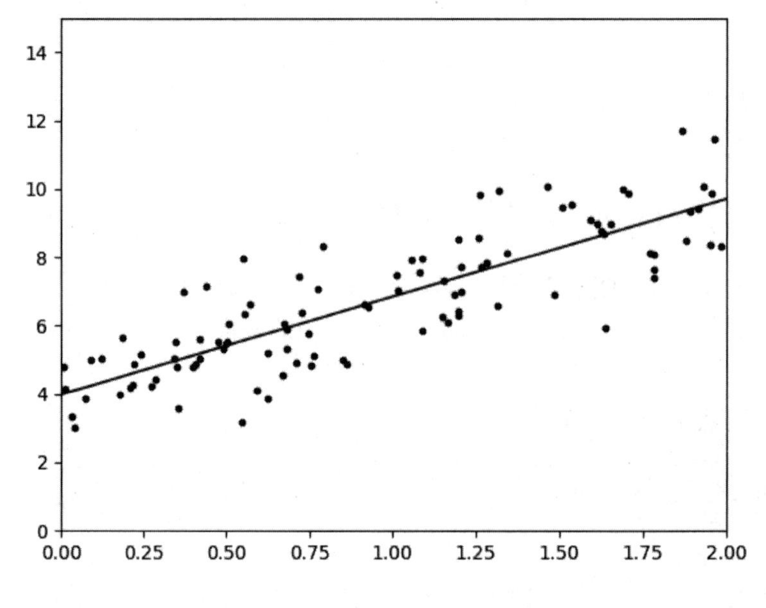

图 3-4　最小二乘法拟合直线

3.3　岭回归和 Lasso 回归

岭回归与 Lasso 回归的出现是为了解决线性回归中出现的非满秩矩阵求解出错问题和过拟合问题，它们是通过在损失函数中引入正则项来实现的，三者的损失函数对比如下所示。

线性回归的损失函数：

$$J(\omega)=\sum_{i=1}^{m}\left[y_i-f(x_i)\right]^2=\left\|y-X_\omega\right\|^2$$

岭回归的损失函数：

$$J(\omega)=\sum_{i=1}^{m}\left[y_i-f(x_i)\right]^2+\lambda\sum_{i=1}^{m}\omega_i^2=\left\|y-X_\omega\right\|^2+\lambda\omega_2^2$$

Lasso 回归的损失函数：

$$J(\omega)=\sum_{i=1}^{m}\left[y_i-f(x_i)\right]^2+\lambda\sum_{i=1}^{m}\left|\omega_i\right|=\left\|y-X_\omega\right\|^2+\lambda\omega_1^2$$

式中，$\bullet^2$ 表示 2-范数；$\bullet^1$ 表示 1-范数。

3.3.1　原理与应用场景

在讨论岭回归和 Lasso 回归之前，先来学习两个概念。监督学习有两大基本策略：经验风险最小化和结构风险最小化。使用经验风险最小化策略可以求解最优化问题，线性回归中的求解损失函数最小化问题采用的就是经验风险最小化策略。经验风险最小化的定义为：

$$R_{\text{emp}}(f)=\frac{1}{N}\sum_{i=1}^{N}L\left(y_i,f(x_i)\right)$$

它可用于求解最优化问题，即：

$$\min_{f\in F}R_{\text{emp}}(f)=\min_{f\in F}\frac{1}{N}\sum_{i=1}^{N}L\left(y_i,f(x_i)\right)$$

由统计学知识可知，当训练集数据足够大时，经验风险最小化能够保证得到很好的学习效果。当训练集较小时，则过拟合现象会产生。虽然该模型对训练集数据的拟合程度高，但对未知数据的预测精确度低，可见这样的模型不是适用的模型。

结构风险最小化是为了防止过拟合现象而提出的策略。结构风险最小化等价于正则化，即在经验风险上加上表示模型复杂度的正则化项（也称惩罚项）。在确定损失函数和训练集数据的情况下其定义为：

$$R_{\text{srm}}(f)=\frac{1}{N}\sum_{i=1}^{N}L\left(y_i,f(x_i)\right)+\lambda J(f)$$

它可用于求解最优化问题，即：

$$\min_{f\in F}R_{\text{srm}}(f)=\min_{f\in F}\frac{1}{N}\sum_{i=1}^{N}L\left(y_i,f(x_i)\right)+\lambda J(f)$$

通过调节 λ 值来权衡经验风险和模型复杂度，而岭回归和 Lasso 回归使用的就是结构风险最小化的思想，即在线性回归的基础上，加上对模型复杂度的约束。

岭回归的损失函数为：

$$J_R(\omega)=y-X\omega^2+\lambda\omega^2$$

对 ω 求导，并令其为零，得 ω 的最优解：

$$\hat{\omega}_R=\left(X^{\mathrm{T}}X+\lambda I\right)^{-1}X^{\mathrm{T}}y$$

Lasso 回归的损失函数为：

$$J_L(\omega) = y - X\omega^2 + \lambda\sum|\omega_i|$$

由于 Lasso 回归损失函数的导数在 0 点不可导，不能直接求导，可利用梯度下降求解，因此引入 subgradient 的概念。考虑简单函数，即 x 只有一维时：

$$h(x) = (x-a)^2 + b|x|$$

首先定义 $|x|$ 在 0 点的梯度，称之为 subgradient。

subgradient 示意图如图 3-5 所示，直观理解，函数在某一点的导数可以看成函数在该点上的切线，由于原点不是光滑的（左右导数不一样），那么原点就可以找到实线下方的无数条切线，形成一个曲线簇。可以把这些切线斜率的范围定义为这一点的 subgradient。也就是 $|x|$ 在 0 点的导数可以是在-1 到 1 的范围内的任意值。

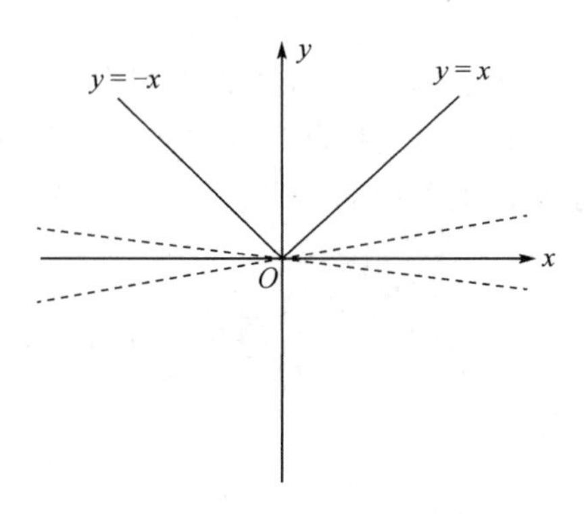

图 3-5　subgradient 示意图

那么可以得到 $h(x)$ 的导数：

$$h'(x) = \begin{cases} 2(x-a)+cx, & \text{if } x>0 \\ 2a+d, & \text{if } x=0 \text{ and } -c<d<c \\ 2(x-a)-cx, & \text{if } x<0 \end{cases}$$

可以看出，当 $-c<2a<c$，$x=0$ 时，$f'(x)$ 恒等于 0，即 $f(x)$ 到达极值点。同时也可以解释 Lasso 回归下得到的解稀疏的原因：当 c 在一定范围内时，只要 x 为 0，$f'(x)$ 就为 0。

当 x 拓展到多维向量时，导数方向的变化范围更大，问题也变得更复杂。常见的解决方法有如下几种：

（1）贪心算法。每次都要先找到跟目标最相关的特征，然后固定其他系数，优化这个特征的系数，具体求导也要使用到 subgradient。代表算法有 LARS、feature-sign search 等。

（2）逐一优化。每次固定其他的维度，选择一个维度进行优化，因为只能有一个方向有变化，所以可以转化为简单的 subgradient 问题，反复迭代所有的维度，直到达到收敛。代表算法有 coordinate descent、block coordinate descent 等，通过该方法求解得到的最优解为：

$$\overline{\omega^j} = \text{sign}(\omega^j)(|\omega^j| - \lambda)_+$$

式中，ω^j 表示其任一维度；$(x)_+$ 表示 x 的取整部分，$(x)_+ = \max(x,0)$，x 代表 $|\omega^j| - \lambda$。

Lasso 回归和岭回归的几何意义如图 3-6 所示，椭圆和灰色阴影区域的切点就是目标函数的最优解。如果灰色阴影区域是菱形或多边形，则很容易切到坐标轴上，使得部分维度的特征权重为 0，因此很容易产生稀疏的结果；如果灰色阴影区域是圆形，则很容易切到圆周的任意一点，但是很难切到坐标轴上，因此在该维度上的取值不为 0，所以没有稀疏。

线性回归是最常用的回归分析方法，其形式简单，在数据量较大的情况下使用该方法可以得到较好的学习效果。但在数据量较少的情况下会出现过拟合的现象。岭回归和 Lasso 回归可以在一定程度上解决这个问题。由于 Lasso 回归得到的是稀疏解，故除了可以用于回归分析，还可以用于特征选取。

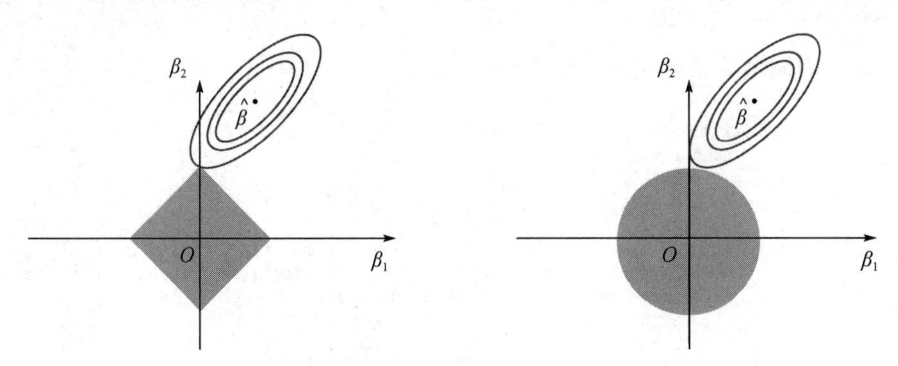

图 3-6　Lasso 回归和岭回归的几何意义

3.3.2　实现岭回归

本节调用 sklearn 库中的线性回归模型实现岭回归算法。首先，导入相应的库文件，其中 linear_model 为线性回归模块，reg.coef_为预测模型的系数，reg.intercept_为预测模型的截距项。

```
from sklearn import linear_model
#实例化岭回归模型，并设置 alpha 参数大小为 0.5
reg =linear_model.Ridge (alpha=.5)
#导入 x 与 y 数据，并训练模型
reg.fit([[0,0], [0,0], [1,1]],[0,.1,1])
#打印岭回归模型的系数与截距项
print(reg.coef_)
print(reg.intercept_)
```

岭回归实例测试函数示意图如图 3-7 所示。

```
In [1]: from sklearn import linear_model
        reg =linear_model.Ridge (alpha=.5)
        reg.fit([[0,0], [0,0], [1,1]],[0,.1,1])
        print(reg.coef_)
        print(reg.intercept_)

        [0.34545455 0.34545455]
        0.1363636363636364
```

图 3-7　岭回归实例测试函数示意图

3.3.3 实现 Lasso 回归

本节同样调用 sklearn 库中的线性回归模型实现 Lasso 回归。导入相应的库文件，其中 linear_model 为线性回归模块，reg.predict( )为利用新建立的 Lasso 回归模型对新数据进行预测并查看结果，也可以利用 reg.coef_、reg.intercept_分别求出模型的系数和截距项。

```
from sklearn import linear_model
reg = linear_model.Lasso(alpha = 0.1)
print(reg.fit([[0,0],[1, 1]],[0,1]))
print(reg.predict([[1,1]]))
```

Lasso 回归模型的预测结果如图 3-8 所示。

```
In [1]: from sklearn import linear_model
        reg = linear_model.Lasso(alpha = 0.1)
        print(reg.fit([[0,0],[1, 1]],[0,1]))
        print(reg.predict([[1,1]]))

        Lasso(alpha=0.1, copy_X=True, fit_intercept=True, max_iter=1000,
              normalize=False, positive=False, precompute=False, random_state=None,
              selection='cyclic', tol=0.0001, warm_start=False)
        [0.8]
```

图 3-8 Lasso 回归模型的预测结果

3.4 逻辑回归

逻辑回归其实仅是在线性回归的基础上套用了一个逻辑函数，用于预测二值型因变量。其在机器学习领域有着特殊的地位，并且是计算广告学的核心。在运营商的智慧运营案例中，逻辑回归可以通过历史数据预测用户未来可能发生的购买行为，通过模型推送的精准性降低营销成本以扩大利润。

3.4.1 原理与应用场景

线性回归模型可简写为：$y=\boldsymbol{w}^{\mathrm{T}}x+b$。一般考虑单调可微分函数 $g(\bullet)$，令 $y=g^{-1}(\boldsymbol{w}^{\mathrm{T}}x+b)$，这样得到的模型称为广义线性模型，其中函数 $g(\bullet)$ 称为联系函数。线性回归模型要求因变量只能是定量变量（定距变量、定比变量），而不能是定性变量（定序变量、定类变量）。但在许多实际问题中，因变量是定性变量（分类变量）的情况经常出现。用于处理分类因变量的统计分析方法有判别分析、逻辑回归分析等。逻辑回归和多元线性回归实际上有很多相似之处，其最大的区别在于它们的因变量不同。

根据因变量的取值不同，逻辑回归分析可分为二元逻辑回归分析和多元逻辑回归分析。二元逻辑回归分析中的因变量只能取 0 和 1 两个值（虚拟因变量），而多元逻辑回归分析中的因变量可以取多个值（多分类问题）。

逻辑回归虽然名字里有“回归”二字，但它实际上是一种分类方法，主要用于二分类问题。考虑二分类任务，其输出标记为 $y \in \{0,1\}$，而线性回归模型产生的预测值 $z = \boldsymbol{w}^{\mathrm{T}} x + b$ 是实值。因此，需要将实值转换为 0 或 1。最理想的是“单位阶跃函数”，即若预测值 z 大于 0 就判为正例，小于 0 则判为反例，为临界值 0 则可任意判定。

$$y = \begin{cases} 0, & z < 0 \\ 0.5, & z = 0 \\ 1, & z > 1 \end{cases}$$

由于单位阶跃函数不连续，于是人们希望找到能在一定程度上近似单位阶跃函数的“替代函数”，并且希望它是单调可微的。Logistic 函数（或 Sigmod 函数）正是这样一个常用的替代函数，其函数形式为：

$$y = \frac{1}{1 + \mathrm{e}^{-z}} \tag{3.1}$$

它将 z 值转化为一个接近 0 或 1 的 y 值，并且其输出值在 $z = 0$ 附近变化很陡。将 Logistic 函数作为 $g^{-1}(\bullet)$ 代入式（3.1），得到：

$$\mathrm{y} = \frac{1}{1 + \mathrm{e}^{-(\boldsymbol{w}^{\mathrm{T}} x + b)}} \tag{3.2}$$

对式（3.3）两边取对数，整理可得：

$$\ln \frac{y}{1 - y} = \boldsymbol{w}^{\mathrm{T}} x + b \tag{3.3}$$

若将 y 视为样本 x 作为正例的可能性，则 $1 - y$ 是其作为反例的可能性，两者的比值为：

$$\frac{y}{1 - y} \tag{3.4}$$

此比值被称为“概率”，反映了 x 作为正例的可能性。

对概率取对数则得到对数概率：

$$\ln \frac{y}{1 - y} \tag{3.5}$$

逻辑回归分析实际上是利用线性回归模型的预测结果逼近真实标签的对数概率。

下面介绍如何确定式（3.2）和式（3.3）中的 w 和 b。若将式（3.3）中的 y 视为类后验概率估计 $p(y = 1 | x)$，则式（3.3）可重写为：

$$\ln \frac{p(y = 1 | x)}{p(y = 0 | x)} = \boldsymbol{w}^{\mathrm{T}} x + b \tag{3.6}$$

显然有：

$$p(y = 1 | x) = \frac{\mathrm{e}^{\boldsymbol{w}^{\mathrm{T}} x + b}}{1 + \mathrm{e}^{\boldsymbol{w}^{\mathrm{T}} x + b}} \tag{3.7}$$

$$p(y = 0 | x) = \frac{1}{1 + \mathrm{e}^{\boldsymbol{w}^{\mathrm{T}} x + b}} \tag{3.8}$$

于是，可通过“极大似然估计”来估计 w 和 b。给定数据集 $\{(x_i, y_i)\}_{i=1}^{m}$，逻辑回归分析的最大化对数似然是：

$$\ell(\boldsymbol{w},b)=\sum_{i=1}^{m}\ln p\left(y_i|x_i;\boldsymbol{w},b\right) \tag{3.9}$$

即令每个样本属于其真实标记的概率越大越好。为便于讨论，令 $\beta=(\omega;b)$，$\hat{x}=(x;1)$，则 $\boldsymbol{w}^{\mathrm{T}}x+b$ 可简写为 $\beta^{\mathrm{T}}\hat{x}$。

再令 $p_1(\hat{x};\beta)=p(y=1|\hat{x};\beta)$，$p_0(\hat{x};\beta)=p(y=0|\hat{x};\beta)=1-p_1(\hat{x};\beta)$，则式（3.9）中的似然项可重写为：

$$p\left(y_i|x_i;\boldsymbol{w},b\right)=y_i p_1\left(\hat{x}_i;\beta\right)+\left(1-y_i\right)p_0\left(\hat{x}_i;\beta\right) \tag{3.10}$$

将式（3.10）带入式（3.9），整理分析可知最大化式（3.9）等价于：

$$\ell(\beta)=\sum_{i=1}^{m}\left[-y_i\beta^{\mathrm{T}}\hat{x}_i+\ln\left(1+e^{\beta^{\mathrm{T}}\hat{x}_i}\right)\right] \tag{3.11}$$

式（3.11）是关于 β 的高阶可导连续凸函数，根据凸优化理论，利用经典的数值优化算法，如梯度下降算法、牛顿法等可得到其最优解，于是就得到：

$$\frac{\partial\ell(\beta)}{\partial\beta}=-\sum_{i=1}^{m}\hat{x}_i\left[y_i-p_1\left(\hat{x}_i;\beta\right)\right] \tag{3.12}$$

以牛顿法为例，其第 t+1 轮迭代解的更新公式为：

$$\beta^{t+1}=\beta^{t}-\left[\frac{\partial^2\ell(\beta)}{\partial\beta\,\partial\beta^{\mathrm{T}}}\right]^{-1}\frac{\partial\ell(\beta)}{\partial\beta} \tag{3.13}$$

其中关于 β 的一阶、二阶导数分别为：

$$\frac{\partial\ell(\beta)}{\partial\beta\,\partial\beta^{\mathrm{T}}}=-\sum_{i=1}^{m}\hat{x}_i\left[y_i-p_1\left(\hat{x}_i;\beta\right)\right] \tag{3.14}$$

$$\frac{\partial^2\ell(\beta)}{\partial\beta\,\partial\beta^{\mathrm{T}}}=\sum_{i=1}^{m}\hat{x}_i\hat{x}_i^{\mathrm{T}}p_1\left(\hat{x}_i;\beta\right)\left[1-p_1\left(\hat{x}_i;\beta\right)\right] \tag{3.15}$$

3.4.2 实现逻辑回归

本节利用 sklearn 库实现逻辑回归算法，linear_model 为线性回归模块，包含了逻辑回归算法模型，model_selection 模块将原始数据划分为训练集与测试集，本实验的数据集为鸢尾花数据集。

```
#encoding:utf-8
from sklearn.datasets import load_iris
from sklearn.linear_model import LogisticRegression as LR
from sklearn.model_selection import train_test_split
```

加载鸢尾花，鸢尾花为三分类的数据集，运用逻辑回归模型对其进行训练，并将训练结果打印出来。

```
iris = load_iris( )
x=iris.data
y=iris.target#三分类数据集
```

```
xtrain, xtest, ytrain, Ytest = train_test_split(x,y,test_size=0.3,random_state=420)
for multi_class in ('multinomial', 'ovr'):
    #逻辑回归模型的求解器为“sag”，最大迭代次数为 100 次，随机参数为 42
    clf = LR(solver='sag', max_iter=100, random_state=42,
                                multi_class=multi_class).fit(Xtrain,Ytrain)


#打印两种 multi_class 模式下的训练分数
#%的用法：用%来代替打印的字符串中，想由变量替换的部分；%.3f 表示保留三位小数的浮点
数；%s 表示字符串
#字符串后的%后使用元组来容纳变量，字符串中有几个%，元组中就需要有几个变量
    print( " training score : %.3f (%s) "  % (clf.score(xtrain, ytrain), multi_class))
    print( " testing score : %.3f (%s) "  % (clf.score(xtest, ytest), multi_class))
```

逻辑回归模型训练结果对比如图 3-9 所示，模型在两种 multi_class 模式下的训练集得分均高于测试集得分，说明模型存在一定的过拟合。

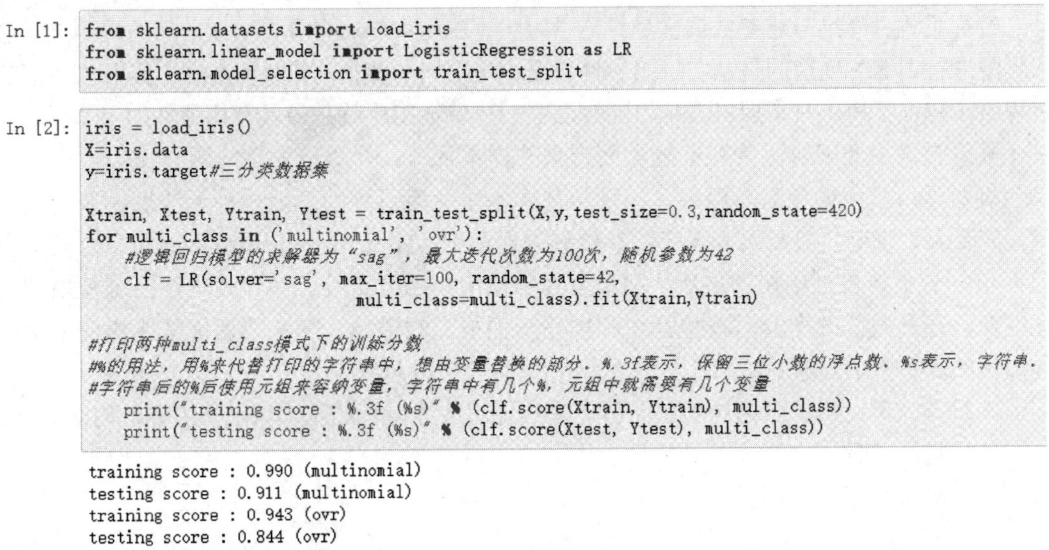

```
In [1]: from sklearn.datasets import load_iris
        from sklearn.linear_model import LogisticRegression as LR
        from sklearn.model_selection import train_test_split

In [2]: iris = load_iris()
        X=iris.data
        y=iris.target#三分类数据集

        Xtrain, Xtest, Ytrain, Ytest = train_test_split(X,y,test_size=0.3,random_state=420)
        for multi_class in ('multinomial', 'ovr'):
            #逻辑回归模型的求解器为“sag”，最大迭代次数为100次，随机参数为42
            clf = LR(solver='sag', max_iter=100, random_state=42,
                                  multi_class=multi_class).fit(Xtrain,Ytrain)

        #打印两种multi_class模式下的训练分数
        #%的用法，用%来代替打印的字符串中，想由变量替换的部分。%.3f表示，保留三位小数的浮点数。%s表示，字符串。
        #字符串后的%后使用元组来容纳变量，字符串中有几个%，元组中就需要有几个变量
            print("training score : %.3f (%s)" % (clf.score(Xtrain, Ytrain), multi_class))
            print("testing score : %.3f (%s)" % (clf.score(Xtest, Ytest), multi_class))

        training score : 0.990 (multinomial)
        testing score : 0.911 (multinomial)
        training score : 0.943 (ovr)
        testing score : 0.844 (ovr)
```

图 3-9　逻辑回归模型训练结果对比

第4章

特征工程、降维与超参数调优

特征工程、降维与超参数调优是机器学习工程应用中的三个重要问题。前面提到过，输入模型进行训练时使用的是从实例的属性数据中提取出的特征。从属性数据中提取出特征的过程叫作特征工程。在掌握机器学习的算法之后，特征工程就是最具有挑战性的工作了。

降维技术主要解决因为特征过多而带来的样本稀疏、计算量大等问题。

机器学习模型的参数有两种，一种是从样本中学习得到的；另一种无法靠模型自身得到，需要人为设定。需要人为设定的参数称为超参数（Hyperparameters），如K中心算法中的 k 值，分类树模型中树的层次，随机森林算法中树的个数等。超参数一般控制模型的主体框架，超参数的改变会对模型建立和预测产生很大的影响。超参数调优是寻找使模型整体最优的超参数的过程。

本章首先讨论机器学习中特征工程、降维与超参数调优的基本方法，主要的内容如下：

（1）特征工程；

（2）降维与超参数调优。

4.1 特征工程

“数据决定了机器学习的上限，而算法只是尽可能逼近这个上限”，这里的数据指的就是经过特征工程得到的数据。特征工程是将原始数据转换为可以更好代表预测模型的潜在问题的特征的过程，原始数据经过特征工程处理过后会提高对未知数据的模型准确性。特征工程直接影响模型的预测结果。特征工程在机器学习中占有非常重要的地位。

总体来说，特征提取是一种创造性的活动，没有固定的规则可循，本节仅讨论与特征提取相关的辅助环节。一般来说，从总体上理解数据之后，进行缺失值处理、数据的特征值化、特征选择、特征转换四个部分。当数据拿到手里后，要先查验数据是否有空缺值，对异常数据进行处理，这是缺失值处理。从现有数据中挑选或将现有数据进行变形，组合形成新特征，这个过程称为特征构建。特征抽取是指当特征维度比较高，通过映射或变化的方式，用低维空间样本来表示样本的过程。特征选择是从一组特征中挑选出一些最有效的特征，以达到降低维度和降低过拟合风险的目的。

4.1.1　缺失值处理

机器学习中的原始数据往往会存在缺失值，在进行机器学习建模前需要对缺失值进行处理，处理方法可包括：直接删除、填充等方法，其中直接删除可以分为按行和按列删除，填充又可细分为前后向值填充、统一值填充、统计值填充、插值法填充、建模预测填充等。

下面通过 Numpy 和 Pandas 库进行缺失值处理，具体操作如下。

1．构造数据

```
import numpy as np
import pandas as pd
# 构造数据
col1 = [1, 2, 3,    np.nan, 5,np.nan]
col2 = [3, 13, 7, np.nan, 4, np.nan]
col3 = [3, np.nan, 10, np.nan, 4, np.nan]
y = [10, 15, 8,    14, 16, np.nan]
data = {'feature1':col1, 'feature2':col2, 'feature3':col3, 'label':y}
df = pd.DataFrame(data)
print(df)
```

输出结果如下：

```
     feature1    feature2    feature3    label
0    1.0          3.0          3.0       10.0
1    2.0         13.0         NaN        15.0
2    3.0          7.0         10.0        8.0
3    NaN         NaN          NaN        14.0
4    5.0          4.0          4.0       16.0
5    NaN         NaN          NaN        NaN
```

2．使用 Pandas 的 dropna 函数进行缺失值删除

dropna 函数形式如下：

```
DataFrame.dropna(axis=0, how='any', thresh=None, subset=None, inplace=False)
```

上述程序中的参数如下。

axis：值为 0 时，删除包含缺失值的行；值为 1 时，删除包含缺失值的列。

how：值为 any 时，只要有缺失值出现，就删除该行或列；值为 all 时，所有的值都缺失才删除行或列。

thresh：axis 中至少有 thresh 个非缺失值，否则删除。比如 axis=0，thresh=2 表示如果该行中非缺失值的数量小于 2，将删除该行。

subset：列表、元素为行或列的索引。如果 axis=0 或 index，subset 中元素为列的索引；如果 axis=1 或 column，subset 中元素为行的索引。由 subset 限制的子区域是判断是否删除

该行/列的条件判断区域。

inplace：是否在原数据上操作。如果为真，则直接在原数据集上操作。

使用示例如下。

（1）按默认参数删除：

```
df1 = df.dropna( )
print(df1)
```

输出结果如下：

```
     feature1  feature2  feature3  label
0     1.0       3.0       3.0     10.0
2     3.0       7.0      10.0      8.0
4     5.0       4.0       4.0     16.0
```

从结果可以看出，删除了包含缺失值的空行，即该函数默认 axis=0，how='any'。

（2）删除值全为空的行：

```
df1 = df.dropna(axis=0,how='all')
print(df1)
```

输出结果如下：

```
     feature1   feature2   feature3   label
0    1.0         3.0        3.0       10.0
1    2.0        13.0        NaN       15.0
2    3.0         7.0       10.0        8.0
3    NaN         NaN        NaN       14.0
4    5.0         4.0        4.0       16.0
```

从结果可以看出，只删除了全为空的索引为 5 的行。

（3）保留至少有两个非空值的行：

```
df3 = df.dropna(thresh=2)
print(df3)
```

输出结果如下：

```
     feature1  feature2  feature3  label
0    1.0        3.0       3.0     10.0
1    2.0       13.0       NaN     15.0
2    3.0        7.0      10.0      8.0
4    5.0        4.0       4.0     16.0
```

从结果可以看出，删除了索引为 3 和 5 的空行，这两行的非空值都小于 2。

（4）指定列删除空缺值：

```
df4 = df.dropna(subset=['feature1', 'feature2'])
print(df4)
```

输出结果如下：

```
          feature1  feature2  feature3  label
0         1.0       3.0       3.0       10.0
1         2.0       13.0      NaN       15.0
2         3.0       7.0       10.0      8.0
4         5.0       4.0       4.0       16.0
```

从结果可以看出，删除了 feature1 和 feature2 上的缺失值。

（5）直接在原有的 DataFrame 上删除空缺值：

```
dfcopy = df.copy( )
df5 = dfcopy.dropna(inplace=True)
print('--df5---')
print(df5)
print('--dfcopy---')
print(dfcopy)
```

输出结果如下：

```
--df5---
None
--dfcopy---
        feature1  feature2  feature3  label
0       1.0       3.0       3.0       10.0
2       3.0       7.0       10.0      8.0
4       5.0       4.0       4.0       16.0
```

从结果可以看出，inplace 设置为 True 时，直接在原数据集上进行删除缺失值操作。

（6）删除包含缺失值的列，并保存至少有四个非空值的列：

```
df6 = df.dropna(axis=1,thresh=4)
print(df6)
```

输出结果如下：

```
          feature1  feature2  label
0         1.0       3.0       10.0
1         2.0       13.0      15.0
2         3.0       7.0       8.0
3         NaN       NaN       14.0
4         5.0       4.0       16.0
5         NaN       NaN       NaN
```

从结果可以看出，指定 axis=1 时，按照列进行删除操作。

3．使用 Pandas 的 drop 函数进行缺失值删除

drop 函数形式如下：

```
DataFrame.drop(labels=None, axis=0, level=None, inplace=False, errors='raise')
```

上述程序中的参数如下。

labels: 要删除行或列的列表

axis: 0 行，1 列。

使用示例如下。

（1）删除指定列。

```
df10 = df.drop(['feature1', 'feature2'], axis=1)
print(df10)
```

输出结果如下：

```
    feature3    label
0     3.0       10.0
1     NaN       15.0
2     10.0       8.0
3     NaN       14.0
4     4.0       16.0
5     NaN       NaN
```

从结果可以看出，按照 feature1 和 feature2 列进行了删除操作。

（2）删除指定行：

```
df11 = df.drop([0,1,2,3], axis=0)
print(df11)
```

输出结果如下：

```
     feature1   feature2   feature3   label
4    5.0        4.0        4.0        16.0
5    NaN        NaN        NaN        NaN
```

从结果可以看出，按照指定索引进行了删除操作。

4．使用 Pandas 的 fillna 函数进行缺失值填充

fillna 函数形式如下：

```
DataFrame.fillna(value=None, method=None, axis=None, inplace=False, limit=None, downcast=None,
**kwargs)
```

上述程序中的参数如下。

value:指定每一行或列的填充值。

method：包含 backfill、bfill、pad、ffill、None 等方法。

ffill / pad：使用前一个值来填充缺失值。

backfill / bfill：使用后一个值来填充缺失值。

limit：填充的缺失值个数限制。

使用示例如下。

（1）使用指定值填充所有缺失值：

```
df20 = df.fillna(0)
print(df20)
```

输出结果如下：

```
   feature1  feature2  feature3  label
0  1.0       3.0       3.0       10.0
1  2.0       13.0      0.0       15.0
2  3.0       7.0       10.0      8.0
3  0.0       0.0       0.0       14.0
4  5.0       4.0       4.0       16.0
5  0.0       0.0       0.0       0.0
```

从结果可以看出，所有空缺值都使用 0 值进行了填充。

（2）使用前值填充所有缺失值：

```
df21 = df.fillna(method='ffill')
print(df21)
```

输出结果如下：

```
   feature1  feature2  feature3  label
0  1.0       3.0       3.0       10.0
1  2.0       13.0      3.0       15.0
2  3.0       7.0       10.0      8.0
3  3.0       7.0       10.0      14.0
4  5.0       4.0       4.0       16.0
5  5.0       4.0       4.0       16.0
```

从结果可以看出，所有空缺值都使用前值进行了填充。

（3）使用后值填充所有缺失值：

```
df22 = df.fillna(method='bfill')
print(df22)
```

输出结果如下：

```
   feature1  feature2  feature3  label
0  1.0       3.0       3.0       10.0
1  2.0       13.0      10.0      15.0
2  3.0       7.0       10.0      8.0
3  5.0       4.0       4.0       14.0
4  5.0       4.0       4.0       16.0
5  NaN       NaN       NaN       NaN
```

从结果可以看出，所有空缺值都使用后值进行了填充。

（4）针对不同列使用不同的指定值填充缺失值：

```
values = {'feature1': 100, 'feature2': 200, 'feature3': 300, 'label': 400}
```

```
df23 = df.fillna(value=values)
print(df23)
```

输出结果如下：

```
   feature1  feature2  feature3  label
0       1.0       3.0       3.0   10.0
1       2.0      13.0     300.0   15.0
2       3.0       7.0      10.0    8.0
3     100.0     200.0     300.0   14.0
4       5.0       4.0       4.0   16.0
5     100.0     200.0     300.0  400.0
```

从结果可以看出，所有不同列的填充值是不同的。

（5）针对不同列使用不同的指定值填充缺失值：

```
values = {'feature1': 100, 'feature2': 200, 'feature3': 300, 'label': 400}
df23 = df.fillna(value=values)
print(df23)
```

输出结果如下：

```
   feature1  feature2  feature3  label
0       1.0       3.0       3.0   10.0
1       2.0      13.0     300.0   15.0
2       3.0       7.0      10.0    8.0
3     100.0     200.0     300.0   14.0
4       5.0       4.0       4.0   16.0
5     100.0     200.0     300.0  400.0
```

从结果可以看出，所有不同列的填充值是不同的。

（6）针对不同列使用不同的指定值填充缺失值：

```
values = {'feature1': 100, 'feature2': 200, 'feature3': 300, 'label': 400}
df23 = df.fillna(value=values)
print(df23)
```

输出结果如下：

```
   feature1  feature2  feature3  label
0       1.0       3.0       3.0   10.0
1       2.0      13.0     300.0   15.0
2       3.0       7.0      10.0    8.0
3     100.0     200.0     300.0   14.0
4       5.0       4.0       4.0   16.0
5     100.0     200.0     300.0  400.0
```

从结果可以看出，所有不同列的填充值是不同的。

（7）使用统计值填充：

```
df24 =df.fillna(df.mean())
print(df24)
```

输出结果如下：

```
        feature1  feature2   feature3  label
0         1.00      3.00   3.000000   10.0
1         2.00     13.00   5.666667   15.0
2         3.00      7.00  10.000000    8.0
3         2.75      6.75   5.666667   14.0
4         5.00      4.00   4.000000   16.0
5         2.75      6.75   5.666667   12.6
```

从结果可以看出，填充值为所在列的平均值，其他类似的指标还有中位数、众数、最大值、最小值等，读者可以自行指定。

4.1.2　数据的特征值化

将任意数据（如文本或图像）转换为可用于机器学习的数字特征。计算机没有办法直接识别文本或图像，把文本或图像进行数字化是为了让计算机更好理解数据。

1．字典数据进行特征值化

sklearn.feature_extraction.DictVectorizer 是字典数据特征抽取类。DictVectorizer 的处理对象是符号化（非数字化）但具有一定结构的特征数据，如字典，它将符号转成数字 0/1 表示。使用 DictVectorizer 实现字典数据特征值化的示例如下：

```
from sklearn.feature_extraction import DictVectorizer
# 默认 sparse 参数为 True，编码后返回的是一个稀疏矩阵的对象
# 如果要使用，一般要调用 toarray( )方法转化成 array 对象
# 若将 sparse 参数设置为 False，则直接生成 array 对象，可直接使用
dict = DictVectorizer(sparse=False)
#调用 fit_transform 方法输入数据并转换，返回矩阵形式数据
data = dict.fit_transform([{'city': '北京','temperature': 100},
                           {'city': '上海','temperature':60},
                            {'city': '深圳','temperature': 30}])
# 转换后的数据
print(data)   # ['city=上海', 'city=北京', 'city=深圳', 'temperature']
#获取特征值
print(dict.get_feature_names( ))
 # [{'city=北京': 1.0, 'temperature': 100.0}, {'city=上海': 1.0, 'temperature': 60.0}
 # {'city=深圳': 1.0, 'temperature': 30.0}]
# 获取转换之前数据
print(dict.inverse_transform(data))
```

输出结果如下：

```
[[  0.    1.    0. 100.]
 [  1.    0.    0.  60.]
 [  0.    0.    1.  30.]]
```

不难发现，DictVectorizer 对非数字化的处理方式是，借助原特征的名称，将它们组合成新的特征，并采用 0/1 的方式进行量化，而数值型的特征转化比较方便，一般情况下维持原值即可。

2．文本特征抽取

One-Hot 编码是分类变量作为二进制向量的表示。这首先要求将分类值映射到整数值，然后每个整数值被表示为二进制向量，除了整数的索引，它都是零值，它被标记为 1。

比如：要对中国、美国、日本、美国进行 One-Hot 编码。

（1）确定要编码的对象为中国、美国、日本、美国。

（2）确定分类变量为中国、美国、日本，共三种类别；

以上问题就相当于，有三个样本，每个样本有三个特征，将其转化为二进制向量表示。首先进行特征的整数编码：中国为 0、美国为 1、日本为 2，并将特征按照从小到大排列，然后得到 One-Hot 编码图如图 4-1 所示。

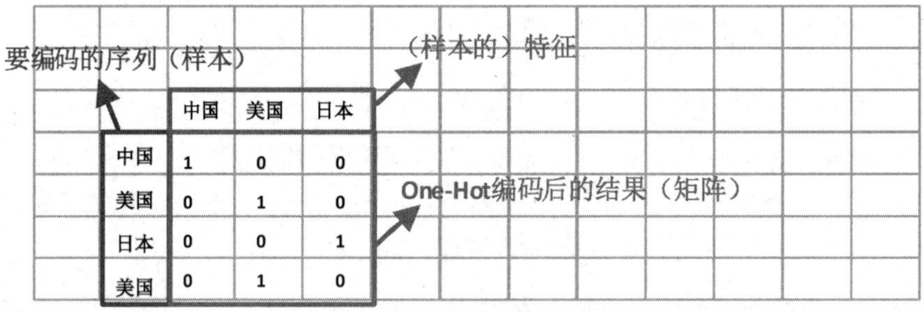

要编码的序列（样本）　（样本的）特征　One-Hot编码后的结果（矩阵）

	中国	美国	日本
中国	1	0	0
美国	0	1	0
日本	0	0	1
美国	0	1	0

图 4-1　One-Hot 编码图

sklearn.feature_extraction.text.CountVectorizer 是文本特征抽取类。CountVectorizer()函数考虑每个单词出现的频率，然后构成一个特征矩阵，每一行表示一个训练文本的词频统计结果。该方法又称为词袋法(Bag of Words)。使用 CountVectorizer()实现英文文本特征抽取的示例如下：

```
#导入包
from sklearn.feature_extraction.text import CountVectorizer
#实例化 CountVectorizer( )
vector = CountVectorizer( )
#调用 fit_transform 输入并转换数据
res = vector.fit_transform([ " life is short,i like python " ,
                             " life is too long,i dislike python " ])
# 获取特征值
print(vector.get_feature_names( ))
# 转换后的数据
print(res.toarray( ))
```

输出结果如下：

```
['dislike', 'is', 'life', 'like', 'long', 'python', 'short', 'too']
```

```
[[0 1 1 1 0 1 1 0]
 [1 1 1 0 1 1 0 1]]
```

4.1.3　特征选择

特征选择的原因是部分相似特征的相关度高，全部计算会消耗大量计算性能。另外，部分特征对预测结果有负影响。

特征选择就是单纯地从提取到的所有特征中选择部分特征作为训练集特征，特征在选择前和选择后可以改变值，也可以不改变值，但是选择后的特征维数肯定比选择前小。

sklearn.feature_selection.VarianceThreshold 是 sklearn 特征选择类。引用函数为 VarianceThreshold(threshold = 0.0)，其中的参数 threshold 是 float 类型，作为一个阈值，默认为 0.0，函数运行会删除所有低于此阈值的方差特征。函数的返回值为训练集差异，低于 threshold 的特征将被删除。默认值是保留所有非零方差特征，即删除所有样本中具有相同值的特征。

使用 VarianceThreshold 实现特征选择的示例如下：

```
from sklearn.feature_selection import VarianceThreshold
#实例化 VarianceThreshold( )
var = VarianceThreshold( )
#调用 fit_transform( )输入并转换数据
data = var.fit_transform([[0,2,0,3],
                          [0,1,4,3],
                          [0,1,1,3]])
#转换后的数据
print(data)
```

输出结果如下：

```
[[2 0]
 [1 4]
 [1 1]]
```

4.1.4　特征构建

特征构建过程如图 4-2 所示。

常见的特征构建方法有归一化、标准化和缺失值处理。

1. 归一化

归一化也称为离差标准化，是对原始数据的线性变换，使结果值映射到[0,1]。公式如下：

$$x' = \frac{x - \min}{\max - \min}$$

归一化计算过程如图 4-3 所示。

第一组

特征1	特征2	特征3	特征4
90	2	10	40
60	4	15	45
75	3	13	46

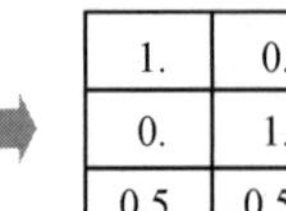

特征1	特征2	特征3	特征4
1.	0.	0.	0.
0.	1.	1.	0.83
0.5	0.5	0.6	1.

第二组

特征1	特征2	特征3	特征4
2	8	4	5
6	3	0	8
5	4	9	1

特征1 特征2 特征3

[-3.13587302e-16, 3.82970843e+00, 4.59544715e-16]
[-5.74456265e+00, -1.91485422e+00, 4.59544715e-16]
[5.74456265e+00, -1.91485422e+00, 4.59544715e-16]

图 4-2 特征构建过程

特征1	特征2	特征3	特征4
90	2	10	40
60	4	15	45
75	3	13	46

特征1	特征2	特征3	特征4
90-60	2-2	10-10	40-40
90-60	4-2	15-10	46-40
60-60	4-2	15-10	45-40
90-60	4-2	15-10	46-40
75-60	3-2	13-10	46-40
90-60	4-2	15-10	46-40

注：里面是第一步，还需要第二步乘以(1−0)+0

图 4-3 归一化计算过程

sklearn 归一化类为 sklearn.preprocessing.MinMaxScaler，使用其实现数据归一化的代码示例如下：

```
"""
归一化处理：通过对原始数据进行变换把数据映射到(默认为[0,1])之间
缺点:最大值与最小值非常容易受异常点影响，这种方法健壮性较差，只适合传统精确小数据场景
"""
from sklearn.preprocessing import MinMaxScaler
#实例化 MinMaxScaler( )
mm = MinMaxScaler( )
# 调用 fit_transform( )输入并转换数据
data = mm.fit_transform([[90,2,10,40],[60,4,15,45],[75,3,13,46]])
# 转换后的数据
print(data)
```

输出结果如下：

```
[[1.    0.    0.    0.    ]
 [0.    1.    1.    0.83333333]
```

```
[0.5   0.5   0.6   1.   ]]
```

归一化在特定场景下的最大值最小值是变化的。另外，最大值与最小值非常容易受异常点影响，所以这种方法健壮性较差，只适合传统精确小数据场景。

2. 标准化

标准化是通过对原始数据进行变换把数据变换到均值为 0 且方差为 1 的范围内，公式如下：

$$x' = \frac{x - \text{mean}}{\sigma}$$

注：此公式作用于每一列，mean 为平均值，标准差的计算公式为 $\sigma = \sqrt{\text{std}}$，std 表示方差，std 的计算公式为，$\text{std} = \frac{(x1 - \text{mean})^2 + (x2 - \text{mean})^2 + \cdots (xn - \text{mean})^2}{n(\text{每个特征的样本数})}, \sigma = \sqrt{\text{std}}$。

sklearn 标准化类是 scikit-learn.preprocessing.StandardScaler，使用 StandardScaler 实现标准化的代码示例如下：

```
"""
标准化方法：通过对原始数据进行变换把数据变换到均值为 0 且方差为 1 的范围内
如果出现异常点，由于具有一定数据量，少量的异常点对于平均值的影响并不大，从而方差改变较小
:return:
"""
from sklearn.preprocessing import StandardScaler
#实例化 StandardScaler( )
standard = StandardScaler( )
#调用 fit_transform( )输入并转换数据
data = standard.fit_transform([[1,-1,3],[2,4,2],[4,6,1]])
#转换后的数据
print(data)
```

输出结果如下：

```
[[-1.06904497 -1.35873244   1.22474487]
 [-0.26726124   0.33968311   0.          ]
 [ 1.33630621   1.01904933 -1.22474487]]
```

标准化在已有样本足够多的情况下比较稳定，适合现代嘈杂大数据场景。

4.2　降维与超参数调优

4.2.1　降维

降维是指减少原数据的维度。回忆一下鸢尾花数据，在这个数据集中，数据包含了四个维度。四个维度确实不多，但是现实生活中人们拿到的数据可能有成千上万的维度，如

果都计算，那么消耗的时间将是非常多的。因此引入了降维的算法，常用的降维算法有以下几种。

（1）主成分分析（Principal Component Analysis，PCA）。在 PCA 中，数据从原来的坐标系转换到新的坐标系，新坐标系的选择是由数据本身决定的。第一个新坐标轴选择的是原始数据中方差最大的方向，第二个新坐标轴选择和第一个新坐标轴正交且具有最大方差的方向。该过程一直重复，重复次数为原始数据中特征的数目。人们会发现，大部分方差都包含在最前面的几个新坐标轴中。因此，可以忽略余下的坐标轴，即降维处理。

（2）因子分析（Factor Analysis，FA）。在 FA 中，假设在观察数据的生成中有一些观测不到的隐变量（Latent Variable），假设观察数据是这些隐变量和某些噪声数据的线性组合，那么隐变量的数据可能比观察数据的数目少，也就是说通过找到隐变量就可以实现数据降维。

（3）独立成分分析（Independent Component Analysis，ICA），ICA 假设数据是从 N 个数据源生成的，与因子分析有些类似。ICA 假设数据为多个数据源的混合观察结果，这些数据源在统计上是相互独立的，而在 PCA 中只假设数据是不相关的。同因子分析一样，如果数据源的数目少于观察数据的数目，则可实现降维。

4.2.2 实现降维

前面介绍了降维算法的基本理论，下面使用 sklearn 中的库演示降维如何实现。

（1）使用 PCA 算法实现降维过程：

```
import numpy as np
from sklearn import datasets
iris = datasets.load_iris( )
data=iris.data
from sklearn.decomposition import PCA
pca=PCA(n_components=2)
newData=pca.fit_transform(data)
print(newData)
```

（2）PCA 对象非常有用，但对大型数据集有一定的限制。最大的限制是 PCA 仅支持批处理，这意味着所有要处理的数据必须适合主内存。IncrementalPCA 对象使用不同的处理形式使 PCA 允许部分计算。

```
import numpy as np
import matplotlib.pyplot as plt
from sklearn.datasets import load_iris
from sklearn.decomposition import PCA, IncrementalPCA
iris = load_iris( )
x = iris.data
y = iris.target
n_components = 2
ipca = IncrementalPCA(n_components=n_components, batch_size=10)
```

```
    x_ipca = ipca.fit_transform(x)
    pca = PCA(n_components=n_components)
    x_pca = pca.fit_transform(x)
    colors = ['navy', 'turquoise', 'darkorange']
    for x_transformed, title in [(x_ipca, " Incremental PCA " ), (x_pca, " PCA " )]:
        plt.figure(figsize=(8, 8))
        for color, i, target_name in zip(colors, [0, 1, 2], iris.target_names):
            plt.scatter(x_transformed[y == i, 0], x_transformed[y == i, 1],
                        color=color, lw=2, label=target_name)
        if " Incremental " in title:
            err = np.abs(np.abs(x_pca) - np.abs(x_ipca)).mean( )
            plt.title(title + " of iris dataset\nMean absolute unsigned error "
                      " %.6f " % err)
        else:
            plt.title(title + " of iris dataset " )
        plt.legend(loc= " best " , shadow=False, scatterpoints=1)
        plt.axis([-4, 4, -1.5, 1.5])
    plt.show( )
```

（3）FA 算法实现降维：

```
    from sklearn.decomposition import FactorAnalysis
    fa=FactorAnalysis(n_components=2)
    newData1=fa.fit_transform(data)
    print(newData1)
```

（4）LCA 算法实现降维：

```
    import numpy as np
    import matplotlib.pyplot as plt
    from mpl_toolkits.mplot3d import Axes3D
    from sklearn.datasets.samples_generator import make_blobs
    # X 为样本特征，Y 为样本簇类别，共 1000 个样本，每个样本 3 个特征，共 4 个簇
    X, Y = make_blobs(n_samples=10000, n_features=3, centers=[[3,3, 3], [0,0,0], [1,1,1], [2,2,2]],
cluster_std=[0.2, 0.1, 0.2, 0.2], random_state =9)
    fig = plt.figure( )
    ax = Axes3D(fig, rect=[0, 0, 1, 1], elev=30, azim=20)
    plt.scatter(X[:, 0], X[:, 1], X[:, 2],marker='.')
    from sklearn.decomposition import FastICA
    lca = FastICA(n_components=2)
    lca.fit(X)
    X_new = lca.transform(X)
    print(len(X_new[:, 0]),len( X_new[:, 1]))
```

4.2.3　超参数调优

超参数是机器学习模型里面的框架参数，比如聚类方法中类的个数。它们跟训练过程中学习的参数（权重）是不一样的，通常是手工设定的，通过不断试错调整。机器学习模

型的性能与超参数直接相关。超参数调优越多，得到的模型就越好。

超参数调优主要依靠实验和人的经验。对算法本身的理解越深入，且对实现算法的过程了解越详细，调优经验越丰富，越能够快速准确地调优。实验方法是设置一组超参数，然后用训练集训练并用验证集来检验，多次重复以上过程，取效果最好的那组超参数。训练数据的划分可以采用保持法，也可以采用 *k*-折交叉验证法。

超参数调优的实验方法主要有两种：网格搜索和随机搜索。

网格搜索方法类似于网格聚类的做法，它将各超参数形成的空间划分为若干小空间，在每一个小空间上取一组值作为代表进行实验，取效果最好的那组值作为最终的超参数值。

网格搜索的实现比较容易，下面用优惠券核销作为例子，对 sklearn 中随机森林算法 RandomForestClassifier 的 n_estimators 和 max_depth 两个参数进行网格搜索。

n_estimators 是弱学习器的最大迭代次数，或者说是最大的弱学习器的个数，默认是 10。一般来说 estimators 太小，容易欠拟合，n_estimators 太大，又容易过拟合，一般选择一个适中的数值。

max_depth 是决策树最大深度。如果样本数量和特征都很多，应限制最大深度，具体取值取决于数据的规模和分布。max_depth 常取 10~100。

搜索部分的代码如下：

```
### 3.网格搜索，分类器采用随机森林算法
print('3.网格搜索')
print('\n\n------网格搜索', file=file_print_to)
# 计算平均 AUC 值
def meanAuc(rq):
    # input:rq(pandas DataFrame),三列分别为：Coupon_id，二分类标签 coupon_apply，预测概率 
prob_y
    # output:float, 平均 AUC
    coupon_auc_sum = 0.0
    inumber = 0
    q = rq[['Coupon_id', 'coupon_apply']].copy( )
    q = q.groupby(['Coupon_id']).agg('mean').reset_index( )
    for i in q['Coupon_id']:
        w = float(q[q.Coupon_id == i]['coupon_apply'])
        # print(w)
        if w > 0 and w < 1:  # 判断是否有两个分类，只有一个分类没法计算 AUC 值
            x = rq[rq.Coupon_id == i]
            coupon_auc_sum += roc_auc_score(x['coupon_apply'], x['prob_y'])
            inumber += 1
    return coupon_auc_sum / inumber
time_start = time.time( )
### - 3.1.设置二维网格，分别是 n_estimators 和 max_depth 两个参数
list_n_estimators = range(10, 71, 10)
list_max_depth = range(3, 14, 2)
### - 3.2.重复设置参数，并进行训练和预测
from sklearn.ensemble import RandomForestClassifier
```

```
for n_estimators in list_n_estimators:
    for max_depth in list_max_depth:
        print('\n n_estimators, max_depth:' + str(n_estimators) + ',' + str(max_depth))
        print('\n n_estimators, max_depth:' + str(n_estimators) + ',' + str(max_depth), \
\
              file=file_print_to)
        rfc = RandomForestClassifier(random_state=2, n_estimators=n_estimators, \
\
                                     max_depth=max_depth)
        rfc.fit(x_train, y_train)
        print('准确率：' + str(rfc.score(x_verify, y_verify)), file=file_print_to)
        y_pred = rfc.predict(x_verify)
        from sklearn.metrics import confusion_matrix
        cm = confusion_matrix(y_verify, y_pred)
        print('平均准确率：' + str(cal_average_perclass_accuracy(cm)), file=file_print_to)
        from sklearn.metrics import roc_auc_score
        predict_prob_y = rfc.predict_proba(x_verify)
        auc = roc_auc_score(y_verify, predict_prob_y[:, 1])
        print('\n 总 AUC:' + str(auc), file=file_print_to)
        rq = pd.DataFrame({'Coupon_id': features_verify['Coupon_id'], \
\
                           'coupon_apply': y_verify, 'prob_y': predict_prob_y[:, 1]})
        print('\n 平均 AUC is:' + str(meanAuc(rq)), file=file_print_to)
print('训练用时：' + str(time.time( ) - time_start), file=file_print_to)
file_print_to.close( )
```

对两个参数进行多组赋值，每次训练后使用训练集来计算准确率、平均准确率、总 AUC 和平均 AUC 四个指标（指标越大代表模型效果越好），训练结果如表 4-1 所示，有阴影的数字代表该指标的最大值。

表 4-1　训练结果

n_estimators	max_depth					
	3	5	7	9	11	13
10	0.909 5	0.909 5	0.909 5	0.910 3	0.909 4	0.901 4
	0.500 0	0.500 0	0.500 5	0.508 2	0.520 1	0.526 6
	0.784 1	0.792 9	0.777 6	0.734 8	0.715 7	0.713 4
	0.549 7	0.543 0	0.569 9	0.585 2	0.594 4	0.587 4
20	0.909 5	0.909 5	0.909 5	0.910 7	0.911 5	0.903 9
	0.500 0	0.500 0	0.500 6	0.511 3	0.520 3	0.523 7
	0.783 4	0.792 4	0.781 2	0.751 6	0.715 3	0.705 9
	0.552 6	0.540 1	0.577 5	0.587 8	0.599 5	0.597 5
30	0.909 5	0.909 5	0.909 5	0.910 6	0.911 3	0.906 1
	0.500 0	0.500 0	0.500 9	0.509 8	0.519 2	0.525 1

续表

n_estimators	max_depth					
	3	5	7	9	11	13
30	0.784 8	0.793 9	0.781 4	0.750 9	0.718 5	0.704 4
	0.540 6	0.559 9	0.583 8	0.593 1	0.603 9	0.601 0
40	0.909 5	0.909 5	0.909 5	0.910 5	0.911 3	0.910 0
	0.500 0	0.500 0	0.500 9	0.509 2	0.518 6	0.526 9
	0.786 5	0.795 9	0.784 0	0.757 3	0.726 8	0.709 9
	0.538 4	0.553 2	0.584 2	0.596 1	0.604 2	0.605 0
50	0.909 5	0.909 5	0.909 5	0.910 5	0.911 4	0.908 5
	0.500 0	0.500 0	0.500 7	0.509 4	0.519 7	0.526 0
	0.789 1	0.795 6	0.779 7	0.752 4	0.725 6	0.703 4
	0.543 6	0.551 6	0.578 8	0.605 9	0.609 4	0.603 1
60	0.909 5	0.909 5	0.909 5	0.910 4	0.911 4	0.909 5
	0.500 0	0.500 0	0.500 7	0.508 7	0.519 8	0.526 0
	0.790 3	0.795 5	0.781 0	0.755 1	0.728 0	0.708 4
	0.541 3	0.558 0	0.581 8	0.605 9	0.609 6	0.604 7
70	0.909 5	0.909 5	0.909 5	0.910 6	0.911 4	0.909 6
	0.500 0	0.500 0	0.500 8	0.509 9	0.519 9	0.525 7
	0.789 8	0.795 2	0.783 8	0.757 0	0.730 6	0.707 0
	0.544 2	0.561 0	0.588 5	0.611 5	0.611 3	0.606 1

由表 4-1 可见，当采用不同评价指标时，最优值出现在不同网格中，即不同参数中。具体操作中还可以进行改进：①在影响大的参数上做细致切分，而在影响小的参数上做粗略切分；②先将网格粗切分，然后再对当前最好的网格进行细切分；③还有一种改进效率的贪心搜索方法，先搜索影响最大的参数，找到最优参数后，再在余下参数中影响最大的参数上进行一维搜索，如此下去，直到搜索完所有参数。这种贪心搜索方法的时间复杂度为参数总数的线性函数，而网格搜索方法的时间复杂度为参数总数的指数函数，但贪心搜索方法可能会收敛到局部最优值。

第5章

分类算法与应用

机器学习分类算法的目的是根据已知类别的训练集数据建立分类模型，并利用该分类模型预测未知类别数据对象所属的类别。分类算法是一种重要的机器学习技术，在行为分析、物品识别、图像检测等很多领域有着广泛应用。例如，电子邮件的分类（垃圾邮件和非垃圾邮件等）、新闻稿件的分类、手写数字识别、个性化营销中的客户群分类、图像/视频的场景分类等。

本章首先讨论机器学习中分类的基本概念及机器学习中常见的数据集，然后对K近邻算法、概率模型、朴素贝叶斯分类、向量空间模型、支持向量机及集成学习进行简单介绍。

5.1 分类问题简介

5.1.1 分类问题的流程与任务

分类问题是最为常见的监督学习问题，遵循监督学习问题的基本架构和流程。一般分类问题的基本流程可以分为训练和预测两个阶段。

（1）训练阶段。首先，需要准备训练数据，可以是文本、图像、音频、视频等形式的一种或多种；然后，抽取所需要的特征，形成特征数据（也称样本属性，一般用向量形式表示）；最后，将这些特征数据连同对应的类别标记一起送入分类学习算法中，训练得到一个预测模型。

（2）预测阶段。首先，将与训练阶段相同的特征抽取方法作用于测试数据，得到对应的特征数据；其次，使用预测模型对测试数据的特征数据进行预测；最后，得到测试数据的类别标记。

最常见的情况是，一个样本所属的类别互不相交，即每个输入样本被分到唯一的一个类别中。最基础的分类问题是二类分类（或二分类）问题，即从两个类别中选择一个作为预测结果，这种情况一般对应“是/否”问题或“非此即彼”的情况。例如，医生依据医学数据进行肿瘤良性或恶性的判断，又如判断一幅图像中是否存在猫。超过两个类别的分类问题一般称为多类分类问题（或多分类问题、多类问题），如判断一幅图像是猫、狗、鼠中的哪一种。

此外，一个样本所属类别存在相交的情况对应的是多标签分类问题，即判断一个样本是否同时属于多个不同类别。例如，一篇文章既可以是“长文/短文”中的“短文”，同时又可以是“散文/小说/诗歌”中的“散文”等。

5.1.2 常用的分类数据集

通过在不同的数据集上进行机器学习建模，有助于读者更好地掌握相关算法模型。机器学习中有一些较常见的分类数据集，本书教材选取几个较为常见的进行介绍，包括数据集的加载方式、数据集的特征和类别信息等。

1. 鸢尾花数据集

鸢尾花（iris）数据集的中文名是安德森鸢尾花卉数据集。Iris 数据集包含 150 个样本，对应数据集的每行数据。每行数据包含每个样本的四个特征和样本的类别信息，Iris 数据集是一个 150 行 5 列的二维表。

通俗地说，iris 数据集是用来给花做分类的数据集，每个样本包含了花萼长度、花萼宽度、花瓣长度、花瓣宽度四个特征（前 4 列），要建立一个分类器，分类器可以通过样本的四个特征来判断样本属于山鸢尾、变色鸢尾还是维吉尼卡鸢尾（这三个名词都是花的品种）。

Iris 的每个样本都包含了品种信息，即目标属性（第 5 列，也叫 Target 或 Label）。Iris 数据集每行包括四个输入变量和一个输出变量：萼片长度（cm）、萼片宽度（cm）、花瓣长度（cm）、花瓣宽度（cm）、类（Iris-Setosa、Iris-Versicolour、Iris-Virginica）。

Python 的机器学习库 Scikit-Learn 已经内置了 Iris 数据集，Iris 数据集样本局部截图如图 5-1 所示。

鸢尾花数据集				
花萼长度/cm	花萼宽度/cm	花瓣长度/cm	花瓣宽度/cm	属种
4.9	3	1.4	0.2	setosa
4.7	3.2	1.3	0.2	setosa
4.6	3.1	1.5	0.2	setosa
5	3.6	1.4	0.2	setosa
5.4	3.9	1.7	0.4	setosa

图 5-1　Iris 数据集样本局部截图

以下代码完成了加载数据集、输出样本特征、输出样本属性的常见操作，具体代码如下所示：

```
from sklearn import datasets
iris=datasets.load_iris( )
#data 对应了样本的 4 个特征，150 行 4 列
print(iris.data.shape)
```

```
#显示样本特征的前 5 行
print(iris.data[:5])
#target 对应了样本的类别（目标属性），150 行 1 列
print(iris.target.shape)
#显示所有样本的目标属性
print(iris.target)
```

其运行结果如下所示：

```
(150, 4)
[[5.1 3.5 1.4 0.2]
 [4.9 3.  1.4 0.2]
 [4.7 3.2 1.3 0.2]
 [4.6 3.1 1.5 0.2]
 [5.  3.6 1.4 0.2]]
(150,)
[0 0 0 0 0 0 0 0 0 0 0 0 0 0 0 0 0 0 0 0 0 0 0 0 0 0 0 0 0 0 0 0 0 0 0 0 0
 0 0 0 0 0 0 0 0 0 0 0 0 0 1 1 1 1 1 1 1 1 1 1 1 1 1 1 1 1 1 1 1 1 1 1 1 1
 1 1 1 1 1 1 1 1 1 1 1 1 1 1 1 1 1 1 1 1 1 1 1 1 1 1 2 2 2 2 2 2 2 2 2 2 2
 2 2 2 2 2 2 2 2 2 2 2 2 2 2 2 2 2 2 2 2 2 2 2 2 2 2 2 2 2 2 2 2 2 2 2 2 2
 2 2]
```

其中，(150, 4)对应了样本的 4 个特征，150 行样本；[[5.1 3.5 1.4 0.2]…]二维数组为样本特征的前 5 行；(150,) 为 target 值，代表了样本的类别（目标属性），150 行 1 列；最后由 0、1 和 2 组成的数组是包含所有样本的类别，0、1 和 2 三个整数分别代表了花的三个品种。

2．手写数字数据集 digits

手写数字数据集包括 1 797 个 0～9 的手写数字数据，每个数字由 8×8 大小的矩阵构成，矩阵中值的范围是 0～16，代表颜色的深度。使用函数 sklearn.datasets.load_digits (n_class=10, return_x_y=False)加载数据集。

其中的参数如下。

（1）n_class：表示返回数据的类别数，如 n_class = 5，则返回 0～4 的数据样本。

（2）return_x_y：若为 True，则以（data, target）形式返回数据；默认为 False，表示以字典形式返回数据全部信息（包括 data 和 target）。

加载手写数字数据集的代码如下：

```
from sklearn.datasets import load_digits
digits = load_digits( )
print(digits.data.shape)
print(digits.target.shape)
print(digits.images.shape)
```

其输出结果如下所示：

```
(1797, 64)
(1797,)
(1797, 8, 8)
```

3. MNIST 手写体数据集

MNIST 是一个手写体数据集，这个数据集由四部分组成，分别是一个训练图像集，一个训练标签集，一个测试图像集，一个测试标签集。其中训练样本为60 000个：其中55 000 个用于训练，另外 5 000 个用于验证（评估训练过程中的准确度）；测试样本 10 000 个（评估最终模型的准确度）。所有数字图像已经进行了尺寸归一化、数字居中处理，图像的尺寸大小为 28×28 像素。

4. 乳腺癌数据集

Scikit-Learn 内置了乳腺癌数据集，该数据集出自加州大学欧文分校机器学习仓库中的威斯康星州乳腺癌数据集。数据集的创建者为威廉、尼克等，创建时间为 1995 年 11 月。

乳腺癌数据集共有 569 个样本，每个样本包含 30 个数值型特征和 2 个分类目标（恶性-Malignant 和良性-Benign）。其中这些数值型是由细胞核的 10 个不同特征的均值、标准差和最差值（即最大值）构成的。这 10 个特征为 radius（半径）、texture（质地）、perimeter（周长）、area（面积）、smoothness（光滑度）、compactness（致密性）、concavity（凹度）、concave points（凹点）、symmetry（对称性）、fractal dimension（分形维度）。乳腺癌数据集 30 个特征属性的前 15 个属性和后 15 个属性分别如图 5-2 和图 5-3 所示。目标分类包括：0（212-恶性-Malignant）和 1（357-良性-Benign）。

序号	属性	最小值	最大值
1	radius(mean)-半径（平均值）	6.981	28.11
2	texture(mean)-质地（平均值）	9.71	39.28
3	perimeter(mean)-周长（平均值）	43.79	188.5
4	area(mean)-面积（平均值）	143.5	2501.0
5	smoothness(mean)-光滑度（平均值）	0.053	0.163
6	compactness(mean)-致密度（平均值）	0.019	0.345
7	concavity(mean)-凹度（平均值）	0.0	0.427
8	concave points(mean)-凸点（平均值）	0.0	0.201
9	symmetry(mean)-对称性（平均值）	0.106	0.304
10	fractal dimension(mean)-分形维度（平均值）	0.05	0.097
11	radius(standard error)-半径（标准差）	0.112	2.873
12	texture(standard error)-质地（标准差）	0.36	4.885
13	perimeter(standard error)-周长（标准差）	0.757	21.98
14	area(standard error)-面积（标准差）	6.802	542.2
15	smoothness(standard error)-光滑度（标准差）	0.002	0.031

图 5-2　乳腺癌数据集 30 个特征属性图（前 15 个属性）

序号	属性	最小值	最大值
16	compactness(standard error)-致密度（标准差）	0.002	0.135
17	concavity(standard error)-凹度（标准差）	0.0	0.396
18	concave points(standard error)-凸点（标准差）	0.0	0.053
19	symmetry(standard error)-对称性（标准差）	0.008	0.079
20	fractal dimension(standard error)-分形维度（标准差）	0.001	0.03
21	radius(worst)-半径（最大值）	7.93	36.04
22	texture(worst)-质地（最大值）	12.02	49.54
23	perimeter(worst)-周长（最大值）	50.41	251.2
24	area(worst)-面积（最大值）	185.2	4254.0
25	smoothness(worst)-光滑度（最大值）	0.071	0.223
26	compactness(worst)-致密度（最大值）	0.027	1.058
27	concavity(worst)-凹度（最大值）	0.0	1.252
28	concave points(worst)-凹点（最大值）	0.0	0.219
29	symmetry(worst)-对称性（最大值）	0.156	0.664
30	fractal dimension(worst)-分形维度（最大值）	0.055	0.208

图 5-3　乳腺癌数据集 30 个特征属性图（后 15 个属性）

如果需要使用乳腺癌数据集：可通过 sklearn.datasets 包下的 load_breast_cancer 函数加载相关数据，加载过程代码如下所示：

```
from sklearn.datasets import load_breast_cancer
# 加载 sklearn 自带的乳腺癌数据集
dataset = load_breast_cancer( )
# 提取特征数据和目标数据，都是 numpy.ndarray 类型
x = dataset.data
y = dataset.target
print(x)
print(y)
```

其输出结果如下所示：

```
[[1.799e+01 1.038e+01 1.228e+02 ... 2.654e-01 4.601e-01 1.189e-01]
 …
 [7.760e+00 2.454e+01 4.792e+01 ... 0.000e+00 2.871e-01 7.039e-02]]
[0 0 0 0 0 0 0 0 0 0 0 0 0 0 0 0 0 0 0 1 1 1 0 0 0 0 0 0 0 0 0 0 0 0 0 0
 …
 1 1 1 1 1 1 1 0 0 0 0 0 0 1]
```

其中[[1.799e+01 … 7.039e-02]]为样本的特征数据，第二部分[0 0 … 0 1]为对应的分类标签。

5.2 K 近邻算法

5.2.1 K 近邻算法原理与应用场景

K 近邻（K Nearest Neighbors，KNN）算法，又称为 KNN 算法，是一种非常直观并且容易理解和实现的有监督分类算法。该算法的基本思想是寻找与待分类的样本在特征空间中距离最近的 K 个已标记样本（即 K 个近邻），以这些样本的标记为参考，通过投票等方式，将占比例最高的类别标记赋给待标记样本。该方法被形象地描述为“近朱者赤，近墨者黑”。

由算法的基本思想可知，KNN 算法分类决策需要用待标记样本与所有训练样本做比较，不具有显式的参数学习过程，在训练阶段仅仅是将样本保存起来，训练时间为零，可以看作直接预测。

KNN 算法需要确定 K 值、距离度量和分类决策规则。

需要注意的是，随着 K 取值的不同，分类结果会不同。KNN 算法示意图如图 5-4 所示，位于中心的✚表示待分类样本，当 K=3 时，待分类样本点的近邻都为■，可判定类别为■；当 K=9 时，该样本的近邻中■与▲的比例为 5:4，仍可判定为■；当 K=15 时，该样本近邻中■与▲的比例为 6:9，此时，该样本被判定为▲。一般 K 值过小时，只有少量的训练样本会对预测起作用，这就容易发生过拟合，或者模型受含噪声训练数据的干扰导致预测错误。反之，K 值过大时，过多的训练样本对预测起作用，当不同类别样本数量不均衡时，结果将偏向数量占优的样本，也容易产生预测错误。在实际应用中，K 值一般取较小的奇数。一般以分类错误率或平均误差作为评价标准，采用交叉验证法选取最优的 K 值。当 K=1 时，该算法又称为最近邻算法。

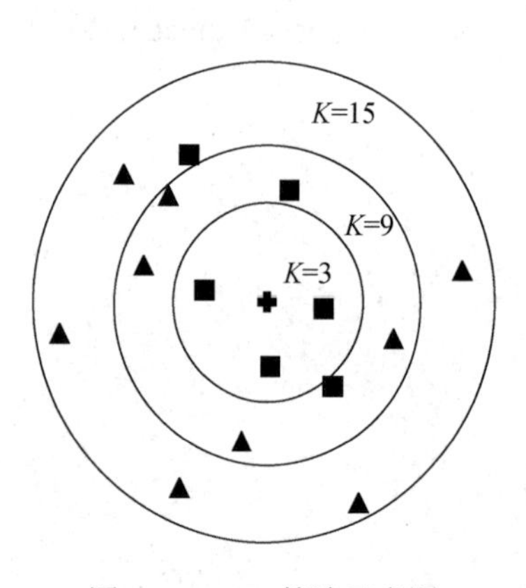

图 5-4　KNN 算法示意图

两个样本的距离反映的是这两个样本的相似程度。KNN 算法要求数据的所有特征都可以做量化比较，若在数据特征中存在非数值的类型，必须先将其量化为数值，再进行距离计算。K 近邻模型的特征空间一般是 n 维实数向量空间。常用的距离度量为欧氏距离，也可以是一般的 L_p 距离、离散余弦距离等。不同的距离度量所确定的最近邻点是不同的，对分类的精度影响较大。

分类决策通常采用多数表决。当分类决策目标是最小化分类错误率时，多数表决规则等价于经验风险（即误分率）最小化：

$$\frac{1}{K}\sum_{x_i \in N_K(x)} R\left(y_i \neq c_j | x\right) = 1 - \frac{1}{K}\sum_{x_i \in N_K(x)} p\left(y_i = c_j | x\right)$$

式中，x 表示测试样本的特征数据；$N_K(x)$ 表示与 x 最邻近的 K 个训练数据集合，涵盖该集合的类别为 c_j；x_i 表示 $N_K(x)$ 中的第 i 个样本，y_i 表示这个训练样本的标记。要使得误分率最小，就要使得 $\sum_{x\in N_K(x)} p(y_i = c_j)$ 最大，即多数表决：

$$c_j = \underset{c\in\mathcal{Y}}{\mathrm{argmax}} \sum_{x_i\in N_K(x)} I(y_i = c)$$

式中，$I(y_i = c)$ 是指示函数，即当 $y_i = c$ 时其值为 1，否则其值为 0。

K 近邻算法的优点如下：

（1）简单，易于理解，易于实现；

（2）只需保存训练样本和标记，无须估计参数，无须训练；

（3）不易受最小错误概率的影响，经理论证明，最近邻的渐进错误率最坏时不超过两倍的贝叶斯错误率，最好时接近或达到贝叶斯错误率。

K 近邻算法的缺点如下：

（1）K 的选择不固定；

（2）预测结果容易受含噪声数据的影响；

（3）当样本不平衡时，新样本的类别偏向于训练样本中数量占优的类别，容易导致预测错误。

K 近邻算法具有较高的计算复杂度和内存消耗，因为对每一个待分类的文本都要计算它到全体已知样本的距离，才能求得它的 K 个最近邻点。

针对 KNN 算法的缺点，学界提出了两个主要的改进方向：提高分类效果和提高分类效率。

在经典的 K 近邻算法中，每个近邻对最后的决策产生的作用都一样，而人类的直观感受是距离越近的作用也越大，由此产生了距离加权最近邻算法，即距离越近的样本赋予越大的权重，以此来提高分类效果。也有人根据每个类别的数目为每个类别选取不同的 K 值。

对于包含 N 个 P 维特征的训练集，经典 KNN 算法的时间复杂度为 $O(p^N)$，为了减少计算复杂度和内存消耗，提高 KNN 算法的分类效率，一种常用的策略是利用本章介绍的降维方法获得特征数据在某种意义上最优的低维表示，或利用特征选择方法删除对分类结果影响较小的属性，提高距离计算的运算效率；另一种常用的策略是预建立结构，通常根据训练样本之间的相对距离将训练集组织成某种形式的搜索树，在计算近邻样本时，只需在搜索树的某个分支中查找，从而降低了计算量。

5.2.2 基于 K 近邻算法实现分类任务

本节主要介绍基于 K 近邻算法实现分类任务。在实现分类任务之前，首先介绍算法的评判指标、交叉验证、模型保存等相关方法；然后介绍如何实现评判指标、交叉验证、模型保存；最后基于 K 近邻算法实现分类任务。

1．分类、回归、聚类不同的评判指标

一般来说，把模型的实际预测输出与样本的真实输出之间的差异称为“误差”（Error），模型在训练集上的误差称为“训练误差”（Training Error）或“经验误差”（Empirical Error），

在新样本上的误差称为“泛化误差”（Generalization Error）。人们希望得到泛化误差小的模型。然而，人们事先并不知道新样本是什么，实际能做的就是努力使经验误差最小化。在很多情况下，可以学得一个经验误差很小、在训练集上表现很好的模型。例如，对所有训练样本都分类正确，即分类错误率为0而分类精度（Precision）为100%的模型。但遗憾的是，这样的模型在多数情况下都不好。

在介绍如何评判一个机器学习模型的性能之前，先讨论一下性能指标。当处理机器学习模型时，需要依据不同的模型选择不同的评测指标。也就是说，并没有一套指标能完全适用于分类、回归、聚类等模型，通常在分类中人们关心的常用指标有如下几个。

（1）准确率（Accuracy）。它是指对于给定的测试数据集，分类器正确分类的样本数与总样本数之比。假设分类正确的样本数量为70，而总分类样本数量为100，那么准确率为70%。

（2）AUC（Area Under Curve）。它是一个概率值。当随机挑选一个正样本及一个负样本时，当前的分类算法根据计算得到的Score值将这个正样本排在负样本前面的概率就是AUC值，而作为一个数值，对应的AUC更大的分类器效果更好。

通常在回归分析中人们关心的常用指标有如下几个。

（1）均方误差(Mean Squared Error，MSE)。均方误差是参数估计值与真实值的差平方的期望值，是反映估计量与真实值之间差异度的一种度量，其计算公式为：

$$\text{MSE}(y,\hat{y})=\frac{1}{n_{\text{sample}}}\sum_{i=0}^{n_{\text{sample}}-1}(y_i,\hat{y}_i)^2$$

（2）平均绝对误差（Mean Absolute Deviation，MAD）。平均绝对误差是参数估计值与真实值的绝对值之和的期望值，反映了实际预测误差的大小，其计算公式为：

$$\text{MAD}(y,\hat{y})=\frac{1}{n_{\text{sample}}}|y_i,\hat{y}_i|$$

聚类分析的指标本节不再详细介绍，其将会在聚类章节中介绍。

2．交叉验证

从之前的学习中可以了解到模型会先在训练集上进行训练，通过对模型进行调整可以使其性能达到最佳状态；即使模型在训练集上表现良好，往往其在测试集上也可能会表现不佳。此时，测试集的反馈足以推翻训练模型，并且度量不再能有效地反映模型的泛化性能。为了解决上述问题，必须准备另一种称为验证集（Validation Set）的数据集。完成模型后，在验证集中评估模型。如果验证集上的评估实验成功，则在测试集上执行最终评估。但是，将原始数据划分为训练集、验证集、测试集之后，可用的数据将会大大减少。为了解决这个问题，人们提出了交叉验证这样的解决办法。

交叉验证（Cross Validation）是指将数据集 D 划分为 k 个大小相似的互斥子集，即 $D=D_1\cup D_2\cup\cdots\cup D_k$，其中 $D_i\cap D_j$，非空且 $(i\neq j)$。每个子集 D_i 都尽可能保持数据分布的一致性，即从 D 中通过分层采样得到。然后，每次用 $k-1$ 个子集的并集作为训练集，余下的那个子集作为测试集；这样就可获得 k 组训练/测试集，从而可进行 k 次训练和测试，

最终返回的是这 k 个测试结果的均值。显然，交叉验证法评估结果的稳定性和保真性在很大程度上取决于 k 的取值。为强调这一点，通常把交叉验证法称为 K 折交叉验证（K Fold Crossvalidation），k 最常用的取值是 10，此时称为 10 折交叉验证；其他常用的 k 值有 5、20 等。图 5-5 所示为 10 折交叉验证的示意图。

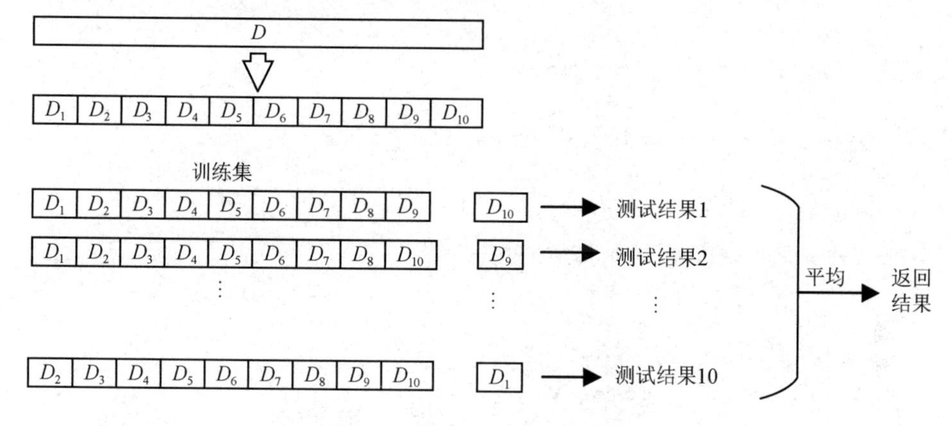

图 5-5　10 折交叉验证的示意图

3．分类、回归指标的实现

本节使用 Scikit-Learn 模块中的 metrics 方法实现对分类模型和回归模型的评测。

（1）分类模型的评测指标的调用：

```
>>> #使用 Scikit-Learn 模块实现精确度计算
>>> import numpy as np
>>> from sklearn.metrics import accuracy_score
>>> y_pred = [0, 2, 1, 3]
>>> y_true = [0, 1, 2, 3]
>>> accuracy_score(y_true, y_pred)
0.5
>>> accuracy_score(y_true, y_pred, normalize=False)
2
>>> #使用 Scikit-Learn 模块计算 AUC 值
>>> import numpy as np
>>> from sklearn import metrics
>>> y = np.array([1, 1, 2, 2])
>>> pred = np.array([0.1, 0.4, 0.35, 0.8])
>>> fpr, tpr, thresholds = metrics.roc_curve(y, pred, pos_label=2)
>>> metrics.auc(fpr, tpr)
0.75
```

（2）回归类模型的评测指标的调用：

```
>>> #使用 Scikit-Learn 模块实现均方误差计算
>>> from sklearn.metrics import precision_recall_curve
>>> from sklearn.metrics import mean_squared_error
```

```
>>> y_true = [3, -0.5, 2, 7]
>>> y_pred = [2.5, 0.0, 2, 8]
>>> mean_squared_error(y_true, y_pred)
0.375
>>> y_true = [[0.5, 1],[-1, 1],[7, -6]]
>>> y_pred = [[0, 2],[-1, 2],[8, -5]]
>>> mean_squared_error(y_true, y_pred)
0.708...
>>> mean_squared_error(y_true, y_pred, multioutput='raw_values')
...
array([ 0.416...,    1.         ])
>>> mean_squared_error(y_true, y_pred, multioutput=[0.3, 0.7])
...
0.824...
>>> #使用 Scikit-Learn 模块解释回归模型的方差得分计算
>>> from sklearn.metrics import explained_variance_score
>>> y_true = [3, -0.5, 2, 7]
>>> y_pred = [2.5, 0.0, 2, 8]
>>> explained_variance_score(y_true, y_pred)
0.957...
>>> y_true = [[0.5, 1], [-1, 1], [7, -6]]
>>> y_pred = [[0, 2], [-1, 2], [8, -5]]
>>> explained_variance_score(y_true, y_pred, multioutput='uniform_average')
...
0.983...
```

4．实现交叉验证 cross_val_score

在本节将使用 Scikit-Learn 模块实现交叉验证，最简单的方法是在模型和数据集上调用 cross_val_score 辅助函数。下面通过例子展示如何通过该函数分割数据。

（1）分割数据为训练集和验证集，将数据分为 5 折，计算连续 5 次的分数（每次分割数据都训练验证一次）来估计 linear kernel 支持向量机在 Iris 数据集上的精度。

```
>>> from sklearn.model_selection import cross_val_score
>>> from sklearn import svm
>>> from sklearn import datasets
>>> iris=datasets.load_iris()
>>> clf = svm.SVC(kernel='linear', C=1)
>>> scores = cross_val_score(clf, iris.data, iris.target, cv=5)
>>> scores
```

输出结果如下：

```
array([0.96666667, 1.        , 0.96666667, 0.96666667, 1.        ])
```

（2）评分估计的平均得分和 95%置信区间由此给出。

```
>>> print( " Accuracy: %0.2f (+/- %0.2f) "  % (scores.mean(), scores.std() * 2))
```

输出结果如下：

```
Accuracy: 0.98 (+/- 0.03)
```

（3）在默认情况下，每次 cross_val_score 迭代计算的指标结果是保存在属性 scores 中的，当然也可以通过使用 scoring 参数来选择不同的指标，关于 scoring 参数的详情设置请参考官方文档。

```
>>> from sklearn import metrics
>>> scores = cross_val_score(clf, iris.data, iris.target, cv=5, scoring='f1_macro')
>>> scores
```

输出结果如下：

```
array([0.96658312, 1.        , 0.96658312, 0.96658312, 1.        ])
```

（4）当 cv 参数是一个整数 *k* 时，cross_val_score 使用 K 交叉（K Fold）策略，同时也可以通过传入一个交叉验证迭代器来使用其他交叉验证策略，示例如下：

```
>>> from sklearn.model_selection import ShuffleSplit
>>> n_samples = iris.data.shape[0]
>>> cv = ShuffleSplit(n_splits=3, test_size=0.3, random_state=0)
>>> cross_val_score(clf,iris.data,iris.target,cv=cv)
```

输出结果如下：

```
array([0.97777778, 0.97777778, 1.        ])
```

5．实现模型的保存

当模型训练完成后，可以将模型永久化保存，这样在下次就可以直接使用模型，避免花费过长时间训练大量数据及方便模型的转移。下面通过两种方法来了解如何保存一个模型。

（1）通过使用 Python 的内置持久化模块（即 pickle）将模型保存起来：

```
>>> import pickle
>>> clf.fit(iris.data, iris.target)
>>> s = pickle.dumps(clf)
>>> clf2 = pickle.loads(s)
>>> clf2.predict(iris.data[0:1])
```

输出结果如下：

```
array([0])
```

（2）使用 joblib 替换 pickle （joblib.dump&joblib.load）可能会对大数据更有效。

```
>>> #joblib 模块
>>> from sklearn.externals import joblib
>>> #保存 Model（注:save 文件夹要预先建立，否则会报错）
>>> joblib.dump(clf, 'filename.pkl')
>>> #之后，您可以加载已保存的模型（可能在另一个 Python 进程中）
```

```
>>> clf3 = joblib.load('filename.pkl')
>>> #测试读取后的 Model
>>> clf3.predict(iris.data[0:1])
```

输出结果如下：

```
array([0])
```

6. 基于 KNN 算法实现分类

接下来，将使用 KNN 算法对 Scikit-Learn 自带的手写数字数据集进行分类，该数据集由 1 797 张 8×8 大小的手写位图组成。

1）数据的加载

该步骤主要是导入数据集，并将其分为训练集和测试集。

```
>>> #导入包
>>> from sklearn import datasets
>>> from sklearn.model_selection import train_test_split
>>> #加载数据
>>> digits = datasets.load_digits( )
>>> x_digits = digits.data
>>> y_digits = digits.target
>>> #将数据分为训练集和测试集
>>> x_train,x_test,y_train, y_test = train_test_split(x_digits, y_digits, test_size=0.25,random_state=4)
```

在上述代码中，random_state 为随机数种子，在对同一组数据进行分类实验需要调整其他参数时，应固定该参数的值，避免因每次挑选不同的数据作为训练集造成结果不同；test_size 表示样本数据被分为测试集的比例，25%遵循一个常用的惯例，也可以设置为 20%或其他比例。

2）选择模型

这里选择 sklearn.neighbors 模块中的 KNN 算法分类模型 KNeighborsClassifier。其原型如下。

```
    sklearn.neighbors.KNeighborsClassifier(n_neighbors=5,weights='uniform',algorithm='auto',leaf_size=30,
p=2,metric='minkowski',metric_params=None,n_jobs=1,**kwargs)
```

其中，n_neighbors 指定 k 的值，默认为 5； weights 指定每个样本投票的权重，默认值为 uniform，表示所有投票权重都相等，还可以设置为 distance，表示投票权重与距离成反比，或者传入数组指定权重； algorithm 指定计算最近邻的算法，默认为自动决定最合适的算法，也可以指定采用暴力搜索法或 KD 树方法等； leaf_size 指定树搜索算法的叶子节点规模； metric 指定距离度量，默认为 minkowski， p 是指定 minkowski 距离的指数， p=1 对应曼哈顿距离， p=2 对应欧氏距离等； n_jobs 指示是否并行运算。

本案例中将 KNN 算法对应的分类模型实例命名为 knn。

```
>>> # 导入 KNN 算法模块
>>> from sklearn.neighbors import KNeighborsClassifier
>>> knn = KNeighborsClassifier( )
```

3）模型训练

对于 KNN 算法对应的分类模型实例 knn，采用 train_test_split( )方法分割后的 x_train 和 y_train 对象变量作为训练集，并将训练集传递给 fit( )方法来完成训练。

```
#训练模型
>>> knn.fit(x_train, y_train)
```

4）模型预测

利用训练阶段得到的分类模型实例 knn，采用 train_test_split( )方法分割后的 x_test 和 y_test 对象变量作为测试集，通过将测试集传递给 predict( )来完成预测。

```
#将模型预测准确率打印出
>>> knn.predict(x_test[0:1])
```

输出结果如下：

```
array([1])
```

5）模型评测

利用训练阶段得到的分类模型实例 knn，采用 train_test_split( )方法分割后的 x_test 和 y_test 对象变量作为测试集，通过将测试集传递给 score( )方法来完成评测。

```
#将模型预测准确率打印出
>>> knn.score(x_test, y_test)
```

输出结果如下：

```
0.9822222222222222
```

6）模型保存

当模型训练完成后，可以将模型永久化保存，这样在下次就可以直接使用模型，避免下次花费过长时间训练大量数据，以及方便模型的转移。

可以通过 Python 的内置持久化模块（pickle）将模型保存：

```
>>> import pickle
>>> s = pickle.dumps(knn)
>>> knn2 = pickle.loads(s)
>>> knn2.predict(X_test[0:1])
```

输出结果如下：

```
array([1])
```

在具体情况下，也可以使用 joblib 替换 pickle 实现模型的持久化：

```
>>> #joblib 模块
>>> from sklearn.externals import joblib
>>> #保存 Model（注:save 文件夹要预先建立，否则会报错）
>>> joblib.dump(knn, 'filename.pkl')
>>> #之后，您可以加载已保存的模型（可能在另一个 Python 进程中）
```

```
>>> knn3 = joblib.load('filename.pkl')
>>> #测试读取后的 Model
>>> knn3.predict(X_test[0:1])
```

输出结果如下：

```
array([1])
```

5.2.3 使用 Python 实现 K 近邻算法

基于以上对 K 近邻算法的介绍，本节带领大家使用 Python 实现 K 近邻算法，代码如下：

```
#导入所需要的包
import numpy as np
from math import sqrt
from collections import Counter
#定义 knn 函数
def knn_distance(k, x_train, y_train, x):
    #保证 k 有效
    assert 1 <= k <= x_train.shape[0],  " k must be valid "
    #x_train 的值必须等于 y_train 的值
    assert x_train.shape[0] == y_train.shape[0],  " the size of x_train must equal to the size of y_train "
    #x 的特征号必须等于 x_train
    assert x_train.shape[1] == x.shape[0],  " the feature number of x must be equal to x_train "
    #迅速计算距离
    distance = [sqrt(np.sum((x_train - x)**2)) for x_train in x_train]
    #返回距离值从小到大排序后的索引值的数组
    nearest = np.argsort(distance)
    #获取距离最小的前 k 个样本的标签
    topk_y = [y_train[i] for i in nearest[:k]]
    #统计前 k 个样本的标签类别以及对应的频数
    votes = Counter(topk_y)
    #返回频数最多的类别
    return votes.most_common(1)[0][0]
if __name__ ==  " __main__ " :
    #使用 numpy 生成 8 个点
    x_train = np.array([[1.0, 3.5],
                        [2.0, 7],
                        [3.0, 10.5],
                        [4.0, 14],
                        [5, 25],
                        [6, 30],
                        [7, 35],
                        [8, 40]])
    #使用 numpy 生成 8 个点对应的类别
    y_train = np.array([0, 0, 0, 0, 1, 1, 1, 1])
    #使用 numpy 生成待分类样本点
    x = np.array([8, 21])
```

```
#调用 distance 函数并传入参数
label = knn_distance(3, x_train, y_train, x)
#显示待测样本点的分类结果
print(label)
```

以上 Python 代码实现了 K 近邻算法，输出结果如下：

```
1
```

由此可以得出结论：待测样本点[8, 21]的类别标签为 1。

5.3　概率模型

5.3.1　原理

概率论是研究随机现象数量规律的数学分支，它提供了一个量化和计算不确定性的数学框架。决策论（Decision Theory）是根据信息和评价准则，用数量方法寻找或选取最优决策方案，是运筹学的一个分支和决策分析的理论基础。结合概率论和决策论，可以做出在不确定性情况下的最优决策。

下面先来回顾概率论中的几个重要公式。假设 A**,** B 表示样本空间 Ω 上的随机事件；$\{A_1,\cdots,A_n\}$ 表示 A 的一个划分，即 $A_i \cap A_j = \varnothing \bigcup\limits_{i=1}^{n} A_i = A,(i,j=1,2,\cdots,n)$；$P(A)$ 表示随机事件 A 发生的概率，$P(AB)$ 表示事件 A 和事件 B 同时成立的联合概率，$P(B|A)$ 表示在随机事件 A 发生的情况下随机事件 B 发生的条件概率，则有如下公式。

（1）条件概率公式：$P(B|A)=\dfrac{P(AB)}{P(A)}$。

（2）全概率公式：$P(B)=\sum\limits_{i=1}^{n}P(B|A_i)P(A_i)$。

（3）贝叶斯公式：$P(A_i|B)=\dfrac{P(B|A_i)P(A_i)}{P(B)}$。

在贝叶斯公式中，$P(A_i|B)$ 称为后验概率，代表事情已经发生，要求这件事情发生的原因是由某个因素引起的可能性的大小；$P(A_i)$ 称为先验概率，是指根据以往经验和分析得到的概率；$P(B|A_i)$ 称为似然项；$P(B)$ 为随机事件 B 的先验概率或边缘概率，也称为标准化常量。贝叶斯定理常用来描述两个条件概率之间的关系，比如 $P(A|B)$ 和 $P(B|A)$。按照乘法法则，可以立刻导出：$P(A\cap B)=P(A)\times P(B|A)=P(B)\times P(A|B)$。

贝叶斯决策论是概率框架下实施决策的基本方法。对分类任务来说，贝叶斯决策论是考虑如何基于已知的相关概率和误判损失来选择最优的类别标记。

5.3.2　应用场景

概率模型通过比较计算提供的数据属于每个类型的条件概率，然后预测具有最大条件概率的那个类别是最后的类别。当样本越多，统计的不同类型的特征值分布就越准确，使用此分布进行预测也会更加准确。

贝叶斯分类方法是一种具有最小错误率的概率分类方法，可用于分类和预测。该方法并不是把一个对象绝对地指派给某一类，而是计算其属于某一类的概率，具有最大概率的类便是该对象所属的类。一般情况下，贝叶斯分类中的所有属性都潜在地起作用，即并不是一个或几个属性决定分类，而是所有的属性都参与分类。贝叶斯定理给出了最小化误差的最优解决方法。理论上，贝叶斯分类器看起来很完美，但在实际应用中，因为需要知道特征的确切分布概率，所以其并不能被直接应用。因此在很多分类方法中都会做出逼近贝叶斯定理要求的假设，如后文要介绍的朴素贝叶斯分类。

5.4 朴素贝叶斯分类

5.4.1 原理与应用场景

在众多的分类模型中，应用最广泛的模型是朴素贝叶斯模型（Naive Bayesian Model，NBM）。它是一个非常简单，但是实用性很强的分类模型。这个模型的基础是贝叶斯决策论，并假设各个维度上的特征被分类的条件概率之间是相互独立的。它的思想很简单：对于给出的待分类项，求解在此项出现的条件下各个类别出现的概率，哪个最大，就认为此待分类项属于哪个类别。具体做法是：

（1）基于特征条件独立的假设来学习输入/输出的联合概率分布；

（2）基于学习的模型，对给定的输入，利用贝叶斯定理求出后验概率最大的输出。

给定类别 c 和特征数据 $(x_1,\cdots,x_n)$，由贝叶斯定理得：

$$p(c|x_1,\cdots,x_n)=\frac{p(c)p(x_1,\cdots,x_n|c)}{p(x_1,\cdots,x_n)}$$

再由特征条件独立的假设，即 $p(x_i|c,x_1,\cdots x_{i-1},x_i,\cdots,x_n)=p(x_i|c)$，可以将上式简化为：

$$p(c|x_1,\cdots,x_n)=\frac{p(c)\prod_{i=1}^{n}p(x_i|c)}{p(x_1,\cdots,x_n)}\propto p(c)\prod_{i=1}^{n}p(x_i|c)$$

因此，类别可由 $\hat{c}=\underset{c}{\operatorname{argmax}}\, p(c)\prod_{i=1}^{n}p(x_i|c)$ 估计得出。要学习的参数就是两种概率，通常采用最大似然估计方法。其中，$p(c)=\frac{(c_i=c)}{N}$ 对应训练集中类别 c 出现的频率；对于条件概率 $p(x_i|c)$，它根据不同的假设具有不同的形式，常用的形式有以下几种。

（1）高斯朴素贝叶斯：$p(x_i|c)=\frac{1}{\sqrt{2\pi\sigma_c^2}}\exp\left[-\frac{(x_i-\mu_c)^2}{2\sigma_c^2}\right]$（参数 μ_c、σ_c 可由最大似然方法估计）。

（2）多项式朴素贝叶斯：$p(x_i|c)=\frac{N_{ci}+\lambda}{N_c+\lambda n}$（$N_c$ 表示属于类别 c 的样本的数量，N_{ci} 表

示属于类别 c 且特征等于 x_i 的样本的数量，λ 是正则化参数）。

（3）伯努利朴素贝叶斯：$p(x_i|c)=p(i|c)x_i+[1-p(i|c)](1-x_i)$

需要指出的是，某些属性值可能从未在训练集中出现，因此直接用频率近似概率会出现问题。为避免这种情况，在估计概率值时通常要进行平滑，常用拉普拉斯修正的方式。

朴素贝叶斯模型发源于古典数学理论，它有坚实的数学基础和稳定的分类效率。同时，朴素贝叶斯模型所需估计的参数很少，对缺失数据不太敏感，算法也比较简单。理论上，朴素贝叶斯模型与其他分类方法相比具有最小的误差率。但实际上并非总是如此，这是因为朴素贝叶斯模型假设属性之间相互独立，而这个假设在实际应用中往往是不成立的，这对朴素贝叶斯模型的正确分类有一定影响。在属性个数比较多或属性之间相关性较大时，朴素贝叶斯模型的分类效率比不上决策树模型；而在属性之间相关性较小时，朴素贝叶斯模型的性能最好。

举一个现实例子，如果有一对男女朋友，男生向女生求婚，男生的四个特点分别是不帅、性格不好、身高矮、不上进，请你判断一下女生是嫁还是不嫁？本教材收集了与之相关的一些数据，男生特点数据如表 5-1 所示，数据由五列组成，前四列是男生的四个特征，分别为帅与否、性格好坏、身高高矮、上进与否，第五列为基于前四个特征的嫁与否。

表 5-1　男生特点数据

帅与否	性格好坏	身高高矮	上进与否	嫁与否
帅	不好	矮	不上进	不嫁
不帅	好	矮	上进	不嫁
帅	好	矮	上进	嫁
不帅	好	高	上进	嫁
帅	不好	矮	上进	不嫁
不帅	不好	矮	不上进	不嫁
帅	好	高	不上进	嫁
不帅	好	高	上进	嫁
帅	好	高	上进	嫁
不帅	不好	高	上进	嫁
帅	好	矮	不上进	不嫁
帅	好	矮	不上进	不嫁

上述例子是一个典型的分类问题，即依据男生的四个特征将其划分为嫁类别或不嫁类别。如何解决这个问题呢？换个思考方式，依据贝叶斯概率公式的计算方法，如果可以计算 p (嫁|(不帅、性格不好、身高矮、不上进))与 p (不嫁 | (不帅、性格不好、身高矮、不上进))的概率，就通过比较两者概率数值大小进行类别划分。但是 p (嫁|(不帅、性格不好、身高矮、不上进))的概率是未知的，贝叶斯概率公式 p (嫁|(不帅、性格不好、身高矮、不上进))的概率可以拆分为 p ((不帅、性格不好、身高矮、不上进)|嫁)× p (嫁)/ p (不帅、性格不好、身高矮、不上进)。并且，由于朴素贝叶斯算法假设各个维度上的特征被分类的条件概率之间是相互独立的，那么 p (不帅、性格不好、身高矮、不上进|嫁)的概率可以拆分为 p (不帅

|嫁)×(性格不好|嫁)× p (身高矮|嫁)× p (不上进|嫁)，因此只要分别统计后面几个概率，也就得到了左边的概率。那么这些独立的条件概率和独立的特征概率应该怎么计算呢？本教材采用中心极限定理计算，即在数据量很大的时候，依据中心极限定理，频率是等于概率的，举 p (嫁)的概率计算作为例子，首先整理训练数据中嫁的样本数（见表 5-2）为 6，那么它的频率即概率为： p (嫁)=6/12(总样本数)=1/2。

表 5-2　嫁的样本数

帅与否	性格好坏	身高高矮	上进与否	嫁与否
帅	好	矮	上进	嫁
不帅	好	高	上进	嫁
帅	好	高	不上进	嫁
不帅	好	高	上进	嫁
帅	好	高	上进	嫁
不帅	不好	高	上进	嫁

同样的计算方法可以计算条件概率的数值 p (帅|嫁)， p (帅|嫁)表示在嫁的类别下，帅的特征的样本数量，已知嫁的样本数为 6，在此条件下，帅的样本（见表 5-3）数量为 3，那么 p (帅|嫁)的概率=3/6=1/2。

表 5-3　帅的样本

帅与否	性格好坏	身高高矮	上进与否	嫁与否
帅	好	矮	上进	嫁
帅	好	高	不上进	嫁
帅	好	高	上进	嫁

至此，已经能计算所有的独立的条件概率和独立的特征概率，那么将计算得到的所有数值代入公式 p (嫁|(不帅、性格不好、身高矮、不上进)中得到最终结果。

接下来讨论特征概率 $p|(a|y)$ 的估计，在之前的例子中采用中心极限定理计算概率，即在数据量很大的时候，依据中心极限定理，频率是等于概率的，中心极限定理只符合当特征属性为离散值的情况，但是当数据为连续型数据时，连续数据由于自身具备的稀疏性特征，因此依据频率作为概率的话会得到大量数值为 0 的概率，那么怎么处理连续值的情况呢？在朴素贝叶斯算法中当特征属性为连续值时，通常假定其值服从高斯分布（也称正态分布）。那么就可以通过高斯分布概率密度函数来估计特征属性的概率，高斯分布概率密度函数并不属于本教材讨论的范围，有所了解即可，同时使用高斯分布处理特征属性为连续值的朴素贝叶斯算法称为高斯分布朴素贝叶斯算法。另一个需要讨论的问题就是当 $P(a|y)=0$ 时怎么办？当某个类别下某个特征项划分没有出现时，这种现象就会产生，而由于独立概率条件为零就会造成最后的叛变概率为零，如果其中某个条件概率为零，其最后结果也为零，这会令分类器质量大大降低。为了解决这个问题，可以引入拉普拉斯校准，它的思想非常简单，即对每类别下（频率为 0）的所有划分的计数加 1，这样如果训练样本集数量充分大时，并不会对结果产生影响，并且解决了上述频率为 0 的尴尬局面。

5.4.2　朴素贝叶斯算法应用

以下示例代码演示了基于 sklearn 工具包利用鸢尾花数据训练高斯朴素贝叶斯分类器的过程。

```
>>> #demo_NBC.py
>>> from sklearn import datasets
>>> iris = datasets.load_iris( )
>>> from sklearn import naive_bayes
>>> #高斯朴素贝叶斯分类器
>>> gnb = naive_bayes.GaussianNB( )
>>> y_pred = gnb.fit(iris.data, iris.target).predict(iris.data)
>>> print( " Number of mislabeled points out of a total %d points : %d "  %
(iris.data.shape[0],(iris.target != y_pred).sum( )))
>>> #多项式朴素贝叶斯分类器
>>> gml = naive_bayes.MultinomialNB()
>>> y_pred = gml.fit(iris.data, iris.target).predict(iris.data)
>>> print( " Number of mislabeled points out of a total %d points : %d "  % (iris.data.shape[0],
(iris.target != y_pred).sum( )))
>>> #伯努利朴素贝叶斯分类器
>>> gbn = naive_bayes.BernoulliNB( )
>>> y_pred = gbn.fit(iris.data, iris.target).predict(iris.data)
>>> print( " Number of mislabeled points out of a total %d points : %d "  % (iris.data.shape[0],
(iris.target != y_pred).sum( )))
```

以上代码的输出结果为：

```
Number of mislabeled points out of a total 150 points : 6
Number of mislabeled points out of a total 150 points : 7
Number of mislabeled points out of a total 150 points : 100
```

可以看出，使用高斯朴素贝叶斯和多项式朴素贝叶斯方法查出的错误数分别为 6 个和 7 个，而使用伯努利朴素贝叶斯方法查出的错误数多达 100 个。这是因为高斯分布和多项式分布可以较好地近似鸢尾花数据，而伯努利分布（二项分布）不适用于鸢尾花数据。因此要根据实际数据来决定选用哪个模型。所以在实际应用场景中需要对数据特性有一定的了解，并做相关的数据探索性分析。

5.5　向量空间模型

5.5.1　原理与应用场景

机器学习方法让计算机可以自己去学习已经分类好的训练集，然而计算机是很难按人类理解数据那样来学习数据的，因此要使计算机能够高效地处理真实数据，就必须找到一种理想的形式化表示方法，这个过程就是数据建模。其中，数据泛指各种机器可读的记录。

数据建模一方面要能够真实地反映数据的内容，另一方面又要对不同数据具有一定的区分能力。数据建模通用的方法包括布尔模型、向量空间模型（Vector Space Model, VSM）和概率模型。其中使用最广泛的是向量空间模型。

向量空间指的是空间中具有大小和方向的量，向量空间有什么用呢？可以将所分析的数据的每一个属性视为一个向量维度，那么其实输入的数据就是某个高维向量空间中的一个点。因此，可以把对数据的计算转换为对向量空间中的点的计算。对于分类而言，如果能找到与待分类数据最相似的已知类别的数据，基于相似性原则，那么这个数据的类别就是有参考的意义的。那相似度怎么计算呢？在向量空间中可以根据数据的距离来计算数据的相似度，越相似的数据在空间向量中的距离应该越近，反之越远。常用的空间距离计算方法为欧氏距离。

欧氏距离的公式是一个通常采用的距离定义，指在 m 维空间中两个点之间的真实距离，或向量的自然长度（即该点到原点的距离）。以下举二维和三维下的欧氏距离计算例子，二维的公式是：

$$d=\left[(x1-x2)^2+(y1-y2)^2\right]$$

三维的公式是：

$$d=\left[(x1-x2)^2+(y1-y2)^2+(z1-z2)^2\right]$$

同理，n 维空间的公式为：

$$d=\left[(x1-x2)^2+(y1-y2)^2+\cdots+(n1-n2)^2\right]$$

基于向量空间模型的分类可以形象地描述为“近朱者赤，近墨者黑”，依据距离找到与待分类的数据距离最近的已知类别数据，把该已知数据类别分配给待分类的数据。或者在向量空间的分类中定义类别之间的边界，依据类别之间的边界从而得到分类的结果。

5.5.2 向量空间模型应用

经典的向量空间模型由索尔顿等人于 20 世纪 60 年代提出，并成功地应用于著名的 SMART 文本检索系统。VSM 将文本（Document）描述为以一系列关键词（Term）的权重为分量的 N 维向量。这样，该系统的每一篇文本的量化结果都有相同的长度，而长度是由语料库的词汇总量决定的。从而把对文本内容的处理简化为向量空间中的向量运算，并且它以空间上的相似度表达语义的相似度，直观易懂。

用 D 表示文本，t 表示关键词（即出现在文本 D 中且能够代表该文本内容的基本语言单位，主要是由词或短语构成），则文本可以用关键词集表示为 $D(T_1,T_2,\cdots,T_n)$，其中 T_k 是特征项，要求满足 $1\leqslant k\leqslant N$。例如，一篇文档中有 a、b、c、d 四个特征项，那么这篇文档就可以表示为 $D(a,b,c,d)$。

对于其他要与之比较的文本，也将遵从这个特征项顺序。对含有 n 个特征项的文本而言，通常会给每个特征项赋予一定的权重表示其重要程度，即 $D=D(T_1,W_1;T_2,W_2;\cdots;T_n,W_n;)$，简记为 $D=D(W_1;W_2;\cdots;W_n;)$，代表文本 D 的权值向量表示，其中 W_k 是 T_k 的权重，

$1 \leqslant k \leqslant N$。如果 a、b、c、d 的权重分别为 10、20、30、40，那么该文本的向量表示为 $D(10,20,30,40)$。

在向量空间模型中，两个文本 D_1 和 D_2 之间的内容相关度 $\mathrm{Sim}(D_1, D_2)$ 常用向量之间夹角的余弦值表示，对应公式如下：

$$\mathrm{Sim}(D_1,D_2) = cos\theta = \frac{\sum_{k-1}^{n} W_{1k} \times W_{2k}}{\sqrt{\left(\sum_{k-1}^{n} W_{1k}^2\right)\left(\sum_{k-1}^{n} W_{2k}^2\right)}}$$

式中，W_{1k} 和 W_{2k} 分别表示文本 D_1 和 D_2 第 K 个特征项的权值，$1 \leqslant k \leqslant N$。

在自动归类中，可以利用类似的方法来计算待归类文档和某类目的相关度。假设文本 D_1 的特征项为 a、b、c、d，它们的权值分别为 10、20、30、40，类目 C_1 的特征项为 a、b、c、d，它们的权值分别为 10、30、20、10，则 D_1 的向量表示为 $D_1(10,20,30,40,0)$，C_1 的向量表示为 $C_1(10,0,30,20,10)$，则计算出来的文本 D_1 与类目 C_1 的相关度是 0.80。下面通过 Gensim 库实现文档数据的空间向量模型应用。

Gensim 是一个免费的 Python 工具包，致力于处理原始的、非结构化的数字文本（普通文本），它可以用来从文档中自动提取语义主题。Gensim 中用到的算法，如潜在语义分析（Latent Semantic Analysis，LSA）、隐含狄利克雷分配（Latent Dirichlet Allocation，LDA）或随机预测（Random Projections）等，是通过检查单词在训练语料库的同一文档中的统计共现模式来发现文档的语义结构的。这些算法都是无监督算法，仅需一个普通文本的语料库即可。一旦这些统计模式被发现了，所有的普通文本就可以被用一个新的语义代号简洁地表示，并用其查询某一文本与其他文本的相似性。Gensim 包围绕语料库（Corpus）、向量（Vector）、模型（Model）三个概念展开。

同其他库的安装一样，Gensim 安装命令为：

```
pip install gensim
```

下面对空间向量的构建过程进行演示，以下代码中的样本为文档类型。先自定义文档数据：

```
>>> from gensim import corpora
>>> documents = [ " Human machine interface for lab abc computer applications " ,
>>>                    " A survey of user opinion of computer system response time " ,
>>>                    " The EPS user interface management system " ,
>>>                    " System and human system engineering testing of EPS " ,
>>>                    " Relation of user perceived response time to error measurement " ,
>>>                    " The generation of random binary unordered trees " ,
>>>                    " The intersection graph of paths in trees " ,
>>>                    " Graph minors IV Widths of trees and well quasi ordering " ,
>>>                    " Graph minors A survey " ]
```

代码中的自定义文档由 9 篇文档组成，每个文档仅由一个句子组成。拿到文档，需要先对这些文档进行标记化处理，包括删除常用词（利用停用词表）和整个语料库中仅仅出现一次的词。

```
>>> # 删除停用词并分词
>>> stoplist = set('for a of the and to in'.split())
>>> texts = [[word for word in document.lower().split() if word not in stoplist]
>>>          for document in documents]
>>> # 去除仅出现一次的单词
>>> from collections import defaultdict
>>> frequency = defaultdict(int)
>>> for text in texts:
>>>     for token in text:
>>>         frequency[token] += 1
>>>
>>> texts = [[token for token in text if frequency[token] > 1]
>>>          for text in texts]
>>> # 输出分词后的结果
>>> from pprint import pprint   # pretty-printer
>>> pprint(texts)
```

输出结果如下：

```
[['human', 'interface', 'computer'],
 ['survey', 'user', 'computer', 'system', 'response', 'time'],
 ['eps', 'user', 'interface', 'system'],
 ['system', 'human', 'system', 'eps'],
 ['user', 'response', 'time'],
 ['trees'],
 ['graph', 'trees'],
 ['graph', 'minors', 'trees'],
 ['graph', 'minors', 'survey']]
```

在机器学习中，为便于计算机对文档数据进行分析，通常需要将一个文档转换为由文档中提取出来的特征（Featrues）表示，提取的特征可以是单词、文档长度数量等。为了将文档特征转换为向量，可以采用一种被称为词袋（Bag-of-Words）的文档表示方法。在这种表示方法中，每个文档由一个向量表示，每个向量的每个元素都代表此问答对："system 这个单词出现了多少次？1 次。"

为了更好地记录这些问答对，可以用这些问题的（整数）编号来代替这些问题，问题与编号之间的映射采用字典（Dictionary）结构。

```
>>> dictionary = corpora.Dictionary(texts)
>>> dictionary.save('/tmp/deerwester.dict')  # 把字典保存起来，方便以后使用
>>> print(dictionary)
```

输出结果如下：

```
Dictionary(12 unique tokens)
```

上述代码中，利用 gensim.corpora.dictionary.Dictionary 类为每个出现在语料库中的单词

分配了一个独一无二的整数编号。这个操作收集了单词计数及其他相关的统计信息。输出结果 Dictionary(12 unique tokens)表示语料库中有 12 个不同的单词，这表明每个文档将会用 12 个数字表示（即 12 维向量）。以下代码可用于查看单词与编号之间的映射关系。

```
>>> print(dictionary.token2id)
```

输出结果如下：

```
{'minors': 11, 'graph': 10, 'system': 5, 'trees': 9, 'eps': 8, 'computer': 0,
'survey': 4, 'user': 7, 'human': 1, 'time': 6, 'interface': 2, 'response': 3}
```

有了单词与编号之间的映射关系就可以将标记化的文档转换为向量，产生稀疏文档向量。

```
>>> new_doc =  " Human computer interaction "
>>> new_vec = dictionary.doc2bow(new_doc.lower( ).split( ))
>>> print(new_vec)   #  " interaction " 没有在 dictionary 中出现，因此会被忽略
```

输出结果如下：

```
[(0, 1), (1, 1)]
```

方法 doc2bow()对每个不同单词的出现次数进行了计数，并将单词转换为其编号，然后以稀疏向量的形式返回结果。因此，稀疏向量[(0, 1), (1, 1)]表示：在“Human computer interaction”中“computer”(id 0) 和“human”(id 1)各出现一次；dictionary 中的其他 10 个的单词没有出现过。

输出自定义文档数据中 9 个文档的向量化结果的代码如下：

```
>>> corpus = [dictionary.doc2bow(text) for text in texts]
>>> corpora.MmCorpus.serialize('/tmp/deerwester.mm', corpus) #  存入硬盘，以备后需
>>> pprint(corpus)
```

输出结果如下：

```
[(0, 1), (1, 1), (2, 1)]
[(0, 1), (3, 1), (4, 1), (5, 1), (6, 1), (7, 1)]
[(2, 1), (5, 1), (7, 1), (8, 1)]
[(1, 1), (5, 2), (8, 1)]
[(3, 1), (6, 1), (7, 1)]
[(9, 1)]
[(9, 1), (10, 1)]
[(9, 1), (10, 1), (11, 1)]
[(4, 1), (10, 1), (11, 1)]
```

上面的输出表明：对于前 6 个文档来说，编号为 10 的属性值为 0，表示前 6 个文档中 graph 出现的次数为 0。得到文档的向量表示之后，就可以根据欧氏距离或是余弦相似度等度量来计算文档间的相似度了。

5.6 支持向量机

5.6.1 支持向量机概述

读者通过前面的学习已经对机器学习的基本框架有所了解，那么如何使用机器学习来解决一些问题呢？本教材通过一个典型的机器学习案例——支持向量机（Support VectorMachine，SVM）来了解机器学习是如何工作的。关于支持向量机，读者可以先了解如下内容。

（1）线性可分：在二维空间上，如果两类点可以被一条直线完全分开，那么就称这两类点是线性可分的，多分割平面问题如图 5-6 所示。在 K 维空间，如果存在 $K-1$ 维的超平面能将两类点分开，那么这两类点也是线性可分的。

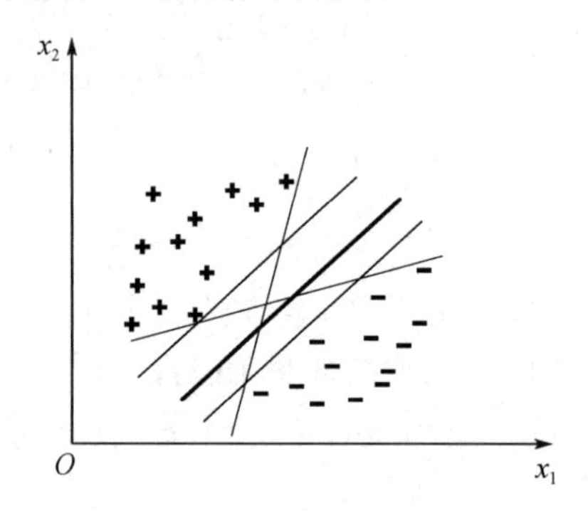

图 5-6　多分割平面问题

（2）最大间隔超平面与支持向量：对于一个二分类问题，或许存在众多分割平面可以将数据完全划分为不同的类别，如图 5-6 所示，但不是每一个分割平面都具有价值，那么在众多分割平面中应该选择哪个分割平面，以及这些超平面之间是否存在“最优”分割超平面，如果存在，将如何定义“最优”分割超平面，本节将一一解答这些问题。

针对这种最佳的超平面，可以用如下两句话进行定义：①两类样本被超平面分割开；②两侧距离超平面的最近样本点与该超平面的距离最大化，这里的最近样本点被称为支持向量。

直观上看，应该去找位于两类训练样本“正中间”的分割超平面，即图 5-6 中加粗的那个，因为该分割超平面对训练样本局部扰动的容忍性最好。例如，由于训练集的局限性或噪声等因素，训练集外的样本可能比图 5-6 中的训练样本更接近两个类的分隔处，这将使许多分割超平面出现错误，而加粗的超平面受影响最小。换言之，这个分割超平面所产生的分类结果是最健全的，对未知示例的泛化能力最强。

支持向量机是建立在统计学习理论的 VC 维理论和结构风险最小原理基础上的，是根据有限的样本信息在模型的复杂性（即对特定训练样本的学习精度）和学习能力（即无错误地识别任意样本的能力）之间寻求最佳折中，以获得最好的推广能力。支持向量机示例图（见图 5-7）中加粗的分割平面即该样本集训练后待寻找出的 SVM 分割超平面。确定超平面的过程如下。

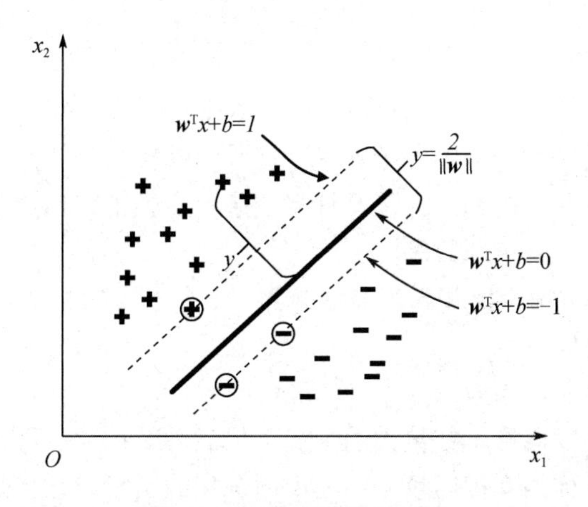

图 5-7　支持向量机示例图

首先，超平面可以通过如下方程描述（以二维空间为例），其中，$\boldsymbol{w}$ 为法向量，决定了方向；b 为位移。这样做的目的是寻找 $\min(\boldsymbol{w}b)\frac{1}{2}\|\boldsymbol{w}\|^2$ 的超平面。

$$\boldsymbol{w}_1 x+\boldsymbol{w}_2 y+b=0 \tag{5.1}$$

把式（5.1）转换为向量：

$$[\boldsymbol{w}_1,\boldsymbol{w}_2]\begin{bmatrix}x\\y\end{bmatrix}+b=0 \tag{5.2}$$

将式（5.2）二维转换为多维表达式：

$$\boldsymbol{w}^{\mathrm{T}}x+b=0 \tag{5.3}$$

设样本点的类别为 y_i，值分别为+1 和−1，每个类别支持向量到超平面的距离为 d。由于两个类别的支持向量到超平面的距离相等，结合点到距离公式可得：

$$\begin{cases}D(\boldsymbol{w}^{\mathrm{T}}x+b)\geqslant d & y_i=1\\D(\boldsymbol{w}^{\mathrm{T}}x+b)\leqslant -d & y_i=-1\end{cases} \tag{5.4}$$

$D(\boldsymbol{t})$ 为向量 $\boldsymbol{t}$ 到超平面的距离：

$$D(\boldsymbol{t})=\frac{\boldsymbol{t}}{\|\boldsymbol{w}\|} \tag{5.5}$$

由式（5.4）和式（5.5）得：

$$\begin{cases}\boldsymbol{w}^{\mathrm{T}}x+b\geqslant 1 & y_i=1\\\boldsymbol{w}^{\mathrm{T}}x+b\leqslant -1 & y_i=-1\end{cases} \tag{5.6}$$

对式（5.6）合并，简写成：

$$y_i(\boldsymbol{w}^{\mathrm{T}}x+b)=|\boldsymbol{w}^{\mathrm{T}}x+b|\geqslant 1 \tag{5.7}$$

此时两类支持向量间的间隔为：

$$2d=2\frac{|\boldsymbol{w}^{\mathrm{T}}x+b|}{\|\boldsymbol{w}\|}=\frac{2}{\|\boldsymbol{w}\|} \tag{5.8}$$

为计算方便，可去掉 $\|\boldsymbol{w}\|$ 的根号，得到目标为 $\min\left(\frac{1}{2}\|\boldsymbol{w}\|^2\right)$ 的超平面。

核函数：为了更好地对样本进行分类，支持向量机可以通过线性变换 $\varphi(x)$ 将输入空间 X 映射到高维特征空间 H ，但高维空间计算内积比较困难。如果低维输入空间存在函数 $K(x,y),x,y\in X$ ，使得 $K(x,y)=\varphi(x)\cdot\varphi(y)$ ，则称 $K(x,y)$ 为核函数。这时可以通过核函数便捷地计算出高维空间的内积，而不需计算复杂的变换值。常见的核函数包括：线性核函数、多项式核函数、径向核函数等。

支持向量机(SVM)可用于监督学习算法分类、回归和异常检测。

支持向量机的优势如下：

（1）在高维空间中非常高效；

（2）即使在数据维度比样本数量大的情况下仍然有效；

（3）在决策函数（称为支持向量）中使用训练集的子集，它也是高效利用内存的。

支持向量机的缺点如下：

（1）如果特征数量比样本数量大得多，在选择核函数时要避免过拟合；

（2）支持向量机通过寻找支持向量找到最优分割平面，是典型的二分类问题，因此无法解决多分类问题。

5.6.2 支持向量机实现分类

在本节中将使用 Scikit-Learn 模块中 svm.SVC 方法实现基于支持向量机的分类过程。

（1）SVC 方法。将两个数组作为输入：将[n_samples, n_features]大小的数组 x 作为训练样本，其中[n_samples] 大小的数组 y 用作类别标签（字符串或整数）。

```
>>> from sklearn import svm
>>> x = [[0, 0], [1, 1]]
>>> y = [0, 1]
>>> clf = svm.SVC( )
>>> clf.fit(x, y)
```

输出结果如下：

```
SVC(C=1.0, cache_size=200, class_weight=None, coef0=0.0, decision_function_shape='ovr', degree=3, gamma='auto', kernel='rbf', max_iter=-1, probability=False, random_state=None, shrinking=True, tol=0.001, verbose=False)
```

（2）在训练完成后，使用模型预测新的值。

```
>>> clf.predict([[2., 2.]])
```

输出结果如下：

```
array([1])
```

（3）支持向量机的决策函数取决于训练集的一些子集，称作支持向量。这些支持向量的部分特性可以在属性 support_vectors_、support_和 n_support 中找到。

```
>>> # 获得支持向量
>>> clf.support_vectors_
```

```
>>> array([[ 0.,    0.],           [ 1.,    1.]])
>>> # 获得支持向量的索引 get indices of support vectors
>>> clf.support_
>>> array([0, 1]...)
>>> # 为每一个类别获得支持向量的数量
>>> clf.n_support_
>>> array([1, 1]...)
```

5.6.3　支持向量机实现回归

支持向量机的实现形式为 SVR 等。

分类与回归是十分相似的，这里可以调用回归中的 fit 方法实现对输入参数 x 和 y 的训练，只是现在的 y 是连续型数据而不是离散型。

```
>>> from sklearn import svm
>>> x = [[0, 0], [2, 2]]
>>> y = [0.5, 2.5]
>>> clf = svm.SVR()
>>> clf.fit(x, y)
SVR(C=1.0, cache_size=200, coef0=0.0, degree=3, epsilon=0.1, gamma='auto',        kernel='rbf',
max_iter=-1, shrinking=True, tol=0.001, verbose=False)
>>> clf.predict([[1, 1]])
array([ 1.5])
```

5.6.4　支持向量机异常检测

支持向量机也可用于异常值的检测，即给定一个样例集，生成这个样例集的支持边界。因而，对于一个新的数据点，可以通过支持边界来检测它是否属于这个样例集。异常检测属于非监督学习，没有类标签，因此 fit 方法只会考虑输入数组 x。

使用 one-class SVM 方法实现异常检测，代码如下：

```
>>> print(__doc__)
>>> import numpy as np
>>> import matplotlib.pyplot as plt
>>> import matplotlib.font_manager
>>> from sklearn import svm
>>> xx, yy = np.meshgrid(np.linspace(-5, 5, 500), np.linspace(-5, 5, 500))
>>> # 生成训练数据
>>> x = 0.3 * np.random.randn(100, 2)
>>> x_train = np.r_[x + 2, x - 2]
>>> # 生成规律的正常观测点
>>> x = 0.3 * np.random.randn(20, 2)
>>> x_test = np.r_[x + 2, x - 2]
>>> # 生成规律的异常观测点
>>> x_outliers = np.random.uniform(low=-4, high=4, size=(20, 2))
```

```
>>> # 训练模型
>>> clf = svm.OneClassSVM(nu=0.1, kernel= " rbf " , gamma=0.1)
>>> clf.fit(x_train)
>>> y_pred_train = clf.predict(x_train)
>>> y_pred_test = clf.predict(x_test)
>>> y_pred_outliers = clf.predict(X_outliers)
>>> n_error_train = y_pred_train[y_pred_train == -1].size
>>> n_error_test = y_pred_test[y_pred_test == -1].size
>>> n_error_outliers = y_pred_outliers[y_pred_outliers == 1].size
>>> # 将直线、点和最近的向量绘制到平面上
>>> Z = clf.decision_function(np.c_[xx.ravel(), yy.ravel()])
>>> Z = Z.reshape(xx.shape)
>>> plt.title( " Novelty Detection " )
>>> plt.contourf(xx, yy, Z, levels=np.linspace(Z.min( ), 0, 7), cmap=plt.cm.PuBu)
>>> a = plt.contour(xx, yy, Z, levels=[0], linewidths=2, colors='darkred')
>>> plt.contourf(xx, yy, Z, levels=[0, Z.max( )], colors='palevioletred')
>>> s = 40
>>> b1 = plt.scatter(x_train[:, 0], x_train[:, 1], c='white', s=s, edgecolors='k')
>>> b2 = plt.scatter(x_test[:, 0], x_test[:, 1], c='blueviolet', s=s,
                     edgecolors='k')
>>> c = plt.scatter(x_outliers[:, 0], x_outliers[:, 1], c='gold', s=s,
                    edgecolors='k')
>>> plt.axis('tight')
>>> plt.xlim((-5, 5))
>>> plt.ylim((-5, 5))
>>> plt.legend([a.collections[0], b1, b2, c],
           [ " learned frontier " ,  " training observations " ,
             " new regular observations " ,  " new abnormal observations " ],
           loc= " upper left " ,
           prop=matplotlib.font_manager.FontProperties(size=11))
>>> plt.xlabel(
     " error train: %d/200 ; errors novel regular: %d/40 ;  "
     " errors novel abnormal: %d/40 "
    % (n_error_train, n_error_test, n_error_outliers))
>>> plt.show( )
```

异常检测示例的检测结果如图 5-8 所示。

注：learned frontier 为支持边界，training observations 为训练观测点，new regular observations 为新正常观测点，new abnormal observations 为新异常观测点。模型评估结果部分：训练集预测错误为 19/200；正常观测点预测错误为 5/40；异常观测点预测错误为 1/40。

本案例使用了 RBF 核函数。RBF 核函数使得支持向量机通过某种非线性变换 $\phi(x)$，将输入空间映射到高维特征空间。

这个特征空间的维数可能非常高。如果支持向量机的求解只用到内积运算，而在低维输入空间又存在某个函数 $K(x,x')$，它恰好等于高维空间中的这个内积，即 $K(x,x')=$

$\varphi(x)\cdot\langle\varphi(x')\rangle$，那么支持向量机就不用计算复杂的非线性变换而由这个函数 $K(x,x')$ 直接得到非线性变换的内积，这大大简化了计算过程。$K(x,x')$ 这样的函数称为核函数。

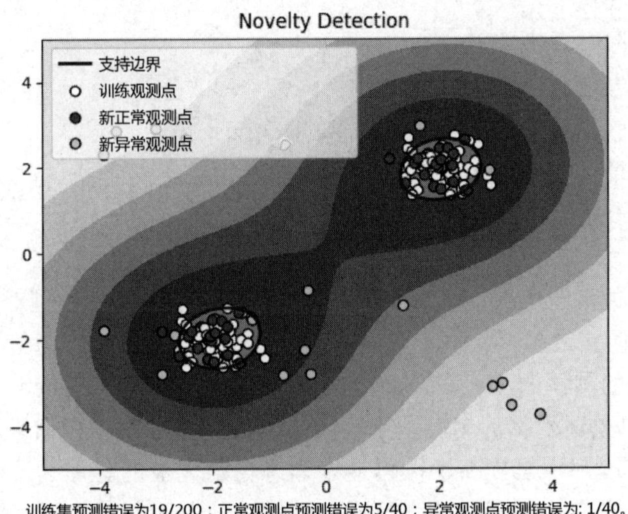

图 5-8　异常检测示例的检测结果

5.6.5　过拟合问题

1．过拟合

在实际运作中，人们希望得到的是在新样本上能表现很好的学习器。为了达到这个目的，机器应该从训练样本中尽可能学出适用于所有潜在样本的“普遍规律”，这样它才能在遇到新样本时做出正确的判别。然而，当学习器把训练样本学得“太好”的时候，可能已经把训练样本自身的一些特点当作所有潜在样本都会具有的一般性质，这样就会导致学习器的泛化性能下降。这种现象在机器学习中称为“过拟合”（Overfitting）。与“过拟合”相对的是 " 欠拟合”（Underfitting），它是指学习器对训练样本的一般性质尚未学好，具体表现就是最终模型在训练集上效果好但在测试集上效果差，模型泛化能力弱。图 5-9 所示为过拟合与欠拟合的一个便于直观理解的类比。其中 High bias(underfit)表示欠拟合，Just right 表示训练结果较好，High variance(overfit)表示过拟合。

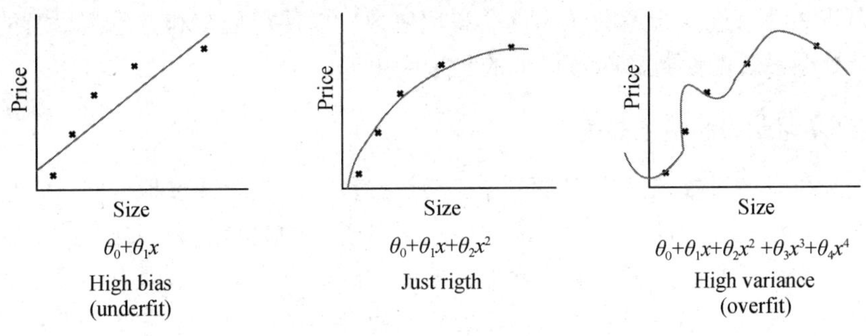

图 5-9　过拟合与欠拟合

过拟合问题产生的原因如下：

（1）使用的模型比较复杂，学习器学习能力过强；

（2）有噪声存在；

（3）数据量有限。

解决过拟合的办法有以下三种：

（1）提前终止（当验证集上的效果变差的时候）；

（2）数据集扩增（Data Augmentation）；

（3）寻找最优参数。

1）提前终止

提前终止是一种将迭代次数截断来防止过拟合的方法，即在模型对训练数据集迭代收敛之前停止迭代来防止过拟合。

提前终止方法的具体做法：在每一个 Epoch 结束时(一个 Epoch 是对所有的训练数据的一轮遍历)计算验证数据的精度，当精度不再提高时，就停止训练。这种做法很符合直观感受，因为精度都不再提高了，再继续训练也是无益的。那么该做法的一个重点便是要确定精度不再提高，并不是精度一降下来便意味着不再提高了，因为可能经过这个 Epoch 后，精度降低了，但是随后的 Epoch 精度又提高了，所以不能根据一两次的连续降低就判断精度不再提高。一般的做法是，在训练过程中，记录到目前为止最好的精度，当连续 10 次（或更多次）Epoch 没达到最佳精度时，则可以认为精度不再提高了。此时便可以停止迭代。

2）数据集扩增

在数据挖掘领域流行这样一句话："有时候拥有更多的数据胜过拥有一个好的模型。"因为一般使用训练数据训练模型，再通过这个模型对将来的数据进行拟合。而在这之间又有一个假设，训练数据与将来的数据是独立分布的，拥有更多的数据往往使估计与模拟更准确。因此，更多的数据有时候结果更优秀。但往往条件有限，如人力、物力、财力的不足，导致系统不能收集到更多的数据，如在进行分类的任务中，需要对数据进行打标，并且很多情况下都是由人工进行打标。因此一旦需要打标的数据量过多，效率就会低下甚至可能出错。所以，人们往往需要采取一些计算的方式与策略在已有的数据集上进行处理，以得到更多的数据。

3）寻找最优参数

寻找最优参数是选择合适的学习算法和超参数，以使得偏差和方差都尽可能低。简单来讲，一个模型最优的参数意味着模型的复杂度更低。

2. 实现学习曲线和验证曲线

前文提到可以通过提前终止方法与寻找最优参数方法来解决过拟合问题，使用这些方法会用到学习曲线及验证曲线。学习曲线显示了对于不同数量的训练样本的估计器的验证和训练评分，这可以帮助人们了解从增加更多的训练数据中能获益多少，以及估计是否受到更多来自方差误差或偏差误差的影响，展示出模型性能的变化，有助于人们了解数据对模型性能的影响。

（1）通过学习曲线寻找最优参数解决过拟合问题。

```
>>> from sklearn.model_selection import learning_curve
>>> from sklearn.datasets import load_digits
>>> from sklearn.svm import SVC
>>> #可视化模块
>>> import matplotlib.pyplot as plt
>>> import numpy as np
>>> digits = load_digits( )
>>> x = digits.data
>>> y = digits.target
>>> train_sizes, train_loss, test_loss = learning_curve(
            SVC(gamma=0.001), x, y, cv=10, scoring='neg_mean_squared_error',
        train_sizes=[0.1, 0.25, 0.5, 0.75, 1])
>>> #平均每一轮所得到的平均方差(共 5 轮，分别为样本 10%、25%、50%、75%、100%)
>>> train_loss_mean = -np.mean(train_loss, axis=1)
>>> test_loss_mean = -np.mean(test_loss, axis=1)
>>> plt.plot(train_sizes, train_loss_mean, 'o-', color= " r " ,
         label= " Training " )
>>> plt.plot(train_sizes, test_loss_mean, 'o-', color= " g " ,
        label= " Cross-validation " )
>>> plt.xlabel( " Training examples " )
>>> plt.ylabel( " Loss " )
>>> plt.legend(loc= " best " )
>>> plt.show( )
```

图 5-10 所示为训练样本大小与精度损失关系的学习曲线。从图中可以发现训练曲线的精度损失不会随着样本数据而减少其损失，但是验证曲线却会随着样本数据减少其损失。因此，为了模型精度损失最大化，可以在验证曲线斜率极值点停止训练。

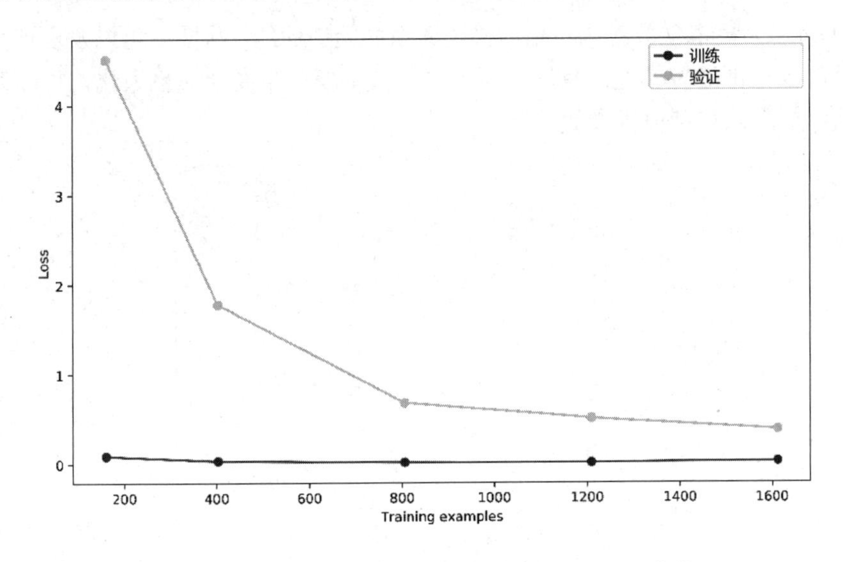

图 5-10　训练样本大小与精度损失关系的学习曲线

（2）通过验证曲线的变化寻找出最优参数解决过拟合问题。

```
>>> from sklearn.model_selection import validation_curve
>>> #validation_curve 模块
>>> from sklearn.datasets import load_digits
>>> from sklearn.svm import SVC
>>> import matplotlib.pyplot as plt
>>> import numpy as np
>>> #digits 数据集
>>> digits = load_digits( )
>>> x = digits.data
>>> y = digits.target
>>> #建立参数测试集
>>> param_range = np.logspace(-6, -2.3, 5)
>>> #使用 validation_curve 快速找出参数对模型的影响
>>> train_loss, test_loss = validation_curve(
    SVC( ), x, y, param_name='gamma', param_range=param_range, cv=10, scoring='neg_mean_squared_error')
>>> #平均每一轮的平均方差
>>> train_loss_mean = -np.mean(train_loss, axis=1)
>>> test_loss_mean = -np.mean(test_loss, axis=1)
>>> #可视化图形
>>> plt.plot(param_range, train_loss_mean, 'o-', color= " r " ,
         label= " Training " )
>>> plt.plot(param_range, test_loss_mean, 'o-', color= " g " ,
        label= " Cross-validation " )
>>> plt.xlabel( " gamma " )
>>> plt.ylabel( " Loss " )
>>> plt.legend(loc= " best " )
>>> plt.show( )
```

图 5-11 所示为模型参数变化与精度损失关系的验证曲线，从图中可以发现训练曲线与验证曲线精度损失都随着模型参数增大而损失，为了模型精度损失最大化，可以在训练曲线与验证曲线的拐点找到最优参数。

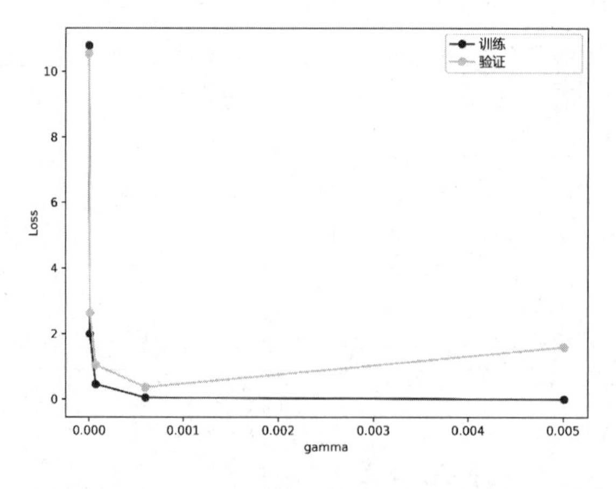

图 5-11　模型参数变化与精度损失关系的验证曲线

5.7　集成学习

5.7.1　集成学习概述

有监督学习算法的目标是学习出一个稳定的，且在各个方面表现都较好的模型，但实际情况往往不这么理想，有时只能得到多个有偏好的模型（弱监督模型，在某些方面表现得比较好）。集成学习就是组合这里的多个弱监督模型以期得到一个更好更全面的强监督模型，集成学习的思想是即便某一个弱分类器得到了错误的预测，其他的弱分类器也可以将错误纠正回来。

1．集成学习介绍

集成方法本身并不是一个单独的机器学习算法，而是通过构建并结合多个机器学习器来完成学习任务，以获得比单个学习器更好的学习效果的一种机器学习方法。

集成学习生成的是一组个体学习器，即把若干个单个分类器集成起来，然后采用某种策略将这些分类器结合起来，以取得比单个分类器更好的性能，集成学习的原理图如图 5-12 所示。个体学习器可以由不同的学习算法生成，它们之间也可以按照不同的规律生成。如果把单个分类器比作一个决策者，集成学习的方法就相当于多个决策者共同进行一项决策。

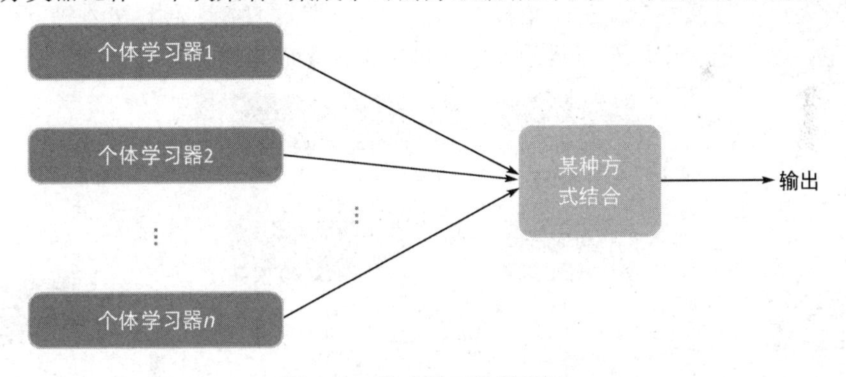

图 5-12　集成学习的原理图

目前较为主流的集成学习方法主要分为以下两类：基于 Boosting 的集成学习方法和基于 Bagging 的集成学习方法。其中，随机森林是基于 Bagging 的集成学习算法，Adaboost（提升树）、GBDT（梯度下降树）则是典型的基于 Boosting 的集成学习算法。

单个学习器之间并没有较强的依赖关系，可以在同一时间内并行生成的集成学习方法被称为 Bagging；Boosting 则表现为单个学习器之间存在着较强的依赖关系，需要串行生成的序列化方法。

2．Boosting 之原理

图 5-13 所示为 Boosting 原理图，从中可以看出，首先从训练集用初始权重训练出一个弱学习器 1，根据弱学习器的学习误差率表现来更新训练样本的权重，使得之前弱学习器 1 学习误差率高的训练样本点的权重变高，使得这些误差率高的点在后面的弱学习器 2 中得到更

多的重视；然后基于调整权重后的训练集来训练弱学习器 2，如此重复进行，直到弱学习器数达到事先指定的数目 T，最终将这 T 个弱学习器通过集合策略进行整合，得到最终的强学习器。

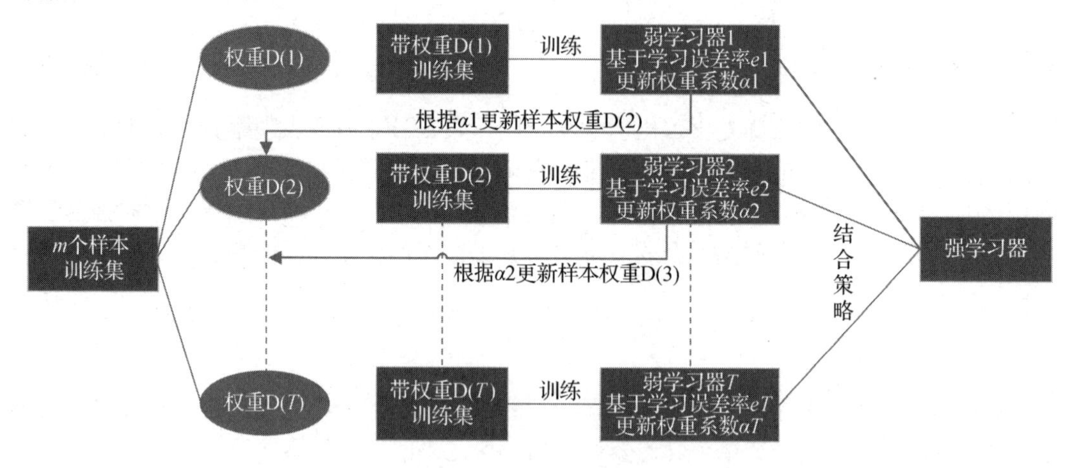

图 5-13　Boosting 原理图

3．Bagging 之原理

图 5-14 所示为 Bagging 原理图。个体弱学习器的训练集是通过随机采样得到的。通过 T 次的随机采样，就可以得到 T 个采样集，对于这 T 个采样集，可以分别独立的训练出 T 个弱学习器，再使这 T 个弱学习器通过集合策略来得到最终的强学习器

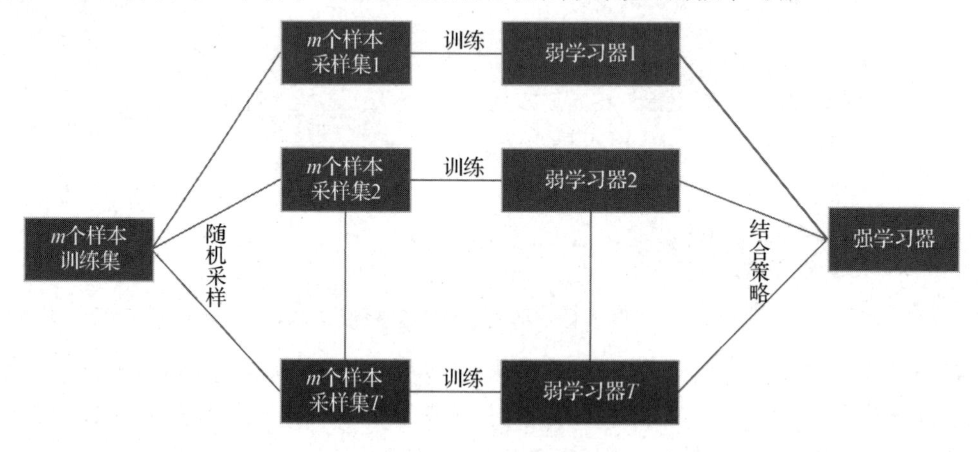

图 5-14　Bagging 原理图

4．Boosting 和 Bagging 的区别

（1）样本选择：前者每一轮的训练集不变，只是训练集中每个样例在分类器中的权重发生变化，而权值是根据上一轮的分类结果进行调整；后者训练集是在原始集中有放回选取的，从原始集中选出的各轮训练集之间是独立的。

（2）样例权重：前者根据错误率不断调整样例的权值，错误率越大则权重越大；后者使用均匀取样，每个样例的权重相等。

（3）预测函数：前者每个弱分类器都有相应的权重，对于分类误差小的分类器会有更大的权重；后者所有预测函数的权重相等。

（4）并行计算：前者各个预测函数只能顺序生成，因为后一个模型参数需要前一轮模型的结果；后者各个预测函数可以并行生成。

5.7.2　决策树

随机森林是基于树的机器学习算法，该算法利用了多棵决策树的力量来进行决策。为什么要称其为“随机森林”呢？这是因为它是随机创造的决策树组成的森林。决策树中的每一个节点是特征的一个随机子集，用于计算输出。随机森林将单个决策树的输出整合起来生成最后的输出结果。简单来说：“随机森林算法用多棵（随机生成的）决策树来生成最后的输出结果。”故在介绍随机森林之前要先介绍一下决策树算法。

1．决策树

大家对树形结构都比较熟悉，即由节点和边两种元素组成的结构。决策树（Decision Tree）利用树结构进行决策，每一个非叶节点是一个判断条件，每一个叶子节点是结论，从根节点开始，经过多次判断得出结论，决策树原理图如图 5-15 所示。

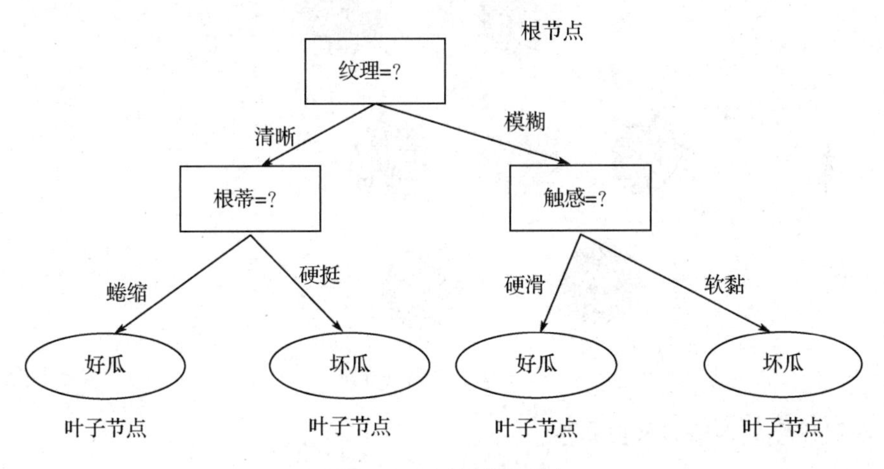

图 5-15　决策树原理图

下面用一个例子（对话）来说明下什么是决策树。

女儿：多大年纪了？

母亲：26。

女儿：长得帅不帅？

母亲：挺帅的。

女儿：收入高不？

母亲：不算很高，中等情况。

女儿：是公务员不？

母亲：是，在税务局上班呢。

女儿：那好，我去见见。

这个女孩的决策过程就是典型的分类树决策。

本案例相当于通过年龄、长相、收入和是否为公务员分别来得到两个结果：见和不见。

假设这个女孩对男孩的要求是：30 岁以下、长相中等以上并且是高收入者或中等以上收入的公务员。

图 5-16 所示为决策过程图，该图完整表达了这个女孩决定是否见一个约会对象的策略，其中浅色节点表示判断条件，深色节点表示决策结果，箭头表示一个判断条件在不同情况下的决策路径。

图中虚线箭头表示了上面例子中女孩的决策过程。

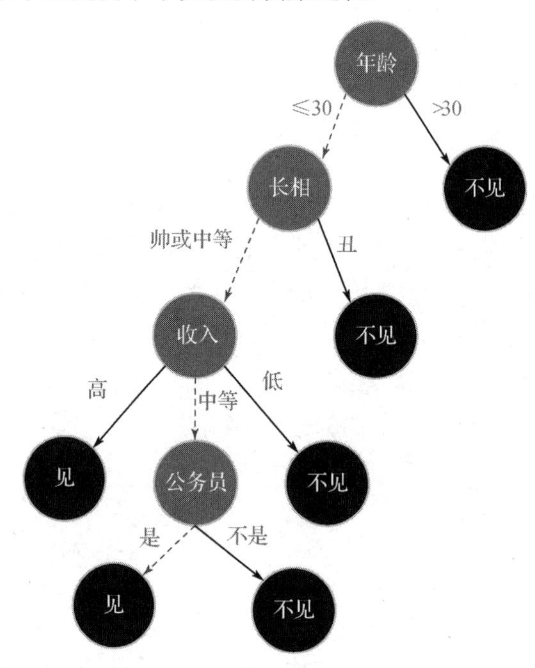

图 5-16　决策过程图

2．决策树模型构造与分类属性

决策树的构造是根据属性选择度量确定各个特征属性之间的拓扑结构，关键步骤是分裂属性。分裂属性是指在某个节点处按照某一特征属性的不同划分构造不同的分支，其目标是让各个分裂子集尽可能“纯”。尽可能“纯”的意思为尽量让一个分裂子集中待分类项属于同一类别。根据属性的不同，决策的分裂有不同的策略。

（1）属性是离散值且不要求生成二叉决策树。此时用属性的每一个划分作为一个分支。

（2）属性是离散值且要求生成二叉决策树。此时使用属性划分的一个子集进行测试，按照“属于此子集”和“不属于此子集”分成两个分支。

（3）属性是连续值。此时确定一个值作为分裂点，即 split_point，按照>split_point 和≤split_point 生成两个分支。

根据分类属性的选取，决策树可以分为 ID3、C4.5 等算法，下面分别介绍这两种算法。

3．ID3 算法

在信息论的相关知识中可以获悉：期望信息越小，信息增益越大，从而纯度越高。ID3 算法的核心思想是以信息增益度量属性选择，选择分裂后信息增益最大的属性进行分裂。

熵（Entropy）是表示随机变量不确定性的度量，又称为物体内部的混乱程度。

例：有 A 集合[1,1,1,2,2]和 B 集合[1,2,3,4,5]两个集合。

显然 A 集合的熵值要低，因为它只有两种类别，相对稳定一些；而 B 集合的类别太多，熵值就会大很多。

设 D 为用类别对训练元组进行的划分，则 D 的熵表示为：

$$\text{info}(D) = -\sum_{i=1}^{m} p_i \log_2(p_i)$$

式中，p_i 表示第 i 个类别在整个训练元组中出现的概率，可以用属于此类别元素的数量除以训练元组元素总数量估计出来。

此处熵的实际意义是 D 中元组的类标号所需要的平均信息量。现在假设将训练元组 D 按属性 A 进行划分，则 A 对 D 划分的期望信息为：

$$\text{info}_A(D) = \sum_{j=1}^{v} \frac{|D_j|}{D} \text{info}\ (D_j)$$

ID3 算法采用信息增益作为度量，信息增益即两者的差值：

$$\text{gain}(A) = \text{info}(D) - \text{info}_A(\text{D})$$

ID3 算法在每次分裂时，需要计算每个属性的增益，然后选择增益最大的属性进行分裂。

4．ID3 算法案例

ID3 算法案例属性表如表 5-4 所示，以本表中数据为例演示下 ID3 算法的计算过程。

表 5-4　ID3 算法案例属性表

日志密度	好友密度	是否使用真实头像	账号是否真实
s	s	no	no
s	l	yes	yes
l	m	yes	yes
m	m	yes	yes
l	m	yes	yes
m	l	no	yes
m	s	no	no
l	m	no	yes
m	s	no	yes
s	s	yes	no

其中 s、m 和 l 分别表示小、中和大。

设 L、F、H 和 R 表示日志密度、好友密度、是否使用真实头像和账号是否真实，下面计算各属性的信息增益。

$$\text{info}(D) = -0.7\log_2 0.7 - 0.3\log_2 0.3 = 0.7 \times 0.51 + 0.3 \times 1.74 = 0.879$$

$$\begin{aligned}\text{info}_L(D) &= 0.3\times\left(-\frac{0}{3}\log_2\frac{0}{3}-\frac{3}{3}\log_2\frac{3}{3}\right)+0.4\times\left(-\frac{1}{4}\log_2\frac{1}{4}-\frac{3}{4}\log_2\frac{3}{4}\right)+\\ &\quad 0.3\times\left(-\frac{1}{3}\log_2\frac{1}{3}-\frac{2}{3}\log_2\frac{2}{3}\right)\\ &= 0+0.326+0.277\\ &= 0.603\end{aligned}$$

$$\text{gain}(L) = 0.879 - 0.603 = 0.276$$

因此日志密度的信息增益是 0.276。

用同样方法得到 H 和 F 的信息增益分别为 0.033 和 0.553。

因为 F 具有最大的信息增益，所以第一次分裂选择 F 为分裂属性，ID3 算法案例图如图 5-17 所示。

在图 5-17 的基础上，再递归使用这个方法计算子节点的分裂属性，最终就可以得到整个决策树。

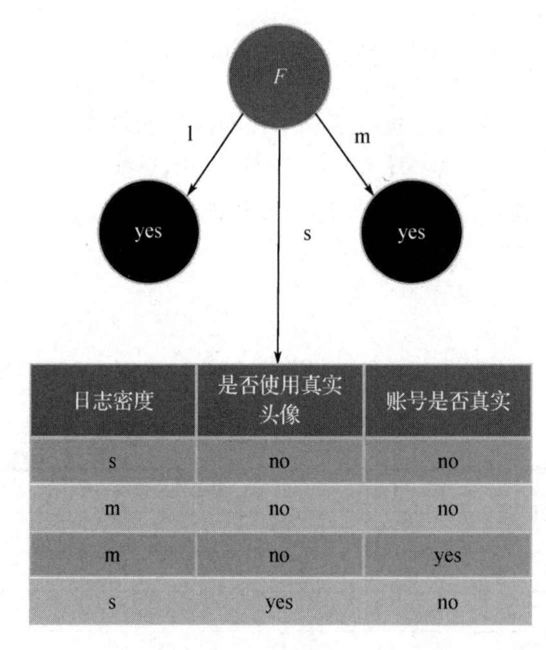

日志密度	是否使用真实头像	账号是否真实
s	no	no
m	no	no
m	no	yes
s	yes	no

图 5-17　ID3 算法案例图

5. C4.5 算法

C4.5 算法与 ID3 算法的区别在于对分裂属性的处理。ID3 算法采用信息增益作为度量，C4.5 算法采用信息增益率作为度量。在对 ID3 算法的描述中可以发现采用信息增益作为度量易导致采用可取值数目较多的属性作为分裂属性。例如，在表 5-4 中给每个样本新增一个 id 属性，每个 id 的值都不重复，由于 id 唯一，所以采用 id 作为分裂属性后，每个节点只有一类，纯度最高，条件熵为 0，信息增益最大。

C4.5 算法采用信息增益率作为度量。设样本集为 S，样本的属性 A 具有 v 个可能取值，属性 A 的信息增益为 $\text{Gain}(A)$，则属性 A 的信息增益率的定义为：

$$\text{Gain\_ratio}(A)=\frac{\text{Gain}(A)}{-\sum_{i=1}^{V}\frac{|S_i|}{|S|}\log_2\frac{|S_i|}{|S|}}$$

由信息增益率定义可知，当 v 值较大时，信息增益率会降低，这样就可以抑制 ID3 算法的倾向选择属性值较多的问题。

6．决策树的调用过程

决策树算法的调用过程如下：

```
>>>from sklearn.datasets import load_iris
>>> from sklearn import tree
#加载数据
>>> iris = load_iris( )
#训练数据
>>> clf = tree.DecisionTreeClassifier( )
>>> clf = clf.fit(iris.data, iris.target)
```

5.7.3　随机森林

1．随机森林案例

在 5.7.2 节当中提到，随机森林是基于树的机器学习算法，该算法利用了多棵决策树的力量来进行决策。为什么要称其为“随机森林”呢？这是因为它是随机创造的决策树组成的森林。决策树中的每一个节点是特征的一个随机子集，用于计算输出。随机森林将单个决策树的输出整合起来生成最后的输出结果。简单来说：“随机森林算法用多棵（随机生成的）决策树来生成最后的输出结果。”在机器学习中，随机森林是一个包含多个决策树的分类器，并且其输出的类别是由每棵树输出的类别的众数而定的。为了便于理解，接下来通过具体的例子来解释随机森林。

通过例子来理解随机森林：

有一个决策公司（集成学习器），公司里有许多预测大师（个体学习器），现在有一个任务，即要找这个决策公司对某堆西瓜（测试集）的好坏做预测（分类）或定量预测西瓜的甜度（回归）。每个西瓜有 M 个属性（如颜色、纹路、根蒂等）。

首先拿一堆西瓜 N 个（测试集）给这些预测大师。每次从 N 个西瓜中随机选择几个西瓜（子集）对某个预测大师进行训练，预测大师学习西瓜的各个属性与结果的关系，比如先判断颜色如何，再判断纹路如何，再判断根蒂如何。预测大师开始预测然后自我调节学习，最后成为研究西瓜的人才。所有的预测大师都采用这种训练方式，都学成归来。测试的时候，每拿出一个西瓜，所有专家分别对其进行预测，然后投票表决，投票结束后，把得票最高的结果作为最终结果。

2. 随机森林算法步骤

（1）从样本集中通过重采样的方式产生 n 个样本；

（2）假设样本特征数目为 a，对 n 个样本选择 a 中的 k 个特征，用建立决策树的方式获得最佳分割点；

（3）重复 m 次，产生 m 棵决策树；

（4）用多数投票机制来进行预测。

其中，m 是指循环的次数，n 是指样本的数目，n 个样本构成训练的样本集，而 m 次循环中又会产生 m 个这样的样本集。

随机森林的算法原理图如图 5-18 所示。

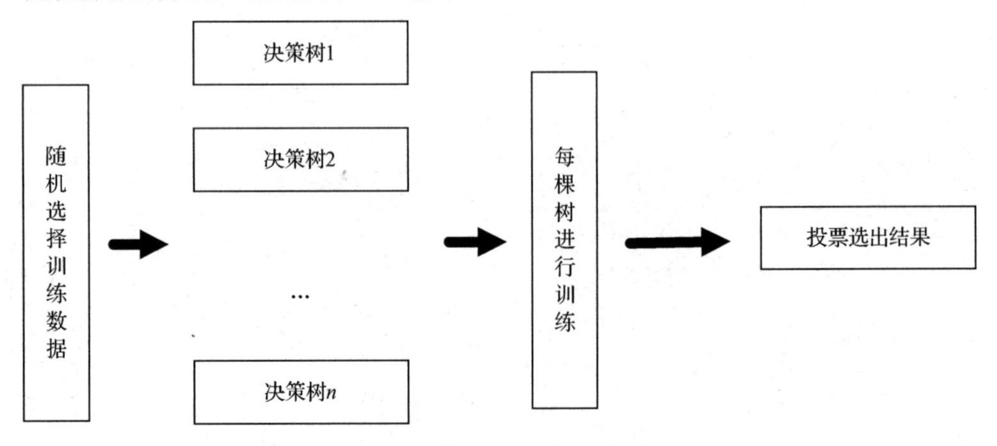

图 5-18　随机森林的算法原理图

3. 随机森林的随机性

集合中的每一棵树都是从训练集替换出来的样本中构建的。在树构建期间分割节点时，所选择的分割不再是所有特征之间最好的分割。相反，被选中的分割是特征随机子集之间最好的分割。由于随机森林的这种随机性，森林的偏差通常略微会有一定程度上的增加。但是，由于取平均值，其方差也会随之减小，故一般情况下可以产生一个整体上相对较好的模型。

4. 随机森林优势

随机森林算法几乎不需要输入的准备。它们不需要测算就能够处理二分特征、分类特征、数值特征的数据。随机森林算法能完成隐含特征的选择，并且提供一个很好的特征重要度的选择指标。

随机森林算法训练速度快。性能优化过程又提高了模型的准确性。

其特点如下。

（1）通用性。随机森林可以应用于很多类别的模型任务。它们可以很好地处理回归问题，也能对分类问题应付自如（甚至可以产生合适的标准概率值），它们还可以用于聚类分析问题。

（2）简洁性。随机森林的模型比较简洁，因此算法原理本身也很简洁。基本的随机森林学习算法仅使用几行代码就可以实现。

5．随机森林算法的调用

随机森林算法的调用过程：

```
>>> # 加载随机森林算法
>>> from sklearn.ensemble import RandomForestClassifier
>>> # 自定义数据
>>> X = [[0, 0], [1, 1]]
>>> Y = [0, 1]
>>> # 构建随机森林算法实例
>>> clf = RandomForestClassifier(n_estimators=10)
>>> # 使用随机森林算法进行训练
>>> clf = clf.fit(X, Y)
>>> # 输出模型的预测结果
>>> print(clf.predict([[0, 0]]))
```

输出结果如下：

```
0
```

为了直观地展示结果，上述代码采用了两个样本数据训练模型，然后通过模型对样本[0,0]的类别进行预测，输出结果为 0 号类别，表示模型预测正确。

5.7.4　Adaboost 算法

1．Adaboost 算法概述

Adaboost 算法本身是一种可迭代的算法，该算法的核心思想是：对于相同的训练样本集，分别训练并生成不同的分类器（弱分类器），之后将所有训练生成的弱分类器集成、合并起来，构造出一个分类精度更高的最好的分类器（强分类器）。

Adaboost 算法是通过改变数据的分布来实现的，Adaboost 算法依据的是每一次分类过程中训练样本集中每一个样本的分类是否正确，以及上一次总体分类的准确率来确定每一个样本的权值。其中，如果有数据集的权值被修改过，那么该数据集需要作为新数据集，也需要被送给下一层分类器进行新的训练，最终将所有训练得到的分类器集成起来作为最后的决策分类器。

在第一次迭代训练过程中，训练数据的权值分布是均等的，在其后的连续迭代训练过程中，如果某个样本点已经没有被准确地分类，则会增加该样本点的权重，而被正确分类的样本点的权重则会降低。随着迭代的继续进行，难以预测的样本点会受到越来越多的影响。所以，每个后继的弱学习者均需要集中精力于前面序列中遗漏的例子。

2．Adaboost 算法步骤

Adaboost 算法的核心是从训练样本集中训练并统计出一系列基本分类器或弱分类器，之后经过相关的整合，将训练生成的所有基本分类器或弱分类器组合成一个强分类器。

Adaboost 算法的实现思路主要分为以下几步：

（1）假设存在样本集 D，重复地从该样本集中抽取 n 个样本；

（2）对每一次抽取的样本子集进行统计学习并获得假设 H_i；

（3）重复多次抽取及统计学习后获得多个假设，对获得的所有假设进行组合并形成最终所需要的假设 H_{final}；

（4）将上述第三步形成的最终假设用于实际的分类任务中。

假设存在训练样本集 $\{(x_1,y_1),\cdots,(x_n,y_n)\}$。其中，训练样本的类别标签用 y_i 来表示。相关符号定义如下：

（1）$D_t(i)$：训练样本集的权值分布；

（2）W_i：每个训练样本的权值大小；

（3）h：弱分类器；

（4）H：基本分类器；

（5）H_{final}：最终的强分类器；

（6）e：误差率。

根据 Adaboost 算法步骤，Adaboost 算法的构建过程如下。

1）将训练数据的权值分布进行初始化

在最开始时，每一个训练样本均会被赋予一个相同的权值，即 $W_i=\frac{1}{N}$，故所有训练样本集初始时的权值分布为：

$$D_1(i)=(W_1,W_2,\cdots,W_n)=\left(\frac{1}{N},\frac{1}{N},\cdots,\frac{1}{N}\right)$$

2）迭代开始 $t=1,\cdots,T$

（1）进行每一次迭代时，第 t 个基本分类器 H_t 的选取规则都是选择一个当前误差率最低的弱分类器 h，并进行误差更新：

$$e_t=P\left[H_t(x_i)\neq y_i\right]=\sum_{i=1}^{N}w_{ti}I\left[H_t(x_i)\neq y_i\right]$$

（2）进行该弱分类器在最终分类器中所占的权重的计算：$a_t=\frac{1}{2}\ln\left(\frac{1-e_i}{e_i}\right)$。

（3）该弱分类器在最终分类器中所占的权重计算完之后，进行训练样本权值分布的更新操作，其中，错误样本 $D_{t+1}=\frac{D_t(i)}{2e_t}$；正确样本 $D_{t+1}=\frac{D_t(i)}{2(1-e_t)}$；而 e_t 代表的是误差率。

3）组合结果

组合结果为：按照弱分类器权值 a_t 进行各个弱分类器的组合

$$f(x)=\sum_{t=i}^{T}a_tH_t(x)$$

最终得到一个强分类器是通过符号函数 sign 的作用，如下：

$$H_{\text{final}} = \text{sign}\left[f(x)\right] = \text{sign}\left[\sum_{t=1}^{T} a_t H_t(x)\right]$$

3．Adaboost 算法优缺点

Adaboost 算法的优点如下。

（1）框架：在 Adaboost 算法框架内，可以使用各种方法进行子分类器的构建，其中包括既不需要进行特征筛选也不存在过拟合现象的简单的弱分类器。

（2）高精度：不管是真实的数据还是人造数据，Adaboost 算法均可以显著地提高学习精度。另外，Adaboost 算法也不需要弱分类器提供的先验知识，最终得到强分类器的分类精度取决于所有弱分类器的精度，可以深挖分类器的能力。

（3）错误率调整，效率高：Adaboost 算法无须事先了解所有弱分类器的错误率上限，可以根据所有弱分类器的反馈，实现自适应地调整假定的错误率，且执行效率高。

（4）集成：对于相同的训练样本集，Adaboost 算法首先训练生成不同的弱分类器，之后将所有的弱分类器按照一定的规则集合起来，并构造出一个分类能力相对较强的分类器。

Adaboost 算法的缺点如下。

（1）时间长：Adaboost 算法通常依赖于弱分类器，而弱分类器的训练时间相对较长。

（2）易受噪声干扰：在模型训练的过程中，Adaboost 算法会使得难以分类样本的权值呈指数增长，导致训练将会过于偏向这类困难的样本，使 Adaboost 算法易受噪声的干扰。

4．Adaboost 算法的调用过程

其调用过程如下：

```
>>> # 导入相关库
>>> from sklearn.model_selection import cross_val_score
>>> from sklearn.datasets import load_iris
>>> from sklearn.ensemble import AdaBoostClassifier
>>> # 加载鸢尾花数据
>>> iris = load_iris( )
>>> # 实例化 Adaboost 类
>>> clf = AdaBoostClassifier(n_estimators=100)
>>> # 使用交叉验证获得得分
>>> scores = cross_val_score(clf, iris.data, iris.target, cv=5)
>>> # 输出平均得分
>>> print(scores.mean( ))
```

输出结果如下：

```
0.9466666666666665
```

0.9466666666666665 表示经过 Adaboost 算法交叉验证后的平均得分。

第 6 章

关联规则

关联规则是一种常见的机器学习算法。通常被用于找出数据之间的关系。本章首先讨论关联规则的基本概念，然后介绍现实中如何通过关联规则挖掘出数据背后的有用信息。在讨论完关联规则的基本概念后，将学习典型的关联规则算法——Apriori 算法，Apriori 算法具有广泛的使用性及代表性，最后再介绍一个具体的 Apriori 案例。

本章所讨论的问题很多属于关联规则的范畴。对于已具备一些必要基础知识的读者，可以有选择地学习本章的有关部分。

本章最重要的内容如下。

（1）关联规则的概念。

（2）Apriori 算法。

6.1 关联规则的概念

6.1.1 什么是关联规则

在描述有关关联规则的一些细节之前，先来思考这样一个场景：假设你是某地的一名销售经理，你正在和一位刚从商店里买了一台计算机和一台数码相机的顾客交谈。你应该推荐什么产品才会使他感兴趣呢？遵循“已有的多数客户在购买计算机和数码相机后，还经常购买哪些产品”这样的一个规律进行推荐将非常有帮助。而关联规则算法可以帮助人们在大量历史销售数字中发现“已有的多数客户在购买计算机和数码相机后，还经常购买哪些产品”对应的规律。关联规则最初是针对购物篮分析（Market Basket Analysis）问题提出的。假设分店经理想更多地了解顾客的购物习惯，特别是想知道哪些商品顾客可能会在一次购物时同时购买。那么为回答该问题，可以对商店的顾客的零售物品进行购物篮分析。而关联规则就是通过发现顾客放入购物篮中的不同商品之间的关联，分析顾客的购物习惯，而物品间的某种联系被称为关联。发现这种关联可以帮助零售商了解哪些商品频繁地被顾客同时购买，从而帮助他们开发更好的营销策略。

关联规则（Association Rules，又称 Basket Analysis）是形如 $X \to Y$ 的蕴涵式。其中，X 和 Y 分别称为关联规则的先导（Antecedent 或 Ieft-Hand-Side，LHS）和后继（Consequent 或 Right-Hand-Side，RHS）。在这当中，关联规则 X、Y 利用其支持度和置信度从大量数据中挖掘出有价值的数据项之间的相关关系。关联规则解决的常见问题有如果一个消费者购买了产品 A，那么他有多大机会购买产品 B？如果他购买了产品 C 和 D，那么他还将购买什么产品？

关联规则定义：假设 $I=\{I_{1,}I_2,\cdots,I_m\}$ 是项的集合，包含 k 个项的项集称为 k 项集 (k-Itemset)。给定一个交易数据库 D，其中每个事务 T 是 I 的非空子集，即每一个交易都与一个唯一的标识符 TID (Transaction ID)对应。关联规则在 D 中的支持度(Support)是 D 中事务同时包含 X、Y 的百分比，即概率。置信度(Confidence)是 D 中事务已经包含 X 的情况下，包含 Y 的百分比，即条件概率。如果满足最小支持度阈值和最小置信度阈值，则认为关联规则是有趣的。这些阈值是根据挖掘需要人为设定的。

下面用一个简单的例子说明。顾客购买数据记录表如表 6-1 所示，该表包含 6 个事务，即 $D=6$。项集 $I=\{$牛奶，面包，尿布，啤酒，鸡蛋$\}$。考虑关联规则（频繁二项集）：牛奶与面包，事务 1、3、4、5 包含牛奶，事务 1、4、5 同时包含牛奶和面包，那么说明牛奶和面包包含 3 个事务，即 $X \cap Y = 3$，支持度 $\left(X \cap Y\right)/D = 0.5$；在数据库 D 中 4 个事务是包含牛奶的，既 $X = 4$，因而置信度 $\left(X \cap Y\right)/X = 0.75$。若给定最小支持度 α=0.5，最小置信度 β=0.75，那么就可以认为购买牛奶和购买面包之间存在关联。

表 6-1　顾客购买数据记录表

TID	牛奶	面包	尿布	啤酒	鸡蛋	可乐
1	1	1	0	0	0	0
2	0	1	1	1	1	0
3	1	0	1	1	0	1
4	1	1	1	1	0	0
5	1	1	1	0	0	1

6.1.2　关联规则的挖掘过程

关联规则的挖掘过程主要包含两个阶段：第一阶段必须先从资料集合中找出所有的高频项目组（Frequent Itemsets)；第二阶段再由这些高频项目组产生关联规则（Association Rules）。

关联规则挖掘的第一阶段必须从原始资料集合中找出所有高频项目组（Large Itemsets）。高频的意思是指某一项目组出现的频率相对所有记录而言的，必须达到某一水平。一项目组出现的频率称为支持度（Support），以一个包含 A 与 B 两个项目的 2-项目组为例，可以经由公式求得包含$\{A,B\}$项目组的支持度，若支持度大于或等于所设定的最小支持度（Minimum Support）门槛值时，则$\{A,B\}$称为高频项目组。一个满足最小支持度的 k-项目组，则称为高频（Frequent）k-项目组，一般表示为 Frequent k。算法从 Frequent k 的项目组中再产生 Frequent $k+1$，直到无法再找到更长的高频项目组为止。

关联规则挖掘的第二阶段是要产生关联规则(Association Rules)。从高频项目组产生关联规则是利用前一步骤的高频k-项目组来产生规则，在最小置信度(Minimum Confidence)的条件门槛下，若一规则所求得的置信度满足最小置信度，则称此规则为关联规则。例如，经由高频k-项目组$\{A,B\}$所产生的规则 AB，其置信度可经由公式求得；若置信度大于等于最小置信度，则称 AB 为关联规则。

6.2 Apriori 算法

6.2.1 Apriori 算法概念

Apriori 算法是经典的挖掘频繁项集和关联规则的数据挖掘算法。Apriori 在拉丁语中指“来自以前”。当定义问题时，人们通常会使用先验知识或假设，这被称作“一个先验”(Apriori)。Apriori 算法的名字正是基于后面的事实：算法使用频繁项集性质的先验性质，即频繁项集的所有非空子集也一定是频繁的。Apriori 算法使用一种称为逐层搜索的迭代方法，其中k项集用于探索$(k+1)$项集。首先，通过扫描数据库，累计每个项的计数，并收集满足最小支持度的项，找出频繁 1 项集的集合，该集合记为L_1；然后，使用L_1找出频繁 2 项集的集合L_2，使用L_2找出L_3，如此下去，直到不能再找到频繁k项集。每找出一个L_k需要一次数据库的完整扫描。Apriori 算法使用频繁项集的先验性质来压缩搜索空间。

虽然 Apriori 算法看似很完美，但其有一些难以克服的缺点。

（1）对数据库的扫描次数过多。

（2）Apriori 算法会产生大量的中间项集。

（3）采用唯一支持度。

（4）算法的适应面窄。

6.2.2 Apriori 算法实现原理

阿格百尔和斯里坎特于 1994 年在文献中提出了 Apriori 算法，该算法的描述如图 6-1 所示。

本教材通过如图 6-2 所示的 Apriori 算法的案例进行解析，最开始数据库里有 4 条交易，{A,C,D}、{B,C,E}，{A,B,C,E}、{B,E}，使用 sup 表示其支持度，min_support=2 表示支持度阈值，频繁k项集的集合为L_k，即集合为L_k中的项，其支持度大于或等于支持度阈值，而C_k表示候选频繁k项集，在初始运行 Apriori 算法时，算法从 1 项集开始寻找出所有 1 项集的集合{{A},{B},{C},{D},{E}}，记为C_1，接着在C_1中收集满足支持度阈值的频繁项，找出的频繁 1 项集的集合为{{A},{B},{C},{E}}，该集合记为L_1。然后，使用频繁 1 项集L_1依据某个策略找出候选频繁 2 项集的集合C_2，再使用C_2找出L_2，如此下去，直到不能再找到频繁k项集。最后筛选出来的频繁集为{B,C,E}。

```
Ck:Candidate itemsets if size k
Lk:frequent itemsets if size k

L1={frequent  1-itemsets};
For(k=1;Lk≠ø;k++)
 Ck+1 = GenerateCandidates(Lk)
 for each transaction t in database do
    increment count of candidates in Ck+1 that are contained in t
 endfor
 Lk+1 = candidates in Ck+1 with support ≥ min_support
endfor
Return Uk Lk;
```

图 6-1　Apriori 算法的描述

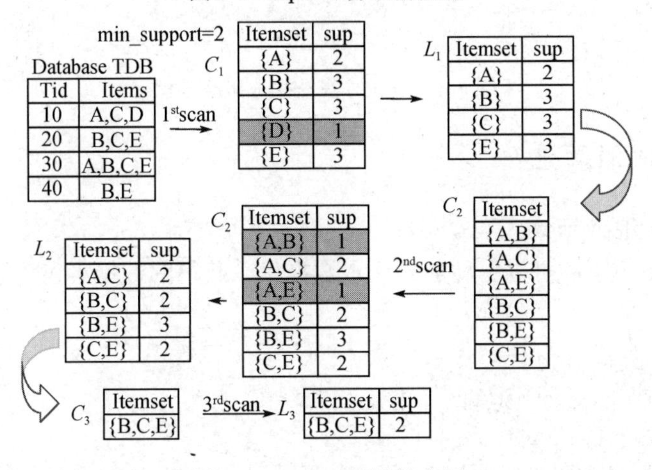

图 6-2　Apriori 算法的案例

在上述例子中，最值得思考的是如何从频繁 k 项集 L_k 中探索到候选频繁 $k+1$ 项集 C_{k+1}，这其实就是图 6-1 算法描述中第一个所标注的地方：$C_{k+1} = \text{GenerateCandidates}(L_k)$。在 Apriori 算法中，$L_k$ 到 C_{k+1} 所使用的 Apriori 算法生成策略如图 6-3 所示。

```
• Assume the items in Lk are listed in an order (e.g., alphabetical)
• Step 1: self-joining Lk (IN SQL)
   Insert into Ck+1
   select p.item1,p.item2,··· ,p.itemk,q.itemk+1
   from Lkp,Lkq
   where p.item1=q.item1,···, p.itemk-1=q.itemk-1,p.itemk<q.itemk
• Step2: pruning
   forall itemsets c in Ck+1 do
      forall k-subsets s in c do
         if(s is not in Lk) then delete c from Ck+1
```

图 6-3　L_k 到 C_{k+1} 所使用的 Apriori 算法生成策略

该生成策略由两部分组成，第一部分是 self-joining，即自链接算法部分。例如，假设有一个频繁 3 项集 L_3={abc, abd, acd, ace, bcd}（这已经是排好序的）。任选择两个项目组，它们满足条件：前 $k-1$ 个 item 都相同，但最后一个 item 不同，把它们组成一个新候选频

繁 $k+1$ 项集 C_{k+1}。Apriori 算法生成策略举例如图 6-4 所示，{abc}和{abd}组成{abcd}，{acd}和{ace}组成{acde}。生成策略的第二部分是 pruning。对于一个位于 C_{k+1} 中的项集 c，s 是 c 大小为 k 的子集，如果 s 不存在于 L_k 中，则将 c 从 C_{k+1} 中删除。如图 6-4 所示，因为{acde}的子集{cde}并不存在于 L_3 中，所以将{acde}从 C_4 中删除。最后得到的 C_4 仅包含一个项集{abcd}。

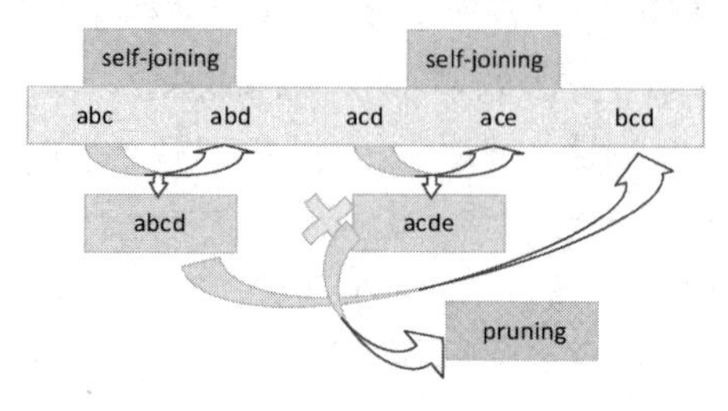

图 6-4　Apriori 算法生成策略举例

6.2.3　实现 Apriori 算法

本节将编程实现 Apriori 算法。

（1）为了方便实验，可以手动加载样本数据集，获得的数据集包含事务列表数据集，每个事务包含若干项。

```
def load_data_set( ):
    data_set = [['l1', 'l2', 'l5'], ['l2', 'l4'], ['l2', 'l3'],
                ['l1', 'l2', 'l4'], ['l1', 'l3'], ['l2', 'l3'],
                ['l1', 'l3'], ['l1', 'l2', 'l3', 'l5'], ['l1', 'l2', 'l3']]
    return data_set
```

（2）输入为事务数据集，返回生成的候选频繁项集“C1”：

```
def create_C1(data_set):
    C1 = set( )
    for t in data_set:
        for item in t:
            item_set = frozenset([item])
            C1.add(item_set)
    return C1
```

（3）判断候选频繁 k 项集是否满足 Apriori 算法。输入参数“Ck_item”表示频繁候选 k 项集，Lksub1 表示包含所有频繁候选 $(k-1)$ 项集的集合，返回值为布尔类型。如果满足 Apriori 算法，返回“True”，否则为“False”：

```
def is_apriori(Ck_item, Lksub1):
    for item in Ck_item:
        sub_Ck = Ck_item - frozenset([item])
        if sub_Ck not in Lksub1:
            return False
    return True
```

（4）通过在 $L_{k\text{-}1}$ 中执行 self-joining 策略创建一个包含所有频繁候选 k 项集的集合“Ck”：

```
def create_Ck(Lksub1, k):
    Ck = set( )
    len_Lksub1 = len(Lksub1)
    list_Lksub1 = list(Lksub1)
    for i in range(len_Lksub1):
        for j in range(1, len_Lksub1):
            l1 = list(list_Lksub1[i])
            l2 = list(list_Lksub1[j])
            l1.sort( )
            l2.sort( )
            if l1[0:k-2] == l2[0:k-2]:
                Ck_item = list_Lksub1[i] | list_Lksub1[j]
                # pruning
                if is_apriori(Ck_item, Lksub1):
                    Ck.add(Ck_item)
    return Ck
```

（5）通过在“Ck”执行剪枝策略（Pruning）生成“Lk”项集。输入参数“data_set”表示事务数据集，“Ck”表示所有的频繁候选项集，min_support 为最小支持度，“support_data”为字典结构（频繁项：支持度），返回值“Lk”为所有的频繁项集：

```
def generate_Lk_by_Ck(data_set, Ck, min_support, support_data):
    Lk = set( )
    item_count = {}
    for t in data_set:
        for item in Ck:
            if item.issubset(t):
                if item not in item_count:
                    item_count[item] = 1
                else:
                    item_count[item] += 1
    t_num = float(len(data_set))
    for item in item_count:
        if (item_count[item] / t_num) >= min_support:
            Lk.add(item)
            support_data[item] = item_count[item] / t_num
    return Lk
```

（6）创建产生所有频繁项集。输入“data_set”表示事务数据集，“k”为频繁项集的最大项数量，“min_support”为最小支持度，返回值“L”为按照规则产生的所有频繁项集，support_data 为字典结构（频繁项：支持度）：

```
def generate_L(data_set, k, min_support):
    support_data = {}
    C1 = create_C1(data_set)
```

```
    L1 = generate_Lk_by_Ck(data_set, C1, min_support, support_data)
    Lksub1 = L1.copy( )
    L = []
    L.append(Lksub1)
    for i in range(2, k+1):
        Ci = create_Ck(Lksub1, i)
        Li = generate_Lk_by_Ck(data_set, Ci, min_support, support_data)
        Lksub1 = Li.copy( )
        L.append(Lksub1)
    return L, support_data
```

（7）从所产生的频繁项集中生成规则。输入参数“L”为频繁项集，“support_data”为字典结构（频繁项：支持度），“min_conf”为最小置信度，返回值为生成的关联规则：

```
def generate_big_rules(L, support_data, min_conf):
    big_rule_list = []
    sub_set_list = []
    for i in range(0, len(L)):
        for freq_set in L[i]:
            for sub_set in sub_set_list:
                if sub_set.issubset(freq_set):
                    conf = support_data[freq_set] / support_data[freq_set - sub_set]
                    big_rule = (freq_set - sub_set, sub_set, conf)
                    if conf >= min_conf and big_rule not in big_rule_list:
                        # print freq_set-sub_set, " => ", sub_set, " conf: ", conf
                        big_rule_list.append(big_rule)
            sub_set_list.append(freq_set)
    return big_rule_list
```

（8）运行 Apriori 算法，代码如下：第 2 行代码生成事务数据集，第 3 行代码生成频繁项集，第 4 行代码生成关联规则，第 5 行及以下代码主要为输出相关信息，可参考输出结果。

```
if __name__ == "__main__":
    data_set = load_data_set( )
    L, support_data = generate_L(data_set, k=3, min_support=0.2)
    big_rules_list = generate_big_rules(L, support_data, min_conf=0.7)
    for Lk in L:
        print ( " = " *50)
        print ( " frequent " + str(len(list(Lk)[0])) + " -itemsets\t\tsupport " )
        print ( " = " *50)
        for freq_set in Lk:
            print (freq_set, support_data[freq_set])
    print ( " Big Rules " )
    for item in big_rules_list:
        print (item[0], " => ", item[1], " conf: ", item[2])
```

输出结果如下：

```
==================================================
frequent 1-itemsets                    support
==================================================
frozenset({'I1'}) 0.6666666666666666
frozenset({'I2'}) 0.7777777777777778
frozenset({'I4'}) 0.2222222222222222
frozenset({'I3'}) 0.6666666666666666
frozenset({'I5'}) 0.2222222222222222
==================================================
frequent 2-itemsets                    support
==================================================
frozenset({'I3', 'I1'}) 0.4444444444444444
frozenset({'I3', 'I2'}) 0.4444444444444444
frozenset({'I5', 'I1'}) 0.2222222222222222
frozenset({'I5', 'I2'}) 0.2222222222222222
frozenset({'I4', 'I2'}) 0.2222222222222222
frozenset({'I2', 'I1'}) 0.4444444444444444
==================================================
frequent 3-itemsets                    support
==================================================
frozenset({'I3', 'I2', 'I1'}) 0.2222222222222222
frozenset({'I2', 'I5', 'I1'}) 0.2222222222222222
Big Rules
frozenset({'I5'}) => frozenset({'I1'}) conf:   1.0
frozenset({'I5'}) => frozenset({'I2'}) conf:   1.0
frozenset({'I4'}) => frozenset({'I2'}) conf:   1.0
frozenset({'I5', 'I2'}) => frozenset({'I1'}) conf:   1.0
frozenset({'I5', 'I1'}) => frozenset({'I2'}) conf:   1.0
frozenset({'I5'}) => frozenset({'I2', 'I1'}) conf:   1.0
```

通过输出结果可以查看不同项之间的关联性、支持度等。

第7章 聚类算法与应用

本章首先讨论机器学习中无监督学习的基本概念；然后对划分聚类、层次聚类、密度聚类进行简单介绍，并对 K-Means 算法、层级聚类、DBSCAN 算法、OPTICS 算法、DENCLUE 算法等进行实现。

本章介绍的 K-Means 算法被国际权威的学术组织 the IEEE International Conference on Data Mining (ICDM)在 2006 年 12 月选入机器学习领域的十大经典算法①。本章将使用到许多 Python 程序模块，如 Numpy、Scikit-Learn、Matplotilib 等。现在，请确保你的计算机已经安装了所需的程序包，并回顾构建一个机器学习框架的基本步骤：

（1）加载数据；

（2）选择模型；

（3）模型的训练；

（4）模型的评测；

（5）模型的保存。

本章主要的内容如下。

（1）无监督学习。

（2）划分聚类。

（3）层次聚类

（4）密度聚类算法。

7.1 无监督学习问题

7.1.1 无监督学习

无监督学习是从无标注的数据中学习数据的统计规律或内在结构的机器学习，主要包

① 同时入选的十大经典数据机器学习与数据挖掘算法：C4.5、K-Means、SVM、Apriori、EM、PageRank、AdaBoost、KNN、Naive Bayes 和 CART。

括聚类、降维、概率估计。无监督学习不设置所谓的“正确答案”去教会机器如何去学习，而是让其自己发现数据中的规律，其中训练数据由没有任何相应类别标记的一组输入向量 $\boldsymbol{x}$ 组成。①考虑发掘数据的纵向结构，把相似的样本聚到同类，即对数据进行聚类。②考虑发掘数据的横向定义结构，把高维空间的向量转换为低维空间的向量，即对数据进行降维。③同时考虑发掘数据的纵向和横向结构，发掘数据中含有隐式结构的概率模型，即对数据进行概率估计。

一般说来，无监督学习的主要研究方向是聚类，已发展出很多比较成熟的聚类算法。在开始实现聚类算法前，给出聚类的定义与聚类的一些案例，方便读者理解聚类算法。

7.1.2　聚类分析的基本概念与原理

聚类分析是指将未标记的样本自动划分成多个类簇，也就是将一系列的数据聚团成多个子集或簇（Cluster），其目标是建立类内紧密、类间分散的多个簇。也就是说，聚类的结果要求簇内的数据之间要尽可能相似，而簇间的数据之间则要尽可能不相似。

乍看起来，聚类和分类的区别并不大，毕竟这两种任务都会将数据分到不同的组中。然而，这两个问题之间存在着本质的差异。分类是监督学习的一种形式（参考第 5 章），其目标是对人类赋予数据的类别差异进行学习或复制。而在以聚类为重要代表的无监督学习当中并没有这样的差异进行引导。在现实世界的认知过程中，人们会碰到许多新问题和新数据，这些数据在分析整理前并没有明确的分类和指引，就需要将这些对象划分为不同类别，针对不同类别进一步分析。这个过程就相当于机器学习中的聚类分析，根据对象本身的特征进行划分。聚类算法不会提供每个类簇的语义解释，这部分需要由分析人员进行归纳总结。

聚类分析是一种重要的机器学习技术，已经广泛地应用于多个领域，在检索系统、电子商务、生物工程等领域有着广泛的应用。例如，检索系统中文档的自动分类问题，其就是聚类分析的应用，检索系统中的文档数据巨大，当使用关键词进行搜索时经常会返回大量符合条件的对象。此时可以使用聚类算法将返回的结果进行划分，使结果简洁明了，方便用户阅读。此外，聚类分析也大量地被用于客户群体的划分，如客户肖像，这些都是实际生活中的应用案例。再如微信朋友圈图像的自动归类、动植物分组、基因分组、保险行业分组、客户群特征刻画、图像/视频的压缩等，都是聚类分析的典型应用。

在机器学习领域，实现聚类分析的方法有很多，在本教材中要重点了解以下聚类分析方法：划分聚类、层次聚类及密度聚类。

聚类问题是常见的机器学习问题，其设计框架类似机器学习问题的基本架构和流程。一般的聚类问题的基本流程可以分为训练和评测两个阶段。

（1）训练阶段。首先，需要准备训练数据，可以是文本、图像、音频、视频等的一种或多种；然后，抽取所需要的特征，形成特征数据（也称样本属性，一般用向量形式表示）；最后，将这些特征数据连同对应的类别标记一起送入聚类类学习算法中，训练得到一个无监督学习模型，以及其相应的聚类结果。

（2）评测阶段。度量聚类算法的性能不是简单的统计错误的数量，需要通过分析聚类的结果，评测结果的准确度、紧凑度、分离度等指标来评判一个聚类模型的性能。常见的情况是，无类别情况，即不知道数据的类别。对于无类别的情况，没有唯一的评价指标。这种情况只能通过类内聚合度高、类间低耦合的原则来作为指导思想。此外，还有一种情况称为有标别的情况，在有标别的情况下会计算一个所谓外部准则（External Criterion），即计算聚类结果和已有的标准分类结果的吻合程度。

本章将介绍 K-Means 算法、层次聚类算法、密度聚类算法等，并根据机器学习的基本框架和步骤创建聚类模型，重点举例说明和实现 K-Means 算法。

7.1.3 常见聚类数据集

本节将介绍几个比较常见的聚类数据集，并对数据集的加载方式、数据集的特征和类别信息进行介绍。通过在不同的数据集上进行机器学习建模，有助于读者更好地掌握相关算法模型。

1．3D 道路网络数据集

该数据集是通过将海拔信息添加到丹麦北日德兰半岛的 3D 道路网络而构建的。高程值是从丹麦的公共大规模激光扫描点云中提取的。该 3D 道路网络最终用于基准测试各种燃料和二氧化碳估算算法。该数据集可用于需要了解任何应用程序道路网络的准确高程信息，以便对生态路线、骑车人路线等执行更精确的路线选择。对于机器学习社区，此数据集可用作空间机器学习技术和卫星图像处理中的“地面真相”验证。它没有类别标签，但可用于无监督学习和回归中，以猜测道路上某些点的某些缺失的海拔信息。

该数据集一共有 434 874 个观察值，4 个输入变量。变量名如下。

OSM_ID：图形中每个路段或边的 OpenStreetMap ID。

经度：Web Mercaptor（Google 格式）经度。

纬度：Web Mercaptor（Google 格式）纬度。

海拔高度：以米为单位的高度。

其中，OSM_ID 是 OpenStreetMaps 分配给路段的 ID 。道路路段上的每个点（经度、纬度、海拔）（具有唯一的 OSM ID）都按照它们在道路上出现的顺序进行排序。因此，可以通过将每个 OSM_ID 道路路段的每一行的点合并来绘制 3D 折线。

数据下载地址：在“必应”网站上搜索“archive.ics.uci.edu”，在搜索列表中单击“UCI Machine Learning Repository: Data Sets”进入该网址，在其中可找到“3D Road Network (North Jutland, Denmark)”数据集。

2．AAAI 2014 接受论文数据集

该数据集包含了 2014 年 AAAI 会议接收论文的元数据，包括论文标题、作者、摘要和不同粒度的关键字。其使用 CSV 格式，其中每一行都是一个论文样本，每一列都是属性，一共有 399 个观察值，6 个输入变量。变量名如下。

标题：论文标题。

作者：该论文的作者。

群组：作者选择的高级关键字。

关键字：作者生成的关键字。

主题：作者选择的低级别关键字。

摘要：论文摘要。

数据下载地址：在“必应”网站上搜索“archive.ics.uci.edu”，在搜索列表中单击“UCI Machine Learning Repository: Data Sets”进入该网址，在其中可找到“AAAI 2014 Accepted Papers”数据集。

3. BuddyMovie 数据集

从在 Holidayiq.com 上发布的有关南印度各种类型兴趣点的用户评论中提取的用户兴趣信息。该数据集是由 Holidayiq.com 的 249 位审阅者在 2014 年 10 月之前发布的目的地评论所组成的。考虑了印度南部各个目的地的 6 个类别的评论，并记录了每个评论者（旅行者）每个类别的评论数量。

变量名如下。

属性 1：唯一用户 ID。

属性 2：体育馆，体育馆等的评论数。

属性 3：对宗教机构的评论数量。

属性 4：海滩、湖泊、河流等的评论数。

属性 5：关于剧院、展览会等的评论数。

属性 6：购物中心、购物场所等的评论数。

属性 7：公园、野餐点等的评论数。

数据下载地址：在“必应”网站上搜索“archive.ics.uci.edu”，在搜索列表中单击“UCI Machine Learning Repository: Data Sets”进入该网址，在其中可找到“BuddyMove Data Set”数据集。

4. 鲍鱼数据集

鲍鱼数据集（Abalone Dataset），通过物理测量预测鲍鱼的年龄。鲍鱼的年龄是通过将蛋壳切成圆锥形，对其进行染色，并通过显微镜来确定其环数来确定的。它是一个多类分类问题，但也可以作为回归问题。每个类的观察值数量不均等。该数据集有 4 177 个观察值，8 个输入变量和 1 个输出变量。变量名如下。

性别——M、F、I。

长度——最长的外壳尺寸、连续、毫米。

直径——垂直于长度、连续、毫米。

高度——带有外壳的肉、连续、毫米。

整个质量——整个鲍鱼、连续、克。

剥壳质量——质量肉、连续、克。

内脏质量——肠质量（出血后）、连续、克。

壳重——干后、连续、克。

环的数量——整数［给出年龄（以年为单位）］。

鲍鱼数据集前 5 行如图 7-1 所示。

```
M,0.455,0.365,0.095,0.514,0.2245,0.101,0.15,15
M,0.35,0.265,0.09,0.2255,0.0995,0.0485,0.07,7
F,0.53,0.42,0.135,0.677,0.2565,0.1415,0.21,9
M,0.44,0.365,0.125,0.516,0.2155,0.114,0.155,10
I,0.33,0.255,0.08,0.205,0.0895,0.0395,0.055,7
```

图 7-1　鲍鱼数据集前 5 行

数据下载地址：在“必应”网站上搜索“archive.ics.uci.edu”，在搜索列表中单击“UCI Machine Learning Repository: Data Sets”进入该网址，在其中可找到“Abalone Data Set”数据集。

7.2　划分聚类

7.2.1　划分聚类概述

划分聚类是聚类算法中最简单的一种方法，通过划分方法，把输入的数据集对象划分为多个互斥的子集或簇，为了方便描述问题与讲解，假设划分簇的个数 n 已经决定，也就是说把数据集划分为 n 个子集或簇。

对于给定的数据集和已经决定的子集个数 n，划分聚类做的一个事情是，将数据集中的数据对象分配到 n 个子集中，并且通过设定目标函数来驱使算法趋向于目标，使得子集中的数据对象尽可能相似，并且与其他子集或簇内的数据尽可能相异。也就是说，目标函数的目标是求取同簇内数据的高相似度和异簇内的高相异度。

因此，划分聚类算法可以定义如下。

（1）一系列数据 $D=\{d_1, \cdots, d_N\}$。

（2）期望的簇数目 N。

（3）用于评估聚类质量的目标函数（Objective Function），计算一个分配映射 $\gamma: D \rightarrow \{1, \cdots, K\}$，该分配下的目标函数值极小化或极大化。大部分情况下，要求 γ 是一个满射，也就是说，K 个簇中的每一个都不为空。

7.2.2　K-Means 算法

K-Means（K 均值）算法是划分聚类算法中的一种。其中，K 表示子集的数量，Means 表示均值。算法通过预先设定的 K 值及每个子集的初始质心对所有的数据点进行划分，并通过划分后的均值迭代优化获得最优的聚类结果。在详细剖析算法之前，通过一个案例来了解一下算法的运行过程。

K-Means 算法的运行过程如图 7-2 所示，现在假设有一些没加标签的数据，为了将这些数据分成两个簇，执行 K 均值算法，算法的执行过程如下，首先随机选择两个点，用这两个点作为聚类中心（Cluster Center），即图中的两个叉，这两个就是聚类中心，选择两个点的目的是为了聚集出两个类别，K 均值是一个迭代方法，算法每一次要做两件事情，第一件事是簇划分，第二件事是移动聚类中心。在 K 均值算法的每次迭代循环中，第一步为簇划分，即遍历所有的数据样本，依据某个划分策略，如距离最近原则，将每个数据点划分到与其最接近的聚类中心的簇中，当所有数据划分完成后，将执行 K 均值的另一部分——移动聚类中心。具体的操作方法如下，将两个聚类中心移动到其簇的所有数据的质心处，即找出同簇的数据点，计算它们的质心，然后将聚类中心移动到质心，完成这个步骤后意味着聚类中心的位置发生了改变，以及此次迭代循环的结束，算法会循环进行迭代，直到前后迭代过程中聚类中心不再发生改变。

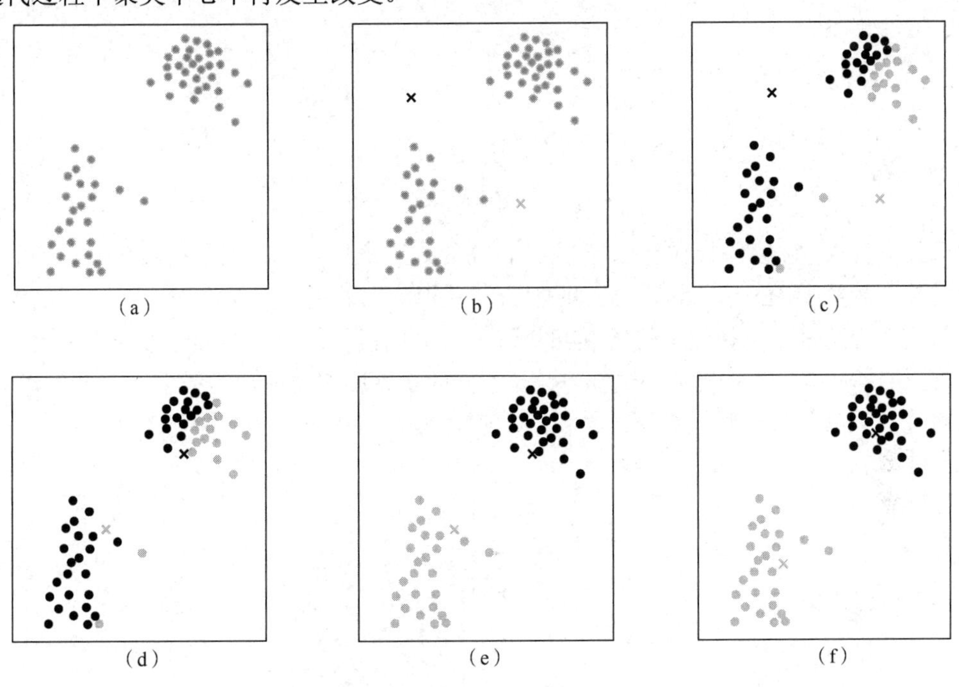

图 7-2　K-Means 算法的运行过程

K-Means 算法的伪代码如下：

（1）从 D 中任意选择 K 个对象作为初始簇的中心；

（2）重复；

（3）根据数据到聚类中心的距离，将每个对象进行分配；

（4）更新聚类中心位置，即计算每个簇中所有对象的质心，将聚类中心移动到质心位置；

（5）直到不再发生变化。

K-Means 算法看似简单，但是在实现的时候不能忽略以下几个关键问题。

（1）K 值的选择，K 值是聚类结果中子集的数量。简单来说就是希望将数据划分为簇的数量。K 值为多少，就要有多少质心。但是选择不同的 K 值对输出的结果是有影响的，K 值对算法的影响如图 7-3 所示。当选择 K 为 4 的时候，其效果并不是很理想。

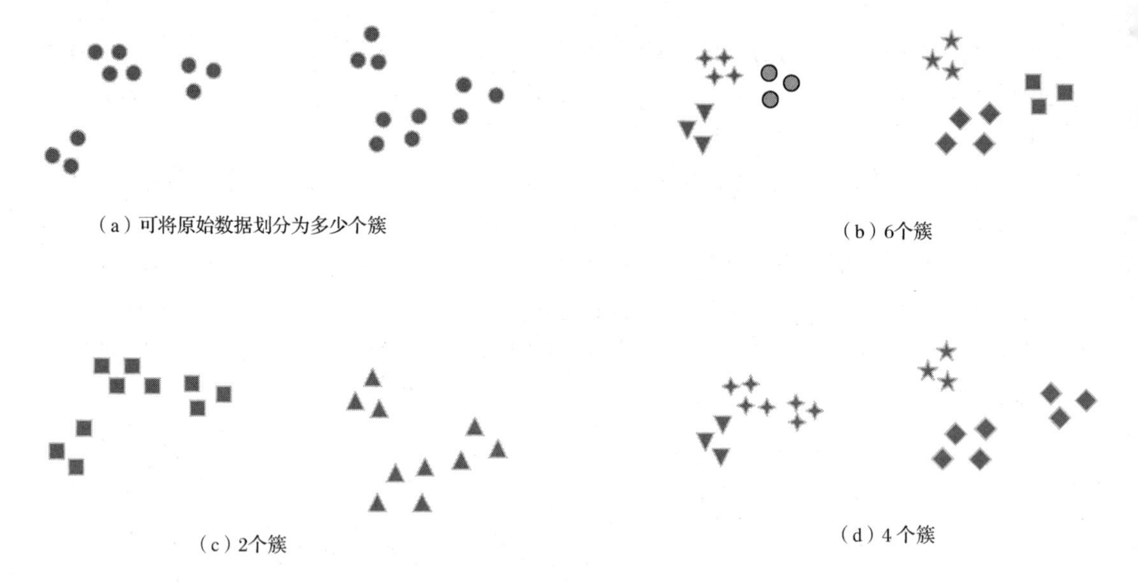

图 7-3　*K* 值对算法的影响

选择最优 *K* 值没有固定的公式或方法，需要人工来指定，建议根据实际的业务需求，或通过层次聚类(Hierarchical Clustering)的方法获得数据的类别数量作为选择 *K* 值的参考。这里需要注意的是，选择较大的 *K* 值可以降低数据的误差，但会增加过拟合的风险。

（2）初始质心（代表点）的选择方法。不同的初始质心对最后的结果是会产生影响的，可以通过一个例子来说明这个问题，初始质心对 K-Means 算法的影响如图 7-4 所示。

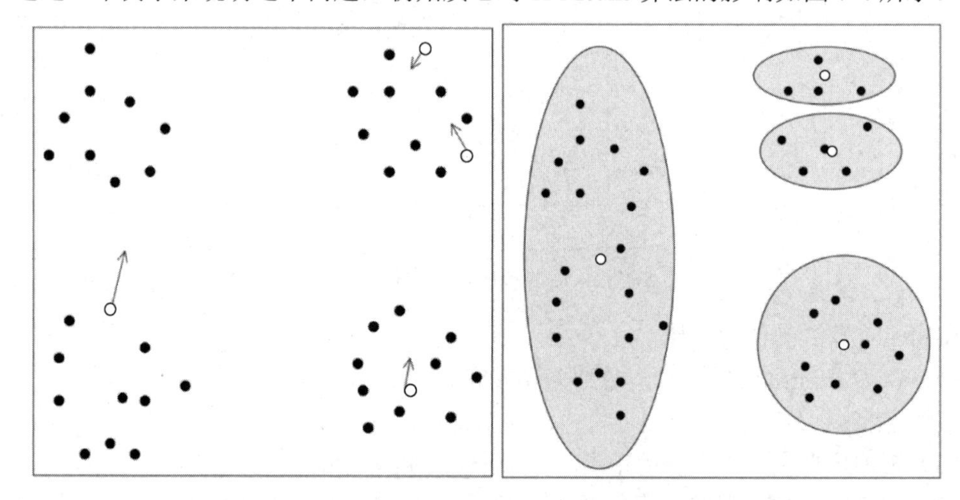

图 7-4　初始质心对 K-Means 算法的影响

在随机获取初始质心的情况下，算法最终收敛了，也就是说结果符合算法的结束条件，但是这个聚类结果并不是一个最优的输出结果。

可见初始化的质心对数据的输出结果是有影响的，那如何选择合适的初始质心呢？可以参考以下准则。

① 凭经验选择代表点。根据问题的性质，用经验的办法确定类别数，从数据中找出从

直观上看来较合适的代表点。

② 将全部数据随机地分为 K 类，计算各类重心，将这些重心作为每类的代表点。

“密度”法选择代表点。这里的“密度”是具有统计性质的样本密度。一种求法是对每个样本确定大小相等的邻域（如同样半径的超球体），统计落在其邻域的样本数，称为该点“密度”。在得到样本“密度”后，选“密度”为最大的样本点作为第一个代表点，然后人为规定在之前确定的邻域距离外的区域内找次高“密度”的样本点作为第二个代表点，依次选择其他代表点，使用这种方法的目的是避免代表点过分集中在一起。

从输出结果为 K-1 个子集的聚类划分问题的解中产生 K 子集聚类划分问题的代表点。其具体做法是先从 1 子集聚类的解找 2 子集聚类划分的代表点，再依次增加一个聚类代表点。样本集首先看作一个聚类，计算其总均值，然后找与该均值相距最远的点，由该点及原均值点构成两聚类的代表点。依同样方法，在已有 K-1 个聚类代表点中找一样本点，使该样本点距所有这些均值点的最小距离为最大，这样就得到了第 K 个代表点。

（3）确定初始划分的方法。

① 对选定的代表点按距离最近的原则将样本划属各代表点代表的类别。

② 在选择样本的点集后，将样本按顺序划归距离最近的代表点所属类，并立即修改代表点参数，用样本归入后的重心代替原代表点，因此代表点在初始划分过程中做了修改。

③ 一种既选择了代表点又同时确定了初始划分的方法。规定一个正整数 ε，选择 $w_1=\{y_1\}$，计算样本 y_2 与 y_1 之间的距离 $\delta(y_1,y_2)$。如果小于 ε，则将 y_2 归入 w_1，否则建立新类 $w_2=\{y_2\}$。当某一轮轮到 y^l 归入时，假设当时已形成 k 个类，即 $\{w_1,w_2,\cdots,w_k\}$，而每个类第一个归入的样本记作 $\{y_1^l,y_2^l,\cdots,y_k^l\}$。若 $\delta(y_1,y_i^1)>\varepsilon$，$i=1,2,\cdots,k$，则将 y^l 建立为新的第 k+1 类，即 $w_{k+1}=\{y_1\}$，否则将 y^l 归入与 $\{y_1^l,y_2^l,\cdots,y_k^l\}$ 距离最近的一类。

④ 先将数据标准化，y_{ij} 表示标准化后的第 i 个样本的第 j 个坐标。令

$$\mathrm{SUM}(i)=\sum_{j=1}^{d} y_{ij}$$

$$\mathrm{MA}=\max_i \mathrm{SUM}(i)$$

$$\mathrm{MI}=\min_i \mathrm{SUM}(i)$$

假设与这个计算值最接近的整数为 k，则将 y_i 归入第 k 类。

7.2.3　sklearn 中 K-Means 算法聚类的使用

在 7.2.2 节中已经介绍了 K-Means 算法的基本理论过程，现在使用该算法进行聚类。

在 sklearn 模块中 K-Means 算法的调用接口函数为 KMeans，详细实验步骤如下：

（1）导入相关模块：

```
import numpy as np
import matplotlib.pyplot as plt
from sklearn.cluster import KMeans
from sklearn.datasets import make_blobs
plt.figure(figsize=(12, 12))
```

（2）使用 make_blobs 函数生成随机聚类数据：

```
n_samples = 1500
random_state = 170
x, y = make_blobs(n_samples=n_samples, random_state=random_state)
```

（3）通过 KMeans 函数创建实例，查看错误的簇数对 K-Means 聚类算法结果的影响：

```
y_pred = KMeans(n_clusters=2, random_state=random_state).fit_predict(x)
plt.subplot(221)
plt.scatter(x[:, 0], x[:, 1], c=y_pred)
plt.title( " Incorrect Number of Blobs " )
```

（4）查看分布式数据对 K-Means 聚类算法的影响：

```
transformation = [[0.60834549, -0.63667341], [-0.40887718, 0.85253229]]
x_aniso = np.dot(x, transformation)
y_pred = KMeans(n_clusters=3, random_state=random_state).fit_predict(x_aniso)
plt.subplot(222)
plt.scatter(x_aniso[:, 0], x_aniso[:, 1], c=y_pred)
plt.title( " Anisotropicly Distributed Blobs " )
```

（5）查看不同的方差对 K-Means 聚类算法的影响：

```
x_varied, y_varied = make_blobs(n_samples=n_samples,
                                cluster_std=[1.0, 2.5, 0.5],
                                random_state=random_state)
y_pred = KMeans(n_clusters=3, random_state=random_state).fit_predict(x_varied)
plt.subplot(223)
plt.scatter(x_varied[:, 0], x_varied[:, 1], c=y_pred)
plt.title( " Unequal Variance " )
```

（6）查看不同大小的数据对 K-Means 聚类算法的影响：

```
x_filtered = np.vstack((x[y == 0][:500], x[y == 1][:100], x[y == 2][:10]))
y_pred = KMeans(n_clusters=3,
                random_state=random_state).fit_predict(x_filtered)
plt.subplot(224)
plt.scatter(x_filtered[:, 0], x_filtered[:, 1], c=y_pred)
plt.title( " Unevenly Sized Blobs " )
plt.show( )
```

7.2.4 使用聚类进行图像压缩

现在已经能使用 K-Means 聚类算法了，那么在具体实践中，K-Means 聚类能实现什么功能呢？下面就来看看 K-Means 聚类如何实现图像的压缩。

（1）加载所需模块：

```
import numpy as np
from scipy import misc
```

```
from sklearn import cluster
import matplotlib.pyplot as plt
```

（2）用 compress_image 函数实现图像压缩功能，compress_image 函数将每个像素作为一个元素进行聚类，以此减少其颜色个数：

```
def compress_image(img, num_clusters):
    X = img.reshape((-1, 1))
    #创建 KMeans 聚类模型，并训练
    kmeans = cluster.KMeans(n_clusters=num_clusters, n_iniat=4, random_state=5)
    kmeans.fit(X)
    #分别获取每个数据聚类后的 label，以及每个 label 的质心
    labels = kmeans.labels_
    centroids = kmeans.cluster_centers_.squeeze()
    #使用质心的数值代替原数据的 label 值，那么将获得一个新的图像，而使用 numpy 的 choose
函数将进行质心值的代替，reshape 函数回复原图像的数据结构，并返回结果
    input_image_compressed = np.choose(labels, centroids).reshape(img.shape)
    return input_image_compressed
```

（3）打印图像：

```
# 用 plot_image 函数打印图像
def plot_image(img, title):
    vmin = img.min( )
    vmax = img.max( )
    plt.figure( )
    plt.title(title)
    plt.imshow(img, cmap=plt.cm.gray, vmin=vmin, vmax=vmax)
#读入图像，设置压缩率，实现压缩
if __name__=='__main__':
    #设置图像的路径和压缩比例
    input_file = " flower.jpg "
    num_bits = 2
    if not 1 <= num_bits <= 8:
        raise TypeError('Number of bits should be between 1 and 8')
    num_clusters = np.power(2, num_bits)
    #输出压缩的比例
    compression_rate = round(100 * (8.0 - num_bits) / 8.0, 2)
    print ( " \nThe size of the image will be reduced by a factor of " , 8.0/num_bits)
    print ( " \nCompression rate =  " + str(compression_rate) + " % " )
    #加载需要压缩的图像
    input_image = misc.imread(input_file, True).astype(np.uint8)
    #原始图像的输出
    plot_image(input_image, 'Original image')
    #压缩后的图像输出
    input_image_compressed = compress_image(input_image, num_clusters)
```

```
    plot_image(input_image_compressed, 'Compressed image; compression rate = '
               + str(compression_rate) + '%')
    plt.show( )
```

7.2.5 Numpy 实现 K-Means 聚类

上面使用 K-Means 聚类算法，下面就展示一下 K-Means 聚类函数是如何实现的，其实现过程主要包含距离计算、簇中心更新和可视化三部分。

（1）加载相关模块：

```
import matplotlib.pyplot as plt
import numpy as np
import random
```

（2）使用欧氏距离公式：

```
def distance(x, y):
    z = np.expand_dims(x, axis=1) - y
    z = np.square(z)
    z = np.sqrt(np.sum(z, axis=2))
    return z
```

（3）簇中心更新函数：

```
def k_means(data, k, max_iter=20):
    data = np.asarray(data, dtype=np.float32)
    n_samples, n_features = data.shape
    # 随机初始化簇中心
    indices = random.sample(range(n_samples), k)
    center = np.copy(data[indices])
    cluster = np.zeros(data.shape[0], dtype=np.int32)
    i = 1
    while i <= max_iter:
        dis = distance(data, center)
        # 样本新的所属簇
        cluster = np.argmin(dis, axis=1)
        onehot = np.zeros(n_samples * k, dtype=np.float32)
        onehot[cluster + np.arange(n_samples) * k] = 1.
        onehot = np.reshape(onehot, (n_samples, k))
        # 以矩阵相乘的形式均值化簇中心
        # (n_samples, k)^T * (n_samples, n_features) = (k, n_features)
        new_center = np.matmul(np.transpose(onehot, (1, 0)), data)
        new_center = new_center / np.expand_dims(np.sum(onehot, axis=0), axis=1)
        center = new_center
        i += 1
    return cluster, center
```

（4）可视化：

```
def scatter_cluster(data, cluster, center):
    if data.shape[1] != 2:
        raise ValueError('Only can scatter 2d data!')
    # 画样本点
    plt.scatter(data[:, 0], data[:, 1], c=cluster, alpha=0.8)
    mark = ['*r', '*b', '*g', '*k', '^b', '+b', 'sb', 'db', '<b', 'pb']
    # 画质心点
    for i in range(center.shape[0]):
        plt.plot(center[i, 0], center[i, 1], mark[i], markersize=20)
    plt.show( )
```

（5）训练：

```
n_samples = 500
n_features = 2
k = 3
data = np.random.randn(n_samples, n_features)
cluster, center = k_means(data, k)
scatter_cluster(data, cluster, center)
```

使用 Numpy 实现 K-Means 聚类如图 7-5 所示。

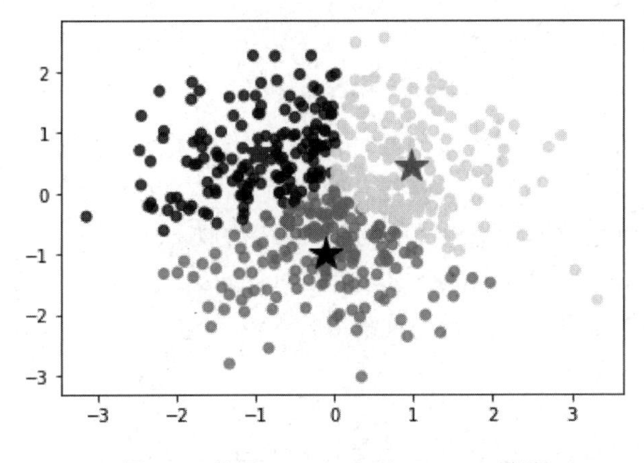

图 7-5　使用 Numpy 实现 K-Means 聚类

7.3　层次聚类

7.3.1　层次聚类算法

层次聚类是指对与给定的数据集对象，通过层次聚类算法获得一个具有层次结构的数据集合的过程。依据层次结构生成的不同过程，层次聚类可以分为凝聚层次聚类和分裂层次聚类。凝聚层次聚类是自底向上进行的一个过程，算法一开始将每个数据都看成是一个子集，然后不断地对子集进行两两合并［或称凝聚（Agglomerate）］，直到所有数据都聚成一个子集或满足某些设定的终止条件为止。自底向上的聚类方法也因此被称为凝聚层次聚类。而另一种分裂层次聚类的过程刚好相反，它是自顶向下进行的一个过程，算法一开始将所有数据都看成是一个子集，然后不断地对子集进行分裂，直到所有数据都在单独的子集中或满足某些设定的终止条件为止。

本节主要介绍凝聚层次聚类，凝聚层次聚类是一种自底向上的聚类方法。所谓的自底向上的方法是指每次找到距离最短的两个簇，然后将它们合并成一个大的簇，直到全部合并为一个簇，而最常用的距离计算公式为欧氏距离计算公式。整个过程就是建立一个树结构，凝聚式层次聚类如图 7-6 所示，在该例子中，算法开始时将每个数据视为一个簇，此时簇集合为$\{\{p1\},\{p2\},\{p3\},\{p4\}\}$，紧接着算法找到距离最短的两个簇$\{p2\}$和$\{p3\}$进行合并，合并完成后的簇集合为$\{\{p1\},\{p2,\ p3\},\{p4\}\}$，然后算法将再次从簇集合中寻找距离最短的两个簇合并，此时距离最短的两个簇为$\{p2,\ p3\},\{p4\}$，这次合并后的簇集合为$\{\{p1\},\{p2,\ p3,\ p4\}\}$，最后算法将最后的两个簇合并并停止。

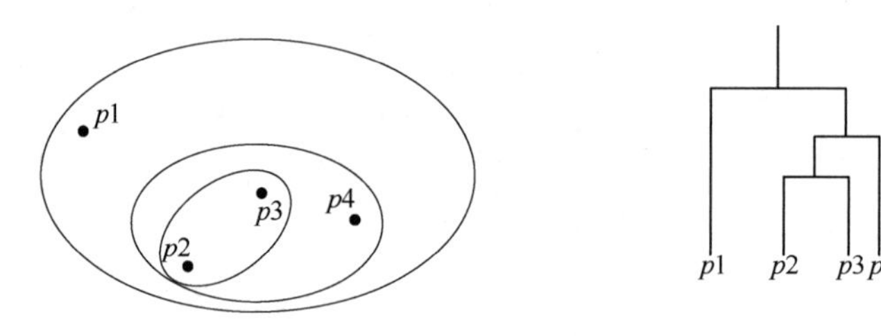

图 7-6　凝聚式层次聚类

那么，当采用欧氏距离作为距离公式时，如何判断两个簇之间的距离呢？一开始每个数据点独自作为一个类，它们的距离就是这两个点之间的距离。而对于包含不止一个数据点的簇，即计算两个组合数据点间距离的问题，常用的方法有三种，分别为单链接（Single Linkage）、全链接（Complete Linkage）和组平均（Average Linkage）。在开始计算之前，先来介绍下这三种计算方法及它们各自的优缺点。

1．单链接

单链接（Single Linkage）的计算方法是将两个组合数据点中距离最近的两个数据点间的距离作为这两个组合数据点的距离，单链接聚类如图 7-7 所示。这种方法容易受到极端值的影响。两个很相似的组合数据点可能由于其中的某个极端的数据点距离较近而组合在一起。

2．全链接

全链接（Complete Linkage）的计算方法与单链接相反，将两个组合数据点中距离最远的两个数据点间的距离作为这两个组合数据点的距离，全链接聚类如图 7-8 所示。全链接的问题也与单链接相反，两个不相似的组合数据点可能由于其中的极端值距离较远而无法组合在一起。

3. 组平均

组平均（Average Linkage）的计算方法是计算两个组合数据点中的每个数据点与其他所有数据点的距离。将所有距离的均值作为两个组合数据点间的距离，组平均聚类如图 7-9 所示。这种方法计算量比较大，但结果比前两种方法合理。

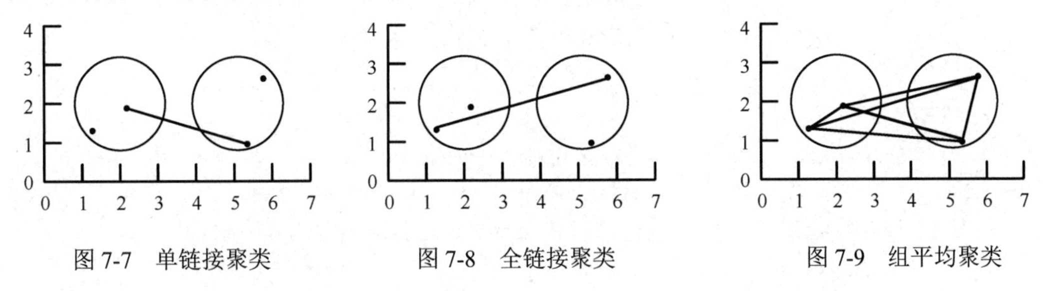

图 7-7　单链接聚类　　图 7-8　全链接聚类　　图 7-9　组平均聚类

7.3.2　使用层次聚类算法聚类

7.3.1 节介绍了层次聚类算法的基本理论过程，现在使用 sklearn 模块中实现的该算法进行聚类，在 sklearn 模块中实现层次聚类的接口函数是 AgglomerativeClustering。

（1）加载相关模块：

```
import numpy as np
import matplotlib.pyplot as plt
from sklearn.cluster import AgglomerativeClustering
from sklearn.neighbors import kneighbors_graph
```

（2）生成噪音数据：

```
def add_noise(x, y, amplitude):
    X = np.concatenate((x, y))
    X += amplitude * np.random.randn(2, X.shape[1])
    return X.T

def get_spiral(t, noise_amplitude=0.5):
    r = t
    x = r * np.cos(t)
    y = r * np.sin(t)
    return add_noise(x, y, noise_amplitude)

def get_rose(t, noise_amplitude=0.02):
    # Equation for " rose " (or rhodonea curve); if k is odd, then
    # the curve will have k petals, else it will have 2k petals
    k = 5
    r = np.cos(k*t) + 0.25
    x = r * np.cos(t)
    y = r * np.sin(t)
    return add_noise(x, y, noise_amplitude)
```

```
def get_hypotrochoid(t, noise_amplitude=0):
    a, b, h = 10.0, 2.0, 4.0
    x = (a - b) * np.cos(t) + h * np.cos((a - b) / b * t)
    y = (a - b) * np.sin(t) - h * np.sin((a - b) / b * t)
    return add_noise(x, y, 0)
```

（3）使用 AgglomerativeClustering 函数实例化层次聚类模型：

```
def perform_clustering(X, connectivity, title, num_clusters=3, linkage='ward'):
    plt.figure( )
    model = AgglomerativeClustering(linkage=linkage,
                    connectivity=connectivity, n_clusters=num_clusters)
    model.fit(X)
```

（4）训练模型，并查看聚类的结果：

```
    # 提取标签
    labels = model.labels_
    #标识每个簇的形状
    markers = '.vx'
    for i, marker in zip(range(num_clusters), markers):
        # plot the points belong to the current cluster
        plt.scatter(X[labels==i, 0], X[labels==i, 1], s=50,
                    marker=marker, color='k', facecolors='none')
    plt.title(title)

if __name__=='__main__':
    # 生成样本数据
    n_samples = 500
    np.random.seed(2)
    t = 2.5 * np.pi * (1 + 2 * np.random.rand(1, n_samples))
    X = get_spiral(t)
    # 联通性判断
    connectivity = None
    perform_clustering(X, connectivity, 'No connectivity')
    # 成图
    connectivity = kneighbors_graph(X, 10, include_self=False)
    perform_clustering(X, connectivity, 'K-Neighbors connectivity')
    plt.show()
```

7.4 密度聚类

划分聚类和层次聚类在聚类过程中都是根据距离来对数据集进行划分的，在球状的数据集中能够正确划分，但是在非球状的数据集中难以对样本聚类，并且受到数据集中的噪声数据影响较大。为了避免这两个问题，可以利用密度思想进行聚类，将样本中的高密度区域（样本点分布稠密的区域）划分为类。给定邻域中样本点的数量，当邻域中密度达到或超过密阈值时，将邻域内的样本包含到当前的类中。若邻域的密度不满足阈值要求，则当前的类划分完成，对下一个类进行划分。基于密度的方法可以对数据集中的离群点进行检测和过滤。这一算法的主要目的是过滤样本空间中的稀疏区域，获取稠密区域作为分类。

密度聚类是根据密度而不是距离来计算样本相似度的，因此基于密度的聚类算法能够用于机器学习任意形状的聚类，并且能够有效过滤掉噪声数据对于聚类结果的影响。常见的基于密度的聚类算法有 DBSCAN、OPTICS 和 DENCLUE 等。其中，OPTICS 算法对 DBSCAN 算法进行了改进，降低了对输入参数的敏感程度。DENCLUE 算法则综合了基于划分、基于层次的方法。

7.4.1　DBSCAN 算法

DBSCAN（Density-Based Spatial Clustering of Applications with Noise）算法是基于一组邻域参数(ε, MinPts)来描述样本分布的紧密程度的算法，相比基于划分的聚类方法和层次聚类方法，DBSCAN 算法将簇定义为密度相连的样本的最大集合，能够将密度足够高的区域划分为类，不需要给定类数量，并可在有噪声的空间数据集中发现任意形状的聚合类。

利用给定的数据集 D 和邻域参数刻画邻域的样本分布密度。其中，ε 表示样本的邻域距离阈值；MinPts 表示对于某一样本 p，其 ε-邻域中样本个数的阈值。相关定义如下。

（1）ε-邻域（Eps）：对 $x(j)\in D$，其 ε-邻域包含 D 中与 $x(j)$ 的距离不大于 ε 的所有样本。

（2）MinPts：ε-邻域内样本个数的最小值。

（3）核心对象：若 $x(j)$ 的 ε-邻域至少包含 MinPts 个样本，$\left|N\varepsilon\left[x(j)\right]\right|\geqslant \text{MinPts}$，则 $x(j)$ 为一个核心对象。

（4）密度直达（Directly Density-Reachable）：若 $x(j)$ 位于 $x(i)$ 的 ε-邻域中，且 $x(i)$ 是核心对象，则称 $x(j)$ 由 $x(i)$ 密度直达。密度直达关系通常不满足对称性，除非 $x(j)$ 也是核心对象。

（5）密度可达（Density-Reachable）：对 $x(i)$ 与 $x(j)$，若存在样本序列 $p1, p2,\cdots, pn$，其中 $p1=x(i)$，$pn=x(j)$，$p1, p2,\cdots, p(n-1)$ 均为核心对象，并且 $p(i+1)$ 从 pi 密度直达，则称 $x(j)$ 由 $x(i)$ 密度可达。密度可达关系满足直递性，但不满足对称性。

（6）密度相连（Density-Connected）：对 $x(i)$ 与 $x(j)$，若存在 $x(k)$ 使得 $x(i)$ 与 $x(j)$ 均由 $x(k)$ 密度可达，则称 $x(i)$ 与 $x(j)$ 密度相连。密度相连关系满足对称性。

从图 7-10 中可以很容易看出上述定义，图中 $\text{MinPts}=5$，空心的点（标号 a 到 l）都是核心对象，因为其 ε-邻域至少有 5 个样本。实心的点是非核心对象。所有核心对象密度直达的样本在以空心核心对象为中心的超球体内。如果不在超球体内，则不能密度直达。图中用箭头连起来的核心对象组成了密度可达的样本序列。在这些密度可达的样本序列的 ε-邻域内所有的样本相互都是密度相连的。

DBSCAN 算法利用密度思想进行聚类，可以用于对任意形状的稠密数据集进行聚类。相比 K-Means 算法的数据选择和计算顺序有影响，DBSCAN 算法对数据输入顺序不敏感。DBSCAN 算法能够在聚类的过程中主动排除数据样本中的噪声点，并且算法本身对噪声不敏感。当数据集分布为非球型时，使用 DBSCAN 算法效果较好。

DBSCAN 算法任意选择一个没有类别的核心对象作为种子，然后找到所有这个核心对象能够密度可达的样本集合，即一个聚类。接着继续选择另一个没有类别的核心对象去寻找密度可达的样本集合，这样就得到另一个聚类。一直运行到所有核心对象都有类别为止。

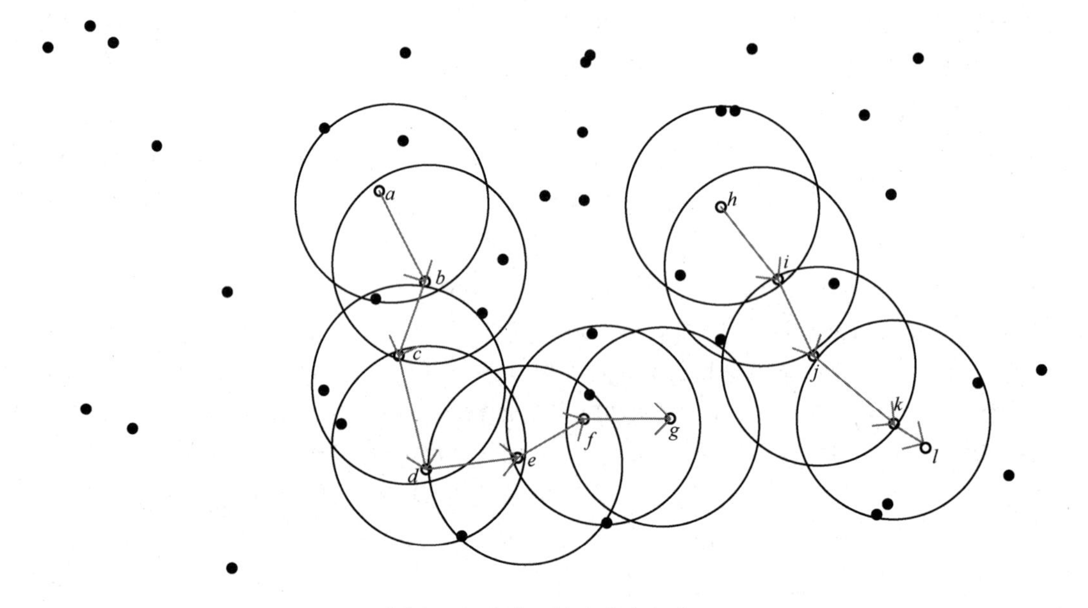

图 7-10　密度可达和密度相连

DBSCAN 算法的主要优点有：

（1）可以对任意形状的稠密数据集进行聚类，相对的，K-Means 算法一般只适用于凸数据集；

（2）可以在聚类的同时发现异常点，对数据集的异常点不敏感；

（3）聚类结果没有太大的偏差，相对的，K-Means 算法初始值对聚类结果有很大影响。

DBSCAN 算法的主要问题和解决办法有：

（1）如果样本集的密度不均匀、聚类间距差相差很大时，聚类质量较差，这时用 DBSCAN 算法聚类一般不适合，如果数据集不是稠密的，则不推荐用 DBSCAN 算法来聚类；

（2）如果样本集较大，聚类收敛时间较长，此时可以对搜索最近邻时建立的 KD 树或球树进行规模限制来改进；

（3）调参相对 K-Means 聚类算法稍复杂，主要需要对距离阈值 ε、邻域样本数阈值 MinPts 联合调参，不同的参数组合对最后的聚类效果有较大影响，DBSCAN 算法邻域参数设定如表 7-1 所示。

表 7-1　DBSCAN 算法邻域参数设定

距离阈值 ε	邻域样本数阈值 MinPts	出现的问题	解决办法
合适	太大	核心对象的数量过少，使得一些包含对象数量少的分类被直接舍弃	确定合适的分类数量

续表

距离阈值 ε	邻域样本数阈值 MinPts	出现的问题	解决办法
合适	太小	选择的核心对象数量过多，使得噪声点被包含到分类中	调整 MinPts，避免噪声数据干扰分类
太大	合适	导致有很多噪声被包含到分类中，也可能导致原本应该分开的簇被划分为同一个分类	增加分类区分度，避免分类模糊
太小	合适	被标记为噪声的对象数量过多，一个不应该分开的簇也可能会被分成多个分类	调整聚合效果，增加基于密度的聚合度

下面应用 sklearn 库中的 DBSCAN 算法实现聚类。DBSCAN 算法包含于 sklearn.cluster 库中，数据源是用 make_blobs 方法随机生成的，数量为 750 条，有 3 个类簇。经过 StandardScaler( ).fit_transform( )对数据进行标准化处理，保证每个维度的方差为 1，均值为 0，使预测结果不会被某些维度取值过大的特征值而主导。相关代码如下。

（1）生成测试数据：

```
# 引入算法类
import numpy as np
from sklearn.cluster import DBSCAN
from sklearn import metrics
from sklearn.datasets.samples_generator import make_blobs
from sklearn.preprocessing import StandardScaler
import matplotlib.pyplot as plt
# 生成测试数据
# 中心点为 3 个
centers = [[1, 1], [-1, -1], [1, -1]]
# make_blobs 函数为聚类产生数据集
# n_samples:数据样本点个数，默认值为 100
# centers:产生数据的中心点，默认值为 3
# cluster_std:数据集的标准差，浮点数或浮点数序列，默认值 1.0
# random_state:官网解释是随机生成器的种子

X, labels_true = make_blobs(n_samples=750, centers=centers, cluster_std=0.4, random_state=0)
# 不仅计算训练数据的均值和方差，还会基于计算出来的均值和方差来转换训练数据，从而把数据转换成标准的正态分布
X = StandardScaler( ).fit_transform(X)
```

（2）使用 DBSCAN 算法：

```
# 计算 DBSCAN，设置邻域参数训练模型，返回属性
# core_sample_indices_：核心点的索引
# labels_ : array, shape = [n_samples] 每个点所属集群的标签，-1 代表噪声
db = DBSCAN(eps=0.3, min_samples=10).fit(X)
# 核心点集合的 mask，即核心点位置标记为 True
```

```
core_samples_mask = np.zeros_like(db.labels_, dtype=bool)
core_samples_mask[db.core_sample_indices_] = True
labels = db.labels_
# 分类数目，这里为 3
n_clusters_ = len(set(labels)) - (1 if -1 in labels else 0)
```

（3）打印算法结果：

```
print('Estimated number of clusters: %d' % n_clusters_)
print( " Homogeneity: %0.3f "  % metrics.homogeneity_score(labels_true, labels))
print( " Completeness: %0.3f "  % metrics.completeness_score(labels_true, labels))
print( " V-measure: %0.3f "  % metrics.v_measure_score(labels_true, labels))
print( " Adjusted Rand Index: %0.3f "
       % metrics.adjusted_rand_score(labels_true, labels))
print( " Adjusted Mutual Information: %0.3f "
       % metrics.adjusted_mutual_info_score(labels_true, labels, average_method='arithmetic'))
print( " Silhouette Coefficient: %0.3f "
       % metrics.silhouette_score(X, labels))
```

（4）输出结果：

```
Estimated number of clusters: 3
Homogeneity: 0.953
Completeness: 0.883
V-measure: 0.917
Adjusted Rand Index: 0.952
Adjusted Mutual Information: 0.916
Silhouette Coefficient: 0.626
```

（5）可视化聚类效果：

```
# 标签值，这里为{-1, 0, 1, 2}，-1 为噪声点
unique_labels = set(labels)
# 生成 4 种不同的颜色
colors = [plt.cm.Spectral(each)
          for each in np.linspace(0, 1, len(unique_labels))]
# 根据不同的标记打点，使用不同大小的点和颜色
for k, col in zip(unique_labels, colors):
    # 噪声点使用黑色
if k == -1:
        col = [0, 0, 0, 1]
    # 按分类集合构造点的 mask
    class_member_mask = (labels == k)
    # 某个标签分类的点，如果属于核心点集合
    xy = X[class_member_mask & core_samples_mask]
    plt.plot(xy[:, 0], xy[:, 1], 'o', markerfacecolor=tuple(col),
```

```
                    markeredgecolor='k', markersize=14)
        # 某个标签分类的点，如果不属于核心点集合，一般是集合周边的散点或噪声点
        xy = X[class_member_mask & ~core_samples_mask]
        plt.plot(xy[:, 0], xy[:, 1], 'o', markerfacecolor=tuple(col),
                    markeredgecolor='k', markersize=6)


    plt.title('The estimated clusters: %d' % n_clusters_)
    plt.show( )
```

DBSCAN 算法的聚类效果如图 7-11 所示。

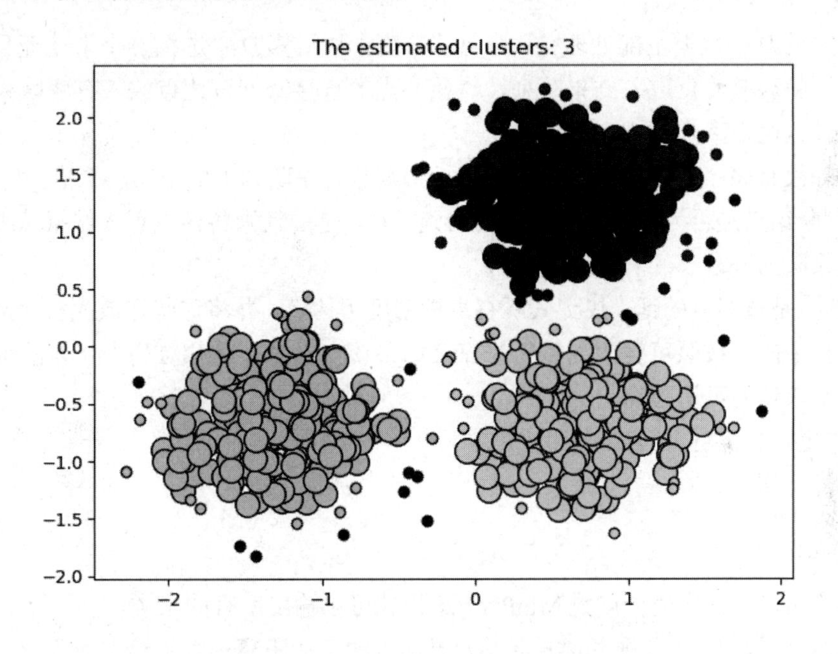

图 7-11　DBSCAN 算法的聚类效果

7.4.2　OPTICS 算法

在 DBSCAN 算法中，有两个初始邻域参数(ε，MinPts)需要用户指定，并且聚类的结果对这两个参数的取值非常敏感，不同的取值将产生不同的聚类结果。如果用户不了解数据集特征是比较难给出合适的参数的，并且很难得到良好的聚类结果。

为了克服 DBSCAN 算法这一缺点，安克斯特（Ankerst）等人提出了 OPTICS 算法(Ordering Points to Identify the Clustering Structure)。OPTICS 算法并不显式聚类，而是为聚类分析生成一个增广的簇排序（比如，以可达距离为纵轴，以样本点输出次序为横轴的坐标图），这个排序代表了各样本点基于密度的聚类结构。它包含的信息等价于从一个广泛的参数设置所获得的基于密度的聚类，换句话说，从这个排序中可以得到基于任何参数(ε，MinPts)的 DBSCAN 算法的聚类结果。

（1）核心距离：对象 p 的核心距离是指 p 成为核心对象的最小 ε。如果 p 不是核心对象，那么 p 的核心距离没有任何意义，只有对象 p 为核心对象才会有核心距离信息。

（2）可达距离：对象 q 到对象 p 的可达距离是指 p 的核心距离和 p 与 q 之间欧氏距离之间的较大值。如果 p 不是核心对象，p 和 q 之间的可达距离没有意义。

OPTICS 算法的难点在于维护有序列表。算法步骤如下。

1．输入

输入数据样本 D，初始化所有点的可达距离和核心距离为 MAX，并且输入半径 ε 和最少点数 MinPts。

（1）建立两个队列，即有序队列（核心点及该核心点的直接密度可达点）和结果队列（存储样本输出及处理次序）。

（2）如果 D 中数据全部处理完，则算法结束，否则从 D 中选择一个未处理且不是核心对象的点，将该核心点放入结果队列，该核心点的直接密度可达点放入有序队列，直接密度可达点按可达距离升序排列。

（3）如果有序序列为空，则回到（2），否则从有序队列中取出第一个点。

① 判断该点是否为核心点，不是则回到（3），是的话则将该点存入结果队列（如果该点不在结果队列）。

② 该点是核心点的话，找到其所有直接密度可达点，并将这些点放入有序队列，并且将有序队列中的点按照可达距离重新排序，如果该点已经在有序队列中且新的可达距离较小，则更新该点的可达距离。

③ 重复（3），直至有序队列为空。

（4）算法结束。

2．输出

输出给定半径 ε 和最少点数 MinPts，这样就可以输出所有的聚类。

（1）从结果队列中按顺序取出点，如果该点的可达距离不大于给定半径 ε，则该点属于当前类别，否则跳至（2）。

（2）如果该点的核心距离大于给定半径 ε，则该点为噪声，可以忽略，否则该点属于新的聚类，跳至（1）。

（3）结果队列遍历结束，则算法结束。

OPTICS 算法实现了所有对象的排序，根据排序序列可以很容易地确定合适的 ε 值，较好地解决了 DBSCAN 算法对输入参数敏感的问题。但是 OPTICS 算法采用复杂的处理方法及额外的磁盘 I/O 操作，使它的实际运行效率要低于 DBSCAN 算法。

7.4.3 DENCLUE 算法

DENCLUE 算法是一种基于密度的聚类算法，采用了基于网格单元的方法提高聚类性能。算法的核心思想是采用核密度估计（Kernel Density Estimation，KDE）来度量数据集中每一个对象对于其他对象的影响，用一个对象受到其他对象影响之和来衡量数据集中每一个对象的核密度估计值，通过影响值的叠加形成空间曲面，曲面的局部极大值称为一个簇的密度吸引点。

结果总密度函数具有局部尖峰（称作局部吸引点），并且这些局部尖峰用来以自然的方式定义分类。具体地说，就是对于每个数据点，在一个爬山过程中找出与该点相关联的最近的尖峰，并且与一个特定的尖峰相关联的所有数据称为一个类。DENCLUE 算法步骤：

（1）对数据点占据的空间推导密度函数；

（2）识别局部最大点（这是局部吸引点）；

（3）通过沿密度增长最大的方向移动，将每个点关联到一个密度吸引点；

（4）定义与特定的密度吸引点相关联的点构成的簇；

（5）丢弃密度吸引点的密度小于用户指定阈值的簇；

（6）合并通过密度大于或等于点路径连接的簇。

核密度估计：核密度估计的目标是用函数描述数据的分布。对于核密度估计，每个点对总密度函数的贡献用一个影响或核函数表示。总密度函数仅仅是与每个点相关联的影响函数之和。核密度的计算可能比较费时，为了降低时间复杂度，DENCLUE 算法使用一种基于网格的实现来有效地定义近邻，并借此限制定义点的密度所需要考虑的点的数量。

首先，预处理步创建网格单元集。仅创建被占据的单元，并且这些单元及其相关信息可以通过搜索树有效地访问。

然后，计算点的密度，并找出其最近的密度吸引点。DENCLUE 算法只考虑近邻中的点，即相同单元或与该点所在单元相连接的单元中的点。

DENCLUE 算法的优点：

（1）DENCLUE 算法提供了比其他基于网格的聚类技术和 DBSCAN 算法更加灵活、更加精确的计算密度的方法（DBSCAN 算法是 DENCLUE 算法的特例）；

（2）DENCLUE 算法擅长处理噪声和离群点，并且可以发现不同形状和不同大小的簇，对于含有大量噪声的数据集，也能够得到良好的聚类结果。

DENCLUE 算法的缺点：

（1）DENCLUE 算法比其他基于密度的聚类技术的计算开销更大；

（2）网格的使用对于密度估计的精度可能产生负面的影响，并且这使得 DENCLUE 算法容易受基于网格的方法共同存在的问题的影响，如很难选择合格的网格尺寸；

（3）对于高维数据和包含密度很不相同的簇的数据，DENCLUE 算法可能有问题。

7.5　聚类效果评测

本教材前文已经介绍了几种不同的聚类算法，但却没有评测算法的聚类效果，在监督学习中可以通过预测结果和“正确答案”（即原始结果）的比较来评测模型的好坏，但是在无监督学习中，没有所谓的“正确答案”，因此需要另一种评测聚类效果的方式。

聚类的目的是为了获取一定的子集，而子集中的数据对象要尽可能相似，并且与其他子集或簇内的数据尽可能相异。由此作为一个启发式，评测聚类结果好坏的一个方式是观察集群分离的离散程度。集群分离的离散程度的计算方式称为轮廓系数，其计算公式为：

$$轮廓系数=(x-y) / \max(x, y)$$

式中，x 表示在同一个集群中某个数据点与其他数据点的平均距离；y 表示某个数据点与最近的另一个集群的所有点的平均距离。

下面是一个使用 sklearn 中实现的轮廓系数模型来对聚类模型进行评测的例子。

（1）加载相关模型和实验数据：

```
import numpy as np
import matplotlib.pyplot as plt
from sklearn import metrics
from sklearn.cluster import KMeans
from sklearn import datasets
# 使用 Iris 数据集
iris = datasets.load_iris( )
data = iris.data
scores = []
range_values = np.arange(2, 10)
```

（2）实例化聚类模型并进行训练，使用轮廓系统作为指标评测该模型：

```
for i in range_values:
    # 训练模型
    kmeans = KMeans(init='K-Means++', n_clusters=i, n_init=10)
    kmeans.fit(data)
    score = metrics.silhouette_score(data, kmeans.labels_,
                    metric='euclidean', sample_size=len(data))
    print ( " \nNumber of clusters = " , i)
    print ( " Silhouette score = " , score)
    scores.append(score)
```

（3）将结果画出：

```
# 画出分数曲线
plt.figure( )
plt.plot(range_values, scores, '-', color='k')
plt.title('Silhouette score vs number of clusters')
plt.show( )
# 画出数据
plt.figure( )
plt.scatter(data[:,2], data[:,3], color='k', s=30, marker='o', facecolors='none')
x_min, x_max = min(data[:, 2]) - 1, max(data[:, 2]) + 1
y_min, y_max = min(data[:, 3]) - 1, max(data[:, 3]) + 1
plt.title('Input data')
# plt.xlim(x_min, x_max)
# plt.ylim(y_min, y_max)
# plt.xticks(( ))
# plt.yticks(( ))
plt.show( )
```

聚类效果评估如图 7-12 所示。

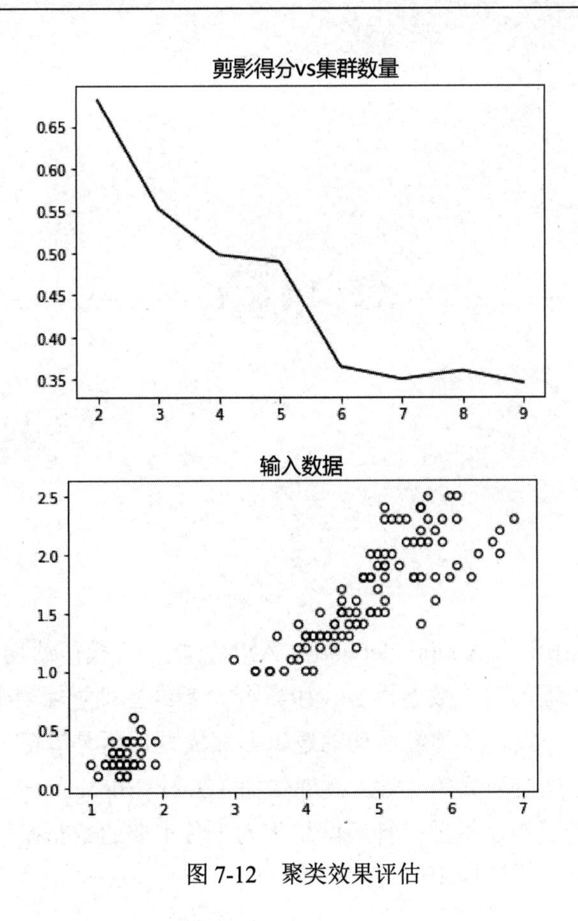
剪影得分vs集群数量
0.65
0.60
0.55
0.50
0.45
0.40
0.35
2
3
4
5
6
7
8
9
输入数据
2.5
2.0
1.5
1.0
0.5
0.0
1
2
3
4
5
6
7

图 7-12　聚类效果评估

第8章 神经网络

人工神经网络（Artificial Neural Network，ANN）是一种模仿动物神经网络行为特征，进行分布式并行信息处理的算法数学模型。1943 年，神经生理学家麦卡洛克（Mcculloch）和逻辑学家皮茨（Pitts）设计了神经活动的逻辑运算模型，用来解释生物神经元的工作机理，这奠定了人工神经网络研究的基础。反向传播（Back Propagation，BP）算法的提出进一步推动了神经网络的发展。目前，神经网络作为一种重要的数据挖掘方法，已在交通、医学、金融等领域得到了广泛应用。

8.1 神经网络介绍

人脑中的单个神经细胞如图 8-1 所示，神经网络借助了生物学对脑神经系统的研究成果。神经网络由类似人脑神经元的简单神经元经过相互连接形成网状结构而成，通过调节各连接的权重改变连接的强度，进而实现感知判断。

传统的神经网络结构比较简单，训练时随机初始化输入参数，根据迭代次数，开始循环计算输出结果，与实际结果进行比较从而得到损失函数，并更新变量使损失函数不断减小，当误差达到规定的阈值时停止循环运算。通过神经网络的训练期望能够学习到一个模型，该模型可输出一个理想的目标值。神经网络学习的方式是在外界输入样本的刺激下不断改变网络的连接权值。

传统神经网络主要分为前馈型神经网络、反馈型神经网络和自组织神经网络。本节将从这三个方面对神经网络进行阐述。神经网络是由多个神经元组成的，所以在介绍神经网络之前，先介绍单个神经元的工作原理。

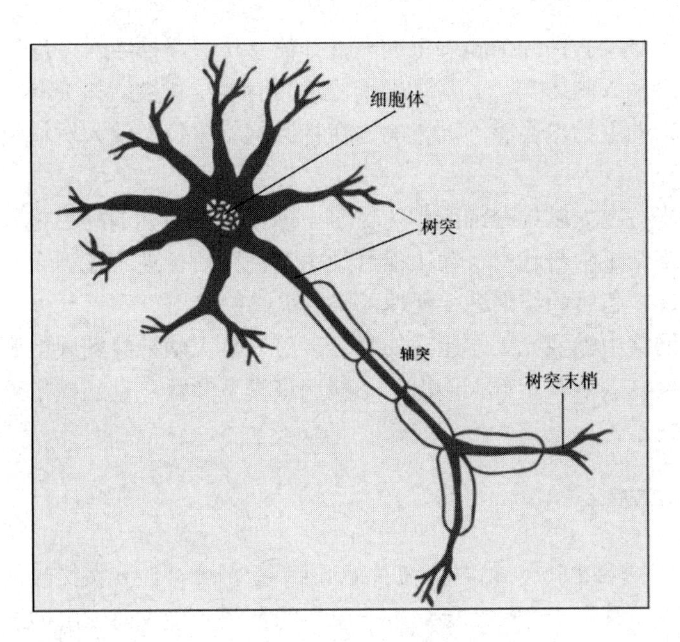

图 8-1　单个神经细胞

8.1.1　神经元原理

单个神经元网络模型如图 8-2 所示。

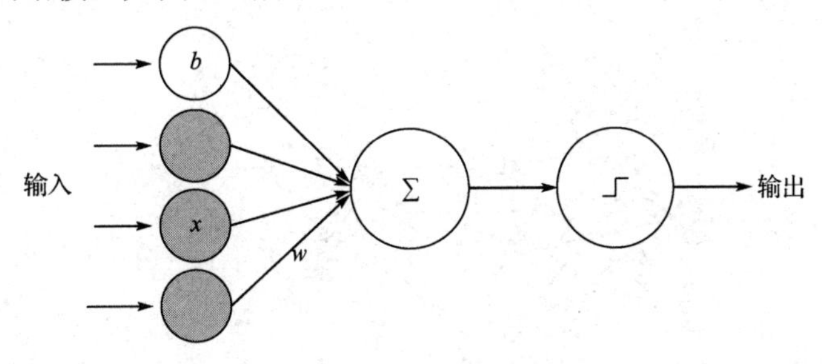

图 8-2　单个神经元网络模型

对应的数学公式如下：

$$z = \sum_{i=1}^{n} w_i x_i + b = wx + b$$

式中，z表示输出的结果；x表示输入；w表示权值；b为偏置。

模型每次的学习都是对w和b的一次调整以得到一个合适的值，最终由这个值配合运算公式所形成的逻辑就是神经网络的模型。

图 8-2 中的过程可以这样理解：在初端，传递的信号大小是x，端中间有加权参数w和偏置b，经过这个加权后的信号会变成$w \bullet x$，再加上偏置b，因此在连接的末端，信号的大小就变成了$w \bullet x + b$。好比神经末梢感受各种外部环境的变化，最后产生电信号。

上面模型的工作过程类似于大脑中神经元的工作过程。

图 8-1 和图 8-2 所展示的工作过程大同小异，如下所示。

（1）信息输入：大脑神经细胞靠生物电进行信息传递，神经网络是具体数据的输入。

（2）每个信息输入的影响：大脑神经细胞通常有多个树突，树突有粗有细，那么经过不同树突传递过来的生物电会有不同影响，在神经网络中每个输入对输出信号影响的大小取决于相应权重 w。

（3）信息输出：在大脑神经细胞中，信号由多个不同粗细的树突传入，由生物细胞体进行判断做出最终结果信号输出，输出信号经由轴突往后传递。在神经网络中，则由激活函数实现对加权、求和后的结果进行处理，得到最终的输出。

通过对神经网络中神经元工作原理的学习，可以从大脑神经细胞得到启发：神经网络的训练就是通过反复供给模型输入输出，不断调整模型参数，直到模型可以较好地拟合输入输出间的复杂关系。

8.1.2 前馈神经网络

前馈神经网络（Feed Forward Neural Network）把每个神经元按接收信息的先后分为不同的组，每一组可以看作一个神经层。每一层中的神经元接收前一层神经元的输出，并输出到下一层神经元。第一层叫作输入层，最后一层叫作输出层，其他中间层叫作隐藏层。多层前馈神经网络如图 8-3 所示。

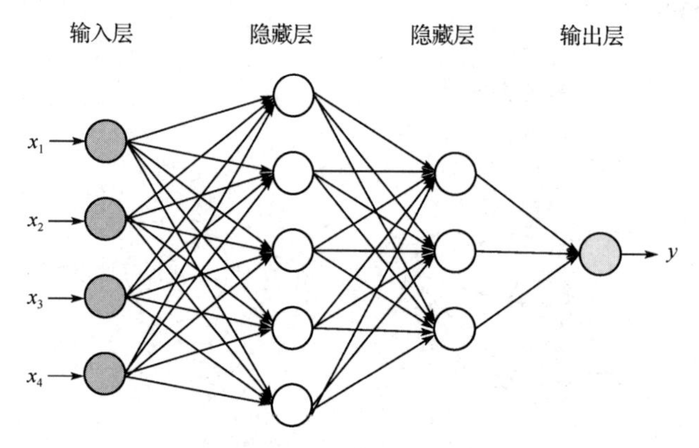

图 8-3 多层前馈神经网络

所谓的“前馈”是指整个网络输入信号的传播方向为前向，在此过程中并不调整各层的权值参数，没有反向的信息传播（和误差反向传播不是一回事），可以用一个有向无环图来表示。

前馈神经网络包括全连接前馈神经网络和卷积神经网络。

前馈神经网络可以看作是一个函数，通过简单非线性函数的多次复合，实现输入空间到输出空间的复杂映射。在前馈神经网络中还包含正向传播与反向传播两个概念。

1. 正向传播

图 8-1 和图 8-2 展示的均为正向传播神经网络，即整个网络中无反馈，数据（或信号）从输入层向输出层单向传播。这样一个正向传播过程建立在一个假设有合适的 w 和 b 的基础上，才可以实现对数据的正确拟合。真实情况下，每次训练无法得知所采用的 w 和 b 是

否合适，因此真正的学习过程需要有一个反馈机制，告诉训练者利用现有模型是否能够实现准确拟合。

于是学习过程需要加入一个特殊的训练过程，该训练通过反向误差传递的方法让模型自动来修正，最终产生一个合适的权重。

2. 反向传播

在神经网络中，反向传播就是根据损失函数来反方向对参数 w 和 b 求偏导，也就是求梯度。这里需要用梯度下降算法来对参数进行不断更新。根据求偏导的链式法则可知，第 i 层的参数的梯度，需要通过 $i+1$ 层的梯度来求得，因此求导的过程是“反向”的，这也就是为什么叫“反向传播”的原因。

反向传播的意义在于，在一次次的训练过程中，模型根据反向传递过来的损失函数值不断地对权重 w 进行调整，直到损失函数的值小于某个阈值为止。在刚开始没有得到合适权重时，正向传播输出的值与实际值有误差，反向传播负责将这个误差反馈给参数，此时权重做出适当调整。本教材在反向传播中使用的将每次训练得到的误差转化为权重误差的方法为 BP 算法，下面简单介绍 BP 算法。

BP 算法又称“误差反向传播算法”。其核心是：通过迭代地处理一组训练样本，让正向传播中每个样本的实际输出与真实值比较，不断调整神经网络的权值和阈值，使网络的误差最小化。

在本节中，正向传播的模型是清晰的，即 $z = wx + b$，通过对应损失函数，如均方误差 $\text{loss} = \frac{1}{n}\sum_{i=1}^{n}(z_{\text{预测值}} - z_{\text{真实值}})^2$，可以得到损失值 loss。

为了让损失值 loss 最小化，可以对损失函数关于 w 和 b 求导，找到最小值时刻的函数切线斜率即梯度，让 w 和 b 的值沿着这个梯度方向调整，每次调整的幅度由参数“学习率”来控制。通过不断地迭代学习，使得误差逐渐接近最小值或小于某个具体的阈值。

8.1.3　反馈神经网络

反馈神经网络（Recurrent Network）又称自联想记忆网络。与前馈神经网络相比，反馈神经网络不但可以接收其他神经元的信号，而且可以接收自己的反馈信号，即它内部神经元之间有反馈。此外，反馈神经网络中的神经元具有记忆功能，在不同时刻具有不同的状态。反馈神经网络中的信息传播可以是单向的，也可以是双向的，可以用一个无向完全图表示。反馈神经网络如图 8-4 所示。

常见的反馈神经网络包括循环神经网络、Hopfield 网络和玻尔兹曼机。

而为了进一步增强记忆网络的记忆容量，可以引入外部记忆单元和读写机制，用来保存一些网络的中间状态，称为记忆增强网络，比如神经图灵机。

1985 年霍普菲尔德（Hopfield）等人用模拟电子线路实现了 Hopfield 网络，巴特•柯斯可（Bart Kosko）于 1988 年提出双向联想记忆（Bidirectional Associative Memory，BAM）网络，埃尔曼（J.L.Elman）于 1990 年提出 Elman 网络。Hopfield 网络使用类似人类大脑的记忆原理，即通过关联的方式，将某一个事物与周围场景中的其他事物建立关联，当人们忘记了一部分信息后，可以通过场景信息回忆起来，从而将缺失的信息找回。通过在反馈神经网络中引入能量函数的概念，使其对运行稳定性的判断有了可靠依据，由权重派生出的能量函数是从能量高的位置向能量低的位置转化的，稳定点的势能比较低。基于动力学系统理论处理状态的变换，系统的稳定态可用于描述记忆。

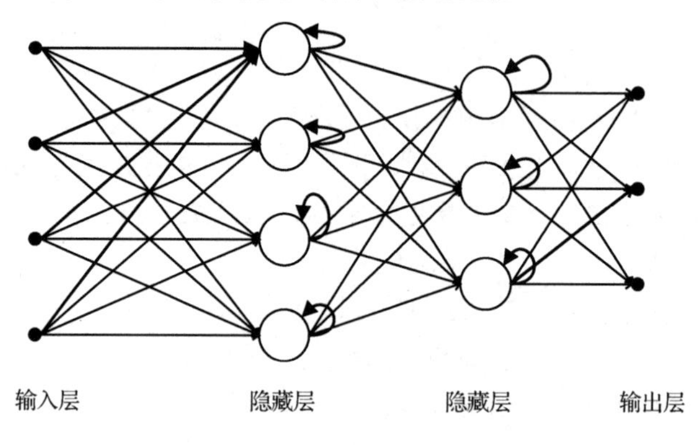

图 8-4　反馈神经网络

Hopfield 网络分为离散型（Discrete Hopfield Neural Network，DHNN）和连续型（Continous Hopfield Neural Network，CHNN）两种。在 Hopfield 网络中，学习算法是基于 Hebb 学习规则的，权值调整规则为若相邻两个神经元同时处于兴奋状态，那么它们之间的连接应增强，权值增大；反之，则权值减少。反馈神经网络的训练过程主要用于实现记忆的功能，即使用能量的极小点（吸引子）作为记忆值，一般可应用以下操作来实现训练。

（1）存储：基本的记忆状态，通过权值矩阵存储。

（2）验证：迭代验证，直到达到稳定状态。

（3）回忆：没有（失去）记忆的点都会收敛到稳定的状态。

8.1.4　自组织神经网络

自组织神经网络（Self-Organizing Neural Network）又称 Kohonen 网络，是 1981 年芬兰的科霍宁（T. Kohonen）教授提出的一种自组织特征映射网。它通过自动寻找样本中的内在规律和本质属性，自组织、自适应地改变网络参数与结构。多层感知器的学习和分类是以已知一定的先验知识为条件的，即网络权值的调整是在监督情况下进行的。而在实际应用中，有时并不能提供系统所需的先验知识，这就需要网络具有自学习的能力。

科霍宁提出的自组织特征映射图就是这种具有自学习功能的神经网络。这种网络是基于生理学和脑科学研究成果提出的。

脑神经科学研究表明：传递感觉的神经元排列是按某种规律有序进行的，这种排列往往反映人们所感受的外部刺激的某些物理特征。例如，在听觉系统中，神经细胞和纤维是按照其最敏感的频率分布而排列的。为此，科霍宁认为，神经网络在接受外界输入时，将会分成不同的区域，不同的区域对不同的模式具有不同的响应特征，即不同的神经元以最佳方式响应不同性质的信号激励，从而形成一种拓扑意义上的有序图。这种有序图也被称为特征图，它实际上是一种非线性映射关系，它将信号空间中各模式的拓扑关系几乎不变地反映在这张图（即各神经元的输出响应）上。由于这种映射是通过无监督的自适应过程完成的，所以也称它为自组织特征图。

在这种网络中，输出节点与其邻域其他节点广泛相连，并相互激励。输入节点和输出节点之间通过强度函数 $W_{ij}(t)$ 相连接。通过某种规则，不断地调整 $W_{ij}(t)$，使得在稳定时，每一邻域的所有节点对某种输入具有类似的输出，并且聚类的概率分布与输入模式的概率分布相接近。自组织神经网络特征图如图 8-5 所示。

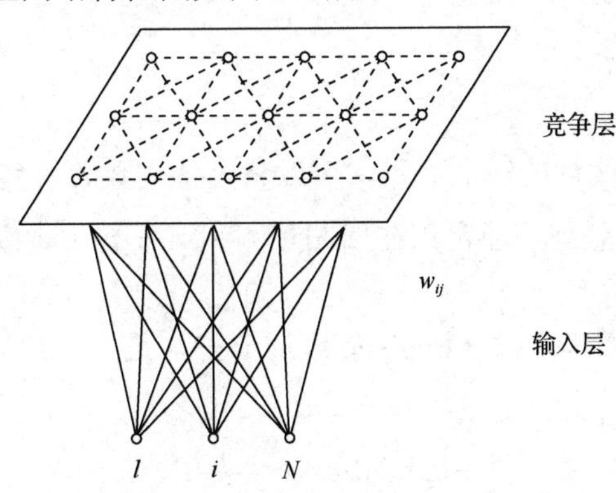

图 8-5　自组织神经网络特征图

自组织神经网络最大的优点是自适应权值，寻找最优解十分方便，但同时，在初始条件较差时，易陷入局部极小值。

8.2　神经网络相关概念

8.2.1　激活函数

激活函数（Activation Function）就是对神经网络的神经元进行运算的函数，负责将神经元的输入映射到输出端。在神经元中，输入数据通过加权、求和后，还经过了函数∫的处理，就是激活函数。

引入激活函数是为了增加神经网络模型的非线性，以解决线性模型表达能力不足的缺陷。如果神经网络不用激活函数，那么该神经网络每一层的输出都是上层输入的线性函数。此时，无论神经网络有多少层，输出都是输入的线性组合。针对图像、音频、文本等具有非线性特征的复杂数据进行训练时，得到的结果将不是很理想。那么应该选择怎样的函数作为激活函数呢？

（1）非线性。当激活函数是非线性函数时，可以证明，两层的神经网络就是一个通用函数逼近器，即从理论上来说两层的神经网络就可以解决任何分类问题。如果激活函数是线性的，那么多层神经网络实际上等效于单层神经网络模型。

（2）连续可微。这个特性是使用梯度下降算法逼近的必要条件。常用的激活函数包括连续随处可导的激活函数（Sigmoid、Tanh、ELU、Softplus 和 Softsign）、连续但不随处可导的激活函数（ReLU、ReLU6、CReLU）和随机正则化函数（Dropout）。

（3）取值范围。激活函数的输出应该被限定在有限区间内，这样有助于得到稳定的基于梯度下降算法的训练结果。

（4）单调。激活函数是单调的，那么理论上能保证误差函数是凸函数，从而在模型中能找到最优解（极值）。

（5）在原点处接近线性函数。这样在初始训练时参数调整的幅度较大，从而提高效率。

激活函数是神经网络中一个重要的环节，本节将详细介绍 Sigmoid、Tanh、ReLU 和 Swish 等常用的激活函数。

1．Sigmoid

Sigmoid 是常用的非线性的激活函数，可以将全体实数映射到$(0,1)$区间上，采用非线性方法将数据进行归一化处理，通常用在回归预测和二分类（即按照是否大于 0.5 进行分类）模型的输出层中。

Sigmoid 函数又称为逻辑函数（Logistic Function），是一种常见的 S 形函数。

数学公式如下：

$$\text{Sigmoid}(x)=\frac{1}{1+\mathrm{e}^{-x}}$$

Sigmoid 函数曲线如图 8-6 所示，该曲线形如 S。

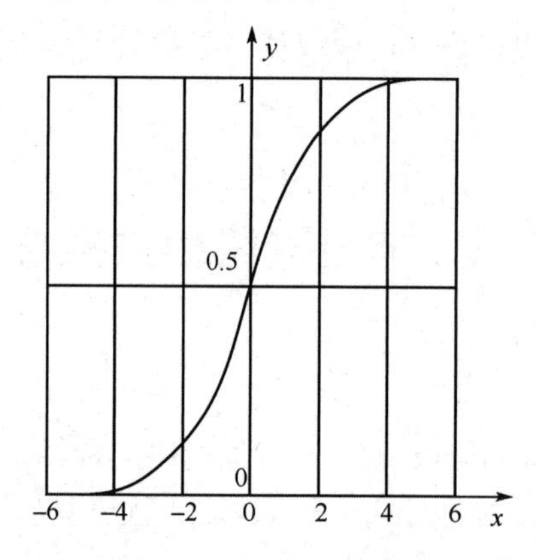

图 8-6　Sigmoid 函数曲线

从函数图像易知x的范围为$[-\infty,+\infty]$，y的范围是$(0,1)$。

由图 8-6 可以看出，x趋近正负无穷大时，y对应的值越来越接近 1 或 0，这种情况叫作饱和。此时的饱和状态就意味着$x=1\,000$和$x=10\,000$时的反映都是一样的。另外，有效使用函数的x取值极限在 −6～6 之间，x在 −3～3 之间应该会有比较好的反映效果。

Sigmoid 函数曾经被广泛使用，不过近年来，用它的人越来越少了。

2．Tanh

Tanh 是常用的非线性激活函数，可以说是 Sigmoid 函数的值域升级版。在具体应用中，Tanh 函数相比 Sigmoid 函数往往更具有优越性。

Tanh 又称为双曲正切函数。数学公式如下：

$$\text{Tanh}(x)=\frac{e^{x}-e^{-x}}{e^{x}+e^{-x}}=2\text{Sigmoid}(2x)-1$$

Tanh 函数曲线如图 8-7 所示。

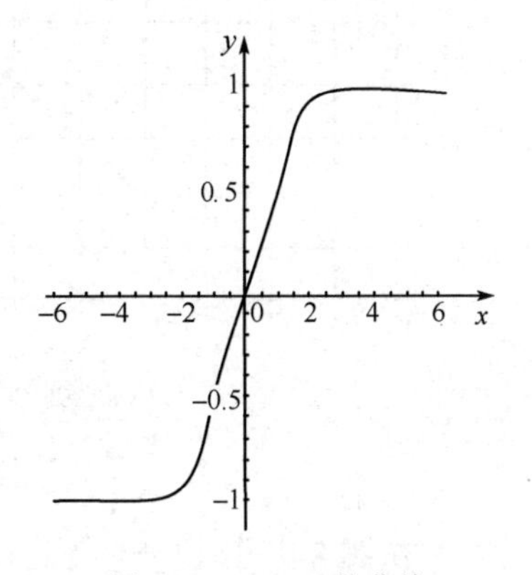

图 8-7　Tanh 函数曲线

从函数图像可知，x的取值范围为$[-\infty,+\infty]$，y 的取值范围为$(-1,1)$。它相对 Sigmoid 函数有更广的值域。但是在输出需要大于0的情况下，还是要用 Sigmoid 函数。

Tanh 函数跟 Sigmoid 函数有一样的缺陷，也就是在x趋于正负无穷大时遇到的饱和问题，所以在使用 Tanh 函数时，也要注意输入值的绝对值不能过大。

3．ReLU

ReLU 函数是目前最常用的激活函数，在搭建神经网络的时候推荐优先尝试！

线性整流函数（Rectified Linear Unit, ReLU），通常指代以斜坡函数及其变种为代表的非线性函数。

数学公式如下：

$$\text{ReLU}(x)=\max(0,x)=\begin{cases}x, & x\geqslant 0\\ 0, & x<0\end{cases}$$

ReLU 函数曲线如图 8-8 所示。

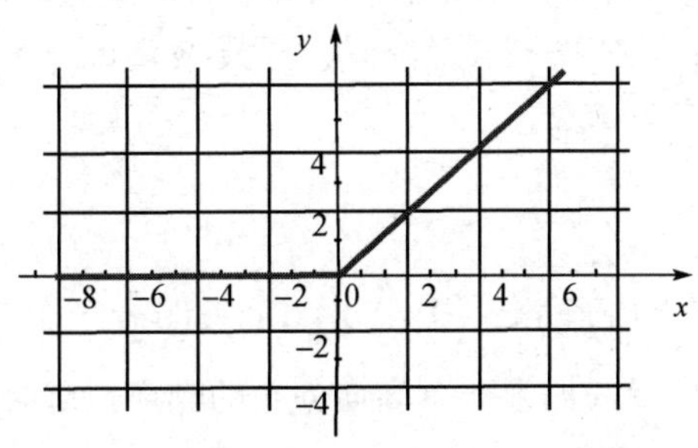

图 8-8　ReLU 函数曲线

从函数图像可知x的取值范围为$[-\infty,+\infty]$，y 的取值范围为$[0,+\infty)$。

ReLU 函数非常容易理解，大于0的取原值，否则一律取0。

ReLU 函数的一个优点就是计算非常简单，只需要使用阈值判断即可，导数也是几乎不用计算，这对于深度学习性能的提升却是非常大的。

此外，ReLU 函数这种对正向信号重视，对负向信号忽视的特性，与人类神经元细胞对信号的反映很相似，在神经网络中拟合效果很好。

4．ReLU 拓展函数

1）Softplus

Softplus 函数与 ReLU 函数类似，其数学公式如下：

$$\text{Softplus}(x)=\ln\left(1+e^{x}\right)$$

ReLU 函数和 Softplus 函数曲线如图 8-9 所示。

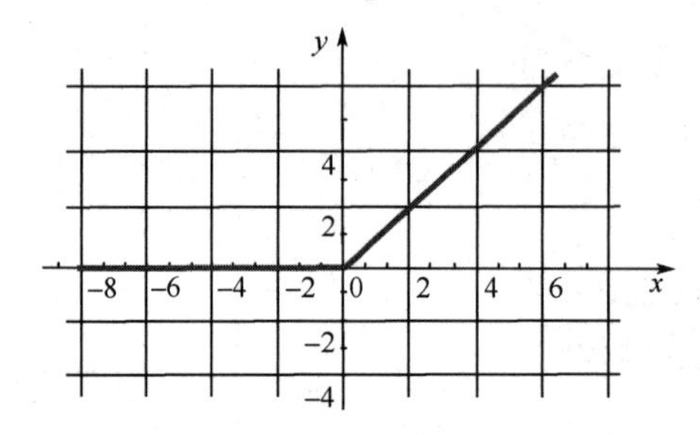

（a）ReLU函数曲线

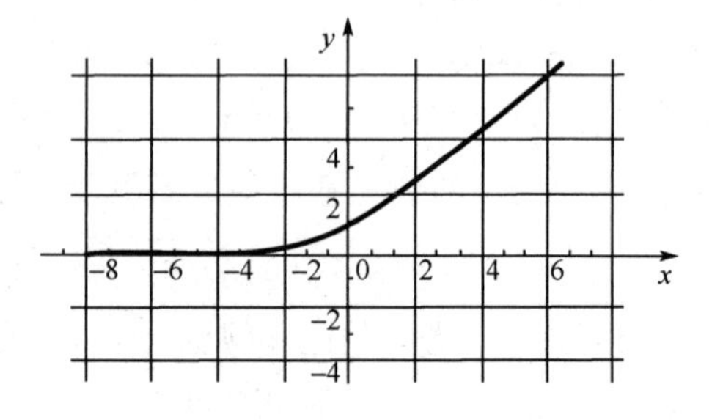

（b）Softplus函数曲线

图 8-9　ReLU 函数和 Softplus 函数曲线

从图 8-9 可以看出，Softplus 函数会更加平滑，但是计算量很大，而且对于小于 0 的值的信息保留得相对多一点。

Softplus 函数在 TensorFlow 中的实现：

```
tf.nn.softplus(x,name=None)
```

注意：从图 8-9 可以看出，ReLU 函数是分段线性函数，所有的负值和 0 为 0，所有的正值不变，这种操作被称为单侧抑制。这种单侧抑制很容易使模型输出全为 0 从而无法再进行训练。例如，随机初始化的 w 中有个值是负值，其对应的正值输入特征将被全部屏蔽，而负值输入值反而被激活，这不是想要的结果。于是演化出一系列基于 ReLU 函数的变种函数，以下介绍几个常见变种函数。

2）Noisy ReLUs 函数

数学公式如下：

$$f(x)=\max(0,x+Y),Y\in N\left(0,\sigma(x)\right)$$

其在 ReLU 函数基础上，为x加了一个高斯分布的噪声，具体代码实现只需在进行 ReLU 函数计算前对张量x进行平移变换。

3）Leaky ReLUs 函数

其数学公式如下：

$$f(x)=\begin{cases}x,x>0\\0.01x,x\leqslant 0\end{cases}$$

其在 ReLU 函数基础上对于负值信息采取缩小影响，但部分保留的策略。

其还可以让上式$x\leqslant 0$时的权值 0.01 可调，得到 Leaky ReLUs 函数公式如下：

$$f(x)=\begin{cases}x,x>0\\ax,x\leqslant 0\end{cases}\rightarrow f(x)=\max(x,ax)$$

式中，$a\leqslant 1$。

在 TensorFlow 中的实现：Leaky ReLUs 函数无函数实现，和 Noisy ReLUs 函数一样可以利用现有函数实现：

```
tf.maximum(x, ax, name = None)
```

其中a为传入的可调参数，$a \leqslant 1$。

4）ELUs 函数

ELUs 函数是"指数线性单元"，也是在 ReLU 函数基础上对于负值信息做了更复杂的变换。其数学公式如下：

$$f(x)=\begin{cases} x, x \geqslant 0 \\ a\left(e^{x}-1\right), x<0 \end{cases}$$

ELUs 函数曲线如图 8-10 所示。

它的一个小问题在于计算量稍大，它试图将激活函数的平均值接近零，从而加快学习的速度。同时，它还能通过正值的标识来避免梯度消失的问题。研究表明，ELUs 函数分类的精确度是高于 ReLU 函数的。

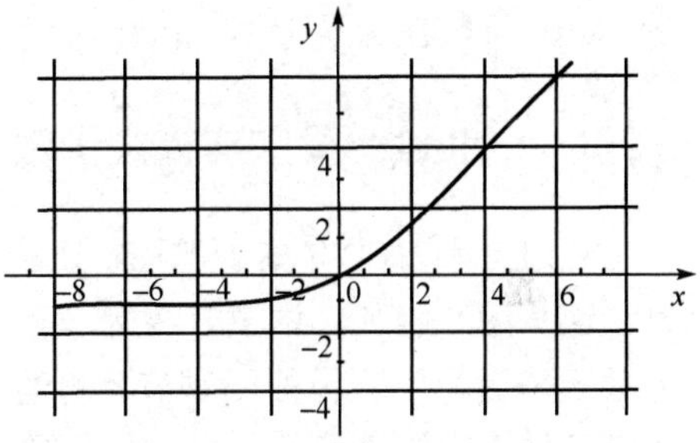

在 TensorFlow 中的实现函数：

```
tf.nn.elu(x, name=None)
```

图 8-10　ELUs 函数曲线

5．Swish

Swish 函数是谷歌公司提出的一种新型激活函数，效果更优于 ReLU 激活函数。

Swish 函数拥有不饱和、光滑、非单调性的特征，在不同的数据集上都表现出了要优于当前最佳激活函数的性能。

其数学公式如下：

$$f(x)=x\text{Sigmoid}(\beta x)$$

式中，β为x的缩放参数，一般情况取默认值1，可以是常数或可训练的参数。

当β取不同的值时，Swish 函数曲线如图 8-11 所示：

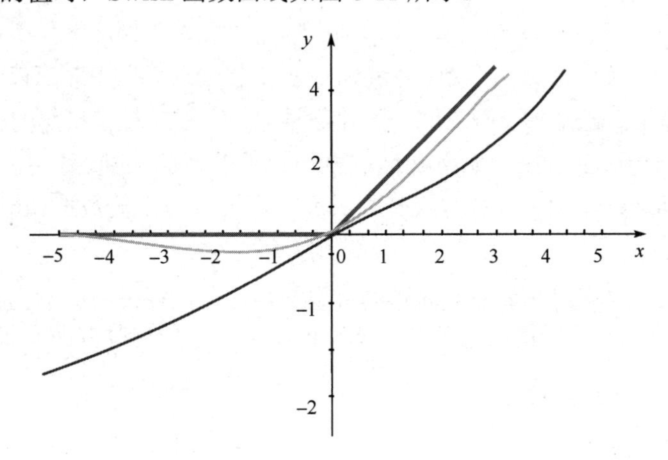

图 8-11　Swish 函数曲线

本节主要介绍了几种常用的激活函数（Sigmoid、Tanh、ReLU 和 ReLU）的一些变种函数。其中，Sigmoid 函数与 Tanh 函数类似，Tanh 函数在形状上看是 Sigmoid 函数经过平移得到的，其转换公式为 $\text{Tanh}(x)=2\times\text{Sigmoid}(x)-1$。所以，Tanh 函数仍然存在梯度消失的问题。但是 Tanh 函数是根据 0 值中心对称的，因此相比 Sigmoid 函数，使用 Tanh 函数可以使模型更快地收敛（Converge）。

此外，Tanh 函数在特征相差明显时的效果会很好，在不断循环计算的过程中该函数会不断扩大特征效果并显示出来。但是当特征相差不明显时，Sigmoid 函数的效果就会更好一些。而后来出现的 ReLU 函数相对前两者更为常用，它将数据转化为只有最大数值，其他都为 0 的稀疏数据，这种变换可以近似最大限度地保留数据特征。谷歌提出的新型激活函数 Swish 函数在深层模型上的效果优于 ReLU 函数。

8.2.2 Softmax 算法与损失函数

8.2.1 节详细地介绍了神经网络中常见的几种激活函数：Sigmoid、Tanh、ReLU 等。相对于这些激活函数，本节介绍的 Softmax 算法功能强大，既可作为模型进行训练，又可作为激活函数使用。另外，本节还将着重介绍神经元的第二个关键知识点——损失函数，它决定了神经网络学习的方向与精度。

1. Softmax 算法

Softmax 算法是机器学习中一个非常重要的工具，可以独立作为机器学习的模型进行建模训练，还可以作为深度学习的激活函数。它是 logistic 回归模型（即 Sigmoid 函数）在多分类问题上的推广，适用于多分类问题，并且类别之间是互斥的，即只属于其中的一个类的场合。其作用简单地说就是计算一组数值中每个值的占比。

对应数学公式如下：

$$P(S_i)=\frac{\text{e}^{\text{logits}_i}}{\sum_{k=1}^{K}(\text{e}^{\text{logits}_k})}$$

公式场景描述：设一共有 K 个用数值表示的目标分类，$P(S_i)$ 为样本数据，属于第 i 类的概率；$k\in[1,K]$，k 表示分类个数；logits_i 表示本层输入数据中对应该分类的分量值。

logits：这里表示的是神经网络的一层输出结果。一般是全连接层的输出，Softmax 算法的输入，该输出一般会再接一个 Softmax 算法得到归一化后的概率，用于多分类。logits 和统计中定义的 $\text{logit}=\log(p/1-p)$ 没什么关系，深度学习中的数据在输入激活函数之前都可以叫作 logits。

Softmax 算法通常应用在多分类问题的输出层，它可以保证所有输出神经元之和为 1，而每个输出对应的 $[0,1]$ 区间的数值就是该输出的概率，在应用时取概率最大的输出作为最终的预测。

2. Softmax 原理

关于 Softmax 原理，可以先来看一个简单的 Softmax 算法网络模型（见图 8-12）：

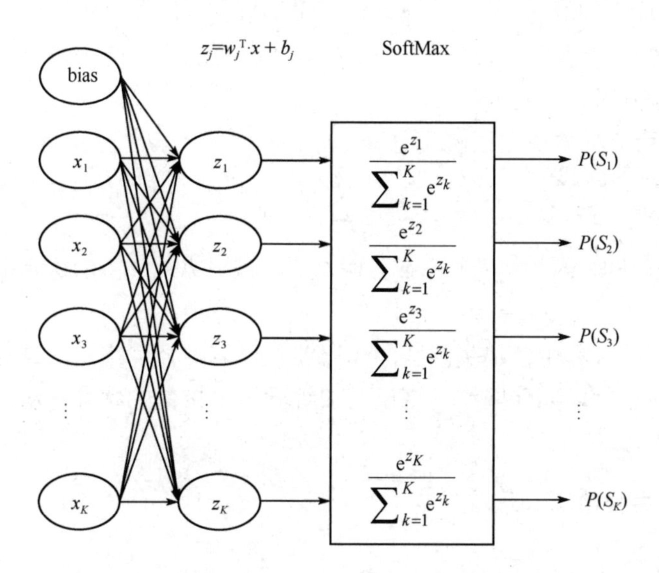

图 8-12　Softmax 算法网络模型

其中，$z = wx + b = \begin{bmatrix} z_1 \\ z_2 \\ z_3 \\ \vdots \\ z_K \end{bmatrix} = \begin{bmatrix} \boldsymbol{w}_1^T \\ \boldsymbol{w}_2^T \\ \boldsymbol{w}_3^T \\ \vdots \\ \boldsymbol{w}_K^T \end{bmatrix} \begin{bmatrix} x_1 \\ x_2 \\ x_3 \\ \vdots \\ x_n \end{bmatrix} + \begin{bmatrix} b_1 \\ b_2 \\ b_3 \\ \vdots \\ b_K \end{bmatrix}$

这个模型表达的是：输入形如 x_1、x_2、…、x_n 的样本数据，准备生成 S_1、S_2、…、S_K 的 K 个类。那么根据 Softmax 算法思想对于第 i 个样本 $(x_{1i}, x_{2i}, \cdots, x_{ni})$ 属于 S_1 类的概率，可以转化成 $P(S_1) = \frac{e^{z_1}}{\sum_{k=1}^{K}(e^{z_k})} = \frac{e^{w_1^T \cdot x_i + b_1}}{\sum_{k=1}^{K}(e^{z_k})}$，同理可得到样本属于其他类别的概率 $P(S_2)$、$P(S_3)$、…、$P(S_K)$，比较得出其中最大的概率值对应的类别，即经 Softmax 算法处理后，得到的该样本所属类别。

例如，某神经网络模型的上一层输出结果 $\text{logits} = [9,6,3,1]$，经过 Softmax 算法转换后为 $\text{logits\_Softmax} = [0.950\,027\,342\,724\ \ 0.047\,299\,076\,263\,5\ \ 0.002\,354\,882\,343\,67\ \ 0.000\,318\,698\,668\,969]$。显然，Softmax 算法将上层输出 logits 映射到区间[0,1]，而且做了归一化处理，结果所有元素和为 1，可以直接当作概率对待，选取概率最大的分类（第一类）作为预测的目标。

可以看出，Softmax 算法使用了指数，这样可以让大的值更大，小的值则更小，增加了区分对比度，学习效率更高。而且 Softmax 算法是连续可导的，消除了拐点，这个特性在机器学习的梯度下降算法等地方非常必要。

注意：实际使用中，Softmax 算法的分类标签均为 One-Hot 编码，而且用 Softmax 算法计算时，要将目标分为几类，最后一层就要有几个输出节点（即神经元）。

3．损失函数

谈及损失函数，大家并不陌生。常见的词汇如误差、偏差、Error、Cost、Loss、损失、代价等。在本节中，使用“损失函数”和“Loss Function”这两个词汇，具体的损失函数用 J 来表示，误差值用 loss 表示。

“损失”是指所有样本的“误差”总和，即：

$$J=\sum_{i=1}^{n}\text{loss}_i$$

式中，n 为样本数；loss_i 表示第 i 个样本的误差；J 表示所有样本的误差的总和即整体样本的损失函数值。

在神经网络训练过程中，损失函数的作用就是计算神经网络每次迭代的正向传播计算结果与真实值的差距，以判断网络是否已经训练到了可接受的状态，从而指导下一步的训练向正确的方向进行。

4．常用的损失函数

1）均值平方差

均值平方差（Mean Squared Error，MSE），也称为“均方误差”，常用于回归预测问题的模型评估，度量的是预测值和实际观测值之差的平方的均值。它只考虑误差的大小，不考虑其方向。而且由于经过平方，与真实值偏离较多的预测值会受到更为严重的惩罚。其对应公式如下：

$$\text{MSE}=\frac{1}{n}\sum_{i=1}^{n}(\text{observde}_i-\text{predicted}_i)^2$$

MSE 的值越小，表明模型拟合得越好。类似的损失函数还有平均绝对偏差：

$$\text{MAD}=\frac{1}{n}\sum_{i=1}^{n}|\,\text{observde}_i-\text{predicted}_i\,|$$

以及均方根误差：

$$\text{RMSE}=\sqrt{\text{MSE}}$$

需要注意的是，在回归预测问题中计算损失函数值时，预测值与真实值要控制在同样的数据分布内。如经过 Sigmoid 激活函数处理后的值在 $(0,1)$ 之间，那么真实的观测值也需要归一化到 0～1 之间，否则损失函数值将失去意义。

2）交叉熵

交叉熵（Cross Entropy）是 Shannon 信息论中的一个重要概念，主要用于度量两个概率分布间的差异性信息。它在神经网络中作为损失函数，一般用在分类问题中，表示预测输入样本属于某一类的概率。随着预测概率偏离实际标签，交叉熵会逐渐增加。交叉熵也是值越小，模型拟合得越好。

对于二分类问题，模型最后需要预测的结果只有两种情况。对于每个类别预测得到的概率为 p 和 $1-p$。此时交叉熵计算公式如下：

$$c=-\frac{1}{n}\sum_{x}[y\ln p+(1-y)\ln(1-p)]$$

式中，n 为记录数，表示对训练样本的误差求和后再取平均；y 表示样本的 label，正类为 1，负类为 0；p 表示样本预测为 1 的概率，是通过分布统一化处理或是经过 Sigmoid 函数激活的，处于$(0,1)$区间。

多分类问题其实就是对二分类问题的拓展，交叉熵计算公式如下：

$$c=-\sum_{i=1}^{K} y_i \ln\left(p_i\right)$$

式中，K目标类别的数量；y_i指示变量（0 或 1），如果预测的结果和真实类别相同就是 1，否则为 0；p_i根据正向传播计算的样本属于类别i的预测概率。

在实际应用中，损失函数还有很多，这里不再一一介绍。通过前面的介绍可以看出，均方误差 MSE 一般用于回归问题，交叉熵一般用于分类问题。另外，损失函数的选取还和输入标签数据的类型有关，如果输入数据为实数、无界的值，损失函数一般用平方差；如果输入标签是位矢量（分类标志），使用交叉熵效果会更好。

当然在真实的应用场景，除了以上两种损失函数的形式，也可以像实现 MSE 那样根据实际问题自定义损失函数。

8.2.3　梯度下降算法

梯度下降算法是一个一阶最优化算法，通常也称为最速下降法，常用于机器学习和人工智能中递归性逼近最小偏差模型。要使用梯度下降算法找到一个函数的局部极小值，必须向函数上当前点对应梯度（或是近似梯度）的反方向的规定步长距离点进行迭代搜索。梯度下降的方向也就是用负梯度方向为搜索方向，沿着梯度下降的方向求解极小值。

在训练过程中，每次的正向传播都会得到输出值与真实值的损失值，这个损失值越小代表模型越好，于是梯度下降算法就用在这里，帮助人们找最小的那个损失值，从而可以反推出来对应的学习参数b和w，达到优化模型的效果。

常用的梯度下降算法可以分为：批量梯度下降算法、随机梯度下降算法和小批量梯度下降算法。

1．批量梯度下降算法

使用整个训练集的优化算法被称为批量梯度下降算法（Batch Gradient Descent），它们会在一个大批量中同时处理所有样本。批量梯度下降算法是最原始的形式，它在每一次迭代时会使用所有样本来进行梯度的更新。这种方法每更新一次参数就要把数据集里的所有样本看一遍，计算量大、计算速度慢、不支持在线学习。

2．随机梯度下降算法

随机梯度下降算法（Stochastic Gradient Descent）的具体思路是在更新每一个参数时都使用一个样本来进行更新。每一次更新参数都用一个样本，更新很多次。如果样本量很大（如几十万个），那么可能只用其中几万个或几千个样本就已经迭代到最优解了，对比上面的批量梯度下降，迭代一次需要用到十几万个训练样本，一次迭代不可能最优，如果迭代 10 次的话就需要遍历训练样本 10 次。这个方法速度比较快，但是收敛性能不太好，可能在最优点附近晃来晃去，达不到最优点。两次参数的更新也有可能互相抵消，造成目标函数震荡比较剧烈。

3. 小批量梯度下降算法

鉴于梯度下降算法耗费时间长，而随机梯度下降算法容易陷入局部最优解。因此，有人提出了小批量梯度下降算法（Mini-Batch Gradient Descent，MBGD），即在训练速度和训练准确率之间取得一个折中。这种方法把数据分为若干批，按批来更新参数，这样一批中的一组数据共同决定了本次梯度的方向，下降过程就不容易跑偏，减少了随机性。除此之外，因为批的样本数与整个数据集相比小了很多，所以计算量也不是很大。

8.2.4 学习率

在使用不同优化器的神经网络相关训练中，学习速率作为一个超参数控制了权重更新的幅度，以及训练的速度和精度。

选择最优学习率是很重要的，因为它决定了神经网络是否可以收敛到全局最小值。选择较高的学习率可能在损失函数上带来不理想的后果，使用该学习率时几乎从来不能到达全局最小值，因为系统很可能跳过它。选择较小的学习率有助于神经网络收敛到全局最小值，但是会花费很多时间，这样就必须用更多的时间来训练神经网络。较小的学习率也可能使神经网络困在局部极小值里面，也就是说，神经网络会收敛到一个局部极小值，而且因为学习率比较小，它无法跳出局部极小值。

最终，人们希望得到一个合适的学习率，以极大地减少网络损失。下面就来介绍设置学习率的方法——退化学习率。

退化学习率又叫学习率衰减，它可以使学习率随着训练的进行逐渐衰减。也就是当训练刚开始时，使用大的学习率加快速度，训练到一定程度后使用小的学习率来提高精度，这时可以使用学习率衰减的方法：

```
def exponential_decay(learning_rate,global_step, decay_steps, decay_rate, staircase=False, name=None):
```

学习率的衰减速度是由 global_step 和 decay_steps 来决定的。具体的计算公式如下：

$$\text{decayed\_learning\_rate} = \text{learning\_rate} * \text{decay\_rate} \wedge (\text{global\_step} / \text{decay\_steps})$$

当 staircase = True 时表示没有衰减的功能，其默认值为 False。

下面的代码定义了一个学习率，这种方式定义的学习率就是退化学习率，这个函数的意思是每迭代 100 000 步，学习率衰减到原来的 96%，其中 global_step 表示的是当前的迭代步数，用来记录循环次数。

```
learning_rate = tf.train.exponential_decay(starter_learning_rate, global_ step,100000, 0.96)
```

注意：在使用时，一定要把当前迭代步数 global_step 传进去，否则不会有退化的功能。通过增大批次处理样本的数量也可以起到退化学习率的效果。但是这种方法要求训练时的最小批次要与实际应用中的最小批次一致。一旦满足该条件，建议优先选择增大批次数量的方法，因为这样会省去一些开发量和训练中的计算量。

下面举例来演示学习率衰减的使用方法。

定义一个学习率变量，将其衰减系数设置好，并设置好迭代循环的次数，将每次迭代运算的次数与学习率打印出来，观察学习率按照次数退化的现象。相关代码如下：

```
import tensorflow as tf
global_step = tf.Variable(0, trainable=False) initial_learning_rate = 0.1
#初始学习率
learning_rate = tf.train.exponential_decay(initial_learning_rate, global_step=global_step, decay_steps=
10,decay_rate=0.9)
opt = tf.train.GradientDescentOptimizer(learning_rate) add_global = global_step.assign_add(1)
#定义一个 op，令 global_step 加 1 完成记步
with tf.Session( ) as sess:
    tf.global_variables_initializer( ).run( )
    print(sess.run(learning_rate))
    for i in range(20):
        g, rate = sess.run([add_global, learning_rate])
        #循环 20 步，将每步的学习率打印出来
        print(g,rate)
```

运行结果如下：

```
0.1
1 0.1
2 0.0989519
3 0.0979148
4 0.0968886
5 0.0958732
6 0.0948683
7 0.093874
8 0.0928902
9 0.0919166
10 0.0909533
11 0.09
12 0.0890567
13 0.0881234
14 0.0871998
15 0.0862858
16 0.0853815
17 0.0844866
18 0.0836011
19 0.082725
20 0.0818579
```

输出的第 1 列是迭代的次数，第 2 列是学习率。从运行结果可知：学习率在逐渐变小，在第 11 次由原来的 0.1 变为了 0.09。这是一种常用的训练策略，在训练神经网络时，通常在训练刚开始时使用较大的 learning rate，随着训练的进行，会慢慢减小 learning rate。

8.2.5　过拟合与欠拟合

对于深度学习或机器学习模型而言，不仅要求它对已知数据集（训练集）有很好的拟

合效果，同时也希望它可以对未知数据集（测试集）有很好的拟合效果，两个数据集拟合效果所产生的误差被称为泛化误差。度量泛化能力的好坏可以用过拟合（Overfitting）和欠拟合（Underfitting）两个指标来衡量。

过拟合与欠拟合是模型训练过程中经常出现的两类典型问题。过拟合是指过于依赖训练数据集的特征，将数据的规律精细化、复杂化，模型的复杂度不断上升，以至于模型对训练集的拟合表现很好，但是无法泛化到测试数据集上；欠拟合是指训练数据集的特征规律没有被有效地捕捉到，以至于模型对训练集的拟合效果欠缺，因此也无法泛化到测试数据集上。

在神经网络的实际应用中随着层数与节点数增多，参数过多，模型过于复杂，模型就记住了训练数据中过多的“噪声”，进而可能会出现梯度消失，导致网络训练时间过长，最终产生过拟合。当模型应用于生产环境或测试数据集，并且模型试图重现那些错误的规律时，就会在测试数据集上出现误差很大的情况。

而欠拟合就是模型在训练数据集和测试数据集上的误差都很大，这种情况的原因主要是模型过于简单或训练不足、参数设置不当、参数调整不足等，所以模型并没有有效学习到数据集的内在规律，从而对训练集和测试集数据都无法有效拟合。解决欠拟合最常用的方法就是提高模型的复杂度，目前在分类识别、趋势预测等多种应用场景中已经有了大量成熟的模型，可以选择合适复杂度的模型进行训练，最大限度地优化模型的参数，让训练精度不断提高，误差尽可能减小。

模型复杂度与拟合误差的关系如图 8-13 所示。当模型过于简单，对于训练数据和测试数据均无法有效表达时，模型处于欠拟合状态；当模型过于复杂，虽然在训练数据上有更好的表现，但是对于测试数据却无法有效预测时，模型无法泛化，处于过拟合状态。追求泛化误差最小的目标就是尽可能让模型处于两者中间的理想状态。

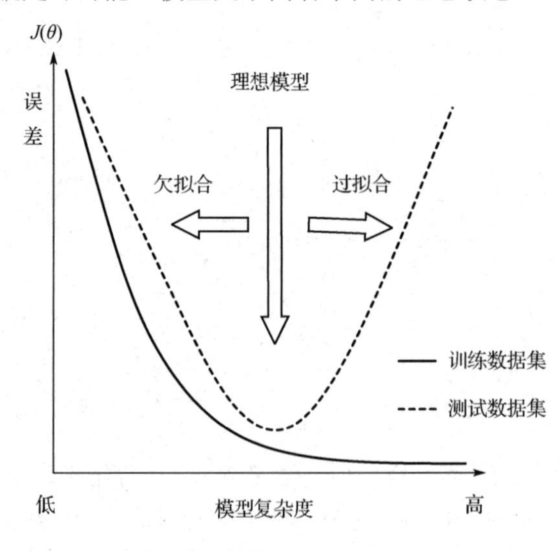

图 8-13　模型复杂度与拟合误差的关系

在实际工作中，过拟合问题的解决方法相对复杂一些。解决过拟合的常用方法是进行正则化处理，即优化误差函数，增加正则项用以对过多的参数进行“惩罚”，这样可以避免由于参数过于复杂而导致的过拟合。在神经网络模型中，通常使用 Dropout 正则化技术将神经网络中的一些连接丢弃，从而减少参数的数量，防止模型参数对训练数据进行复杂协同，同样可以避免由于参数过于复杂而导致的过拟合。

正则化处理可以用如下数学公式来表示：

$$J(\theta)=J(\theta_0)+\frac{\lambda}{2m}\sum_{j=0}^{n}\theta_j$$

式中，λ 是正则化系数；m 是样本数量；n 是参数个数；$J(\theta)$ 表示初始损失函数（即未添加正则项的损失函数）。

从上面公式可知，当 λ 较大时，正则项 $\frac{\lambda}{2m}\sum_{j=0}^{n}\theta_j$ 部分的取值变大后，$J(\theta)$ 的取值也必然变大，从而使模型无法收敛于当前参数 θ。如果 λ 太小，那么正则项几乎就没有起到作用，也就无法解决过拟合问题；如果 λ 太大，这时除了 θ_0 的其他参数的 θ_j 就会很小，最后得到的模型几乎就是一条直线，会出现欠拟合问题。所以，λ 增大时，模型过拟合的可能性变小，但欠拟合的可能性变大，合理调整正则化系数 λ 的取值可以有效地解决过拟合问题。

Dropout 是专门用在神经网络模型的正则化技术。Dropout 通过丢弃一些参数，减少参数的数量，来防止由于参数过多造成的过拟合现象。图 8-14 所示为 Dropout 后的神经网络结构。

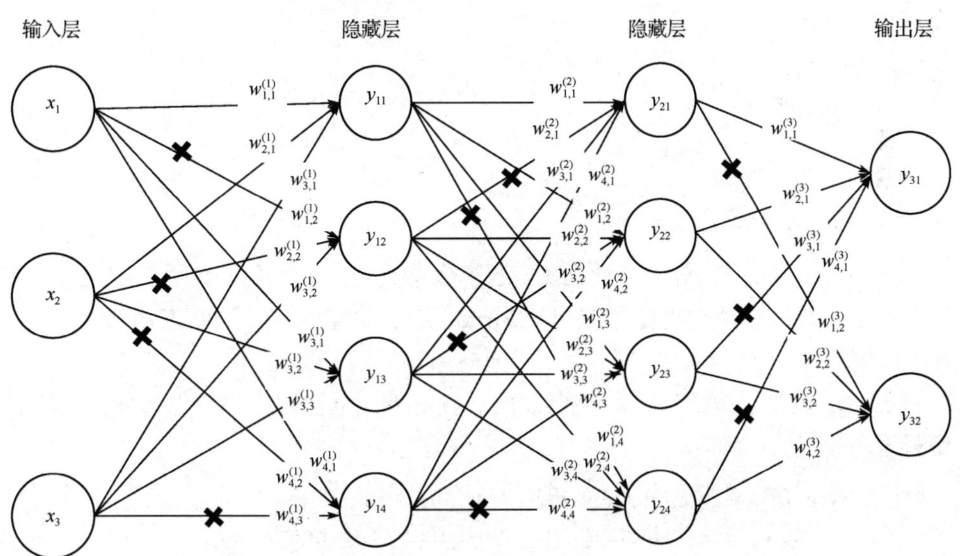

图 8-14　Dropout 后的神经网络结构

Dropout 不修改损失函数，也不是真的丢弃某些神经元结构，而是让一部分神经元及其参数不参与最终的输出结果的计算。每一个经过 Dropout 的不完整神经网络，还是有可能过拟合的，但是它们各自的过拟合情况是不同的，通过求平均就可以抵消。

8.2.6　神经网络模型的评估指标

对于已经训练出来的神经网络模型，该如何评价（Evaluate）神经网络呢？通常，可以通过一些指标对神经网络进行评价，通过评价来改进神经网络。评价神经网络的方法和评价机器学习的方法大同小异，对于回归类问题通常使用误差、准确率、R^2分值等评估指标。对于分类任务，一般通过混淆矩阵计算出模型的召回率（Recall）、F1 分值（F1 Score）、ROC 曲线面积和 AUC 值，并结合实际应用场景进行结果评价。

8.3 神经网络识别 MNIST 手写数据集

本节要完成一个实际案例——手写数字识别。一方面巩固本章前面所学知识，另一方面让读者了解神经网络的完整建模流程。

案例需求描述：首先使用 MNIST 数据集训练神经网络，然后当拿到新的数字图像后能够识别出图像中的数字是多少。

整个案例按照如下步骤完成：

（1）导入图像数据集；

（2）分析图像特征，并定义训练变量；

（3）构建模型；

（4）训练模型并输出中间状态；

（5）测试模型；

（6）保存模型；

（7）加载模型。

下面对各个步骤拆分讲解。

1. 导入图像数据集

本次案例使用到的是 MNIST 数据集，这个数据集是一个入门的计算机视觉数据集，学习编程语言时，通常都是首先打印 Hello World。在机器学习中，通常使用 MNIST 数据集进行各种模型实验。

TensorFlow 提供了一个库，可以把数据下载下来并进行解压，使用如下代码即可完成下载和解压功能。

```
from tensorflow.examples.tutorials.mnist import input_data
mnist = input_data.read_data_sets('mnist_data', one_hot=True)
```

read_data_sets 函数首先会查看当前目录下 mnist_data 中有没有 mnist 的数据，如果没有，会从网络上下载；如果有，就直接解压。

one_hot=True 表示把下载的样本标签数据转换成 one_hot 编码。one_hot 编码方式通常用于分类模型，比方说该案例中数字总共有 10 个类型，那么这个 one_hot 编码就会占 10 位，数字 0 的 one_hot 编码就是 1000000000，也就是第 0 位上的数字为 1，其他位置上为 0，数字 1 的 one_hot 编码就是 01000000000，以此类推，对应位置上的数字为 1，其他位置都为 0。有多少种类别就占据多少位。

当上面代码执行完成后就会在当前目录下的 mnist_data 目录有如图 8-15 所示的 mnist 数据包。

```
t10k-images-idx3-ubyte.gz
t10k-labels-idx1-ubyte.gz
train-images-idx3-ubyte.gz
train-labels-idx1-ubyte.gz
```

图 8-15　mnist 数据包

数据包中有两个标签数据文件（t10k-labels-idx1-ubyte.gz 和 train-labels-idx1-ubyte.gz），两个图像数据文件（t10k-images-idx3-ubyte.gz 和 train-images-idx3-ubyte.gz）。

2．分析图像特征，并定义训练变量

通过上一个步骤，数据已经下载好了。现在对数据进一步分析。

TensorFlow 读取到数据后，把整个数据集分成三大类：训练数据集、测试数据集、验证数据集。每种数据集中都包含了图像及其标签数据（使用了 one_hot 编码）。现在验证各种数据集的大小，训练数据集通过 train 属性获取，测试数据集通过 test 属性获取，而验证数据集使用 validation 属性获取，代码如下。

```
print(mnist.train.images.shape)
print(mnist.test.images.shape)
print(mnist.validation.images.shape)
```

运行结果如下：

```
(55000, 784)
(10000, 784)
(5000, 784)
```

训练数据集的形状是 55 000×784；测试数据集的形状是 10 000×784；验证数据集的形状是 5 000×784；这表示训练数据集的图像有 55 000 张，测试数据集的图像有 10 000 张，验证数据集图像有 5 000 张。后面的数字 784 则代表了像素点个数，由于 mnist 中的每张图像都是 28×28 像素的，那么一张图像上的所有像素点共 784 个，这相当于把一张图像从二维的图形拉成了一个一维的数据。

下面验证图像和标签的对应关系，选取训练数据集中的第二张图像和第二个标签数据。由于现在的图像数据是一维的，要先把它转化成二维的，然后把图像展示出来。

```
# 读取第二张图像
im = mnist.train.images[1]
# 把图像数据变成 28×28 的数组
im = im.reshape(-1, 28)
# 展示图像
pylab.imshow(im)
pylab.show( )
```

```
# 打印第二个标签数据
print(mnist.train.labels[1])
```

pylab 显示的第二张图像如图 8-16 所示。

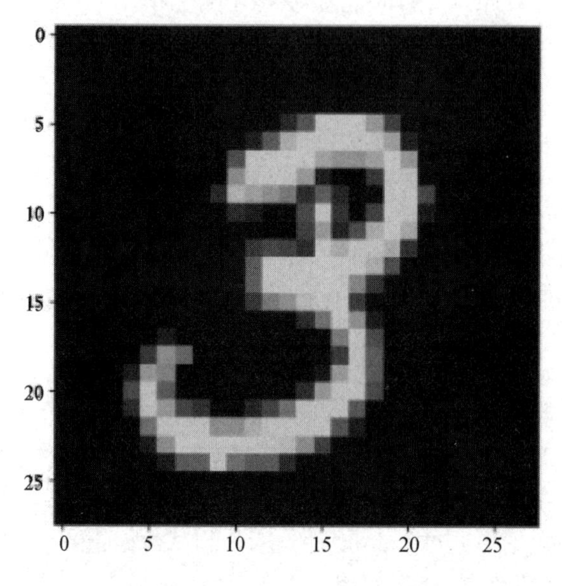

图 8-16　pylab 显示的第二张图像

标签数据的打印结果如下：

```
[0. 0. 0. 1. 0. 0. 0. 0. 0. 0.]
```

第四个位置上为 1，按照 one_hot 编码规则，就说明它表示的是 3。

前文对三个数据集的形状大小及特点进行了分析，现在介绍三种数据集的使用场景。训练数据集用于对构建的神经网络进行训练，使得神经网络学习到这其中的“经验”，然后使用测试数据集验证训练的正确率，可以使用验证数据集评估模型的泛化能力。

现在定义输入输出的参数，输入就是一张张图像，那么它的形状是 n×784（表示 n 张图像），而输出就是推测出的数字 one_hot 编码，每个图像对应一个 one_hot 编码，所以输出的形状是 n×10。

相关代码如下：

```
import tensorflow as tf
# 图像输入占位符
x = tf.placeholder(tf.float32, [None, 784])
# 图像标签数据占位符
y = tf.placeholder(tf.float32, [None, 10])
```

shape 参数中的 None 值表示这个对应维度可以是任意长度，x、y 占位符形状中的 None 就表示根据图像张数来确定。

3．构建模型

TensorFlow 中构架模型通常分为如下几步：

（1）定义权重和偏置项；

（2）定义前向传播函数；

（3）定义反向传播函数。

1）定义权重和偏置项

TensorFlow 中都是使用各属性值分别乘以相应的权重，然后加上偏置项来推测输出的。本案例也需要定义权重和偏置项。首先确定权重的形状，由于一张图像中有 784 个像素，为了确定每个像素对于最终结果的影响，所以需要分别对这 784 个像素点进行权重求值。通过这个权重需要输出的是一个长度为 10 的数组（因为本案例的类别有 10 个类别），所以权重的形状就为 784×10。对于权重求出来的结果需要加上偏置项，所以偏置项的形状为长度为 10 的数组。

```
# 定义权重
weights = tf.Variable(tf.random_normal([784, 10]))
# 定义偏置项
biases = tf.Variable(tf.zeros([10]))
```

通常权重初始值设置为随机数，而偏置项设置为 0。

2）定义前向传播函数

前向传播函数的意思就是通过当前的权重和偏置项推测出一个结果出来。本案例使用 Softmax 进行分类。这个分类器的作用是把原始的输出结果经过 Softmax 层后，能够推断出各个结果概率分布情况，比方说本例中一个图像经过 Softmax 后的输出结果可能是[0.1, 0.1, 0.6, 0.0, 0.1, 0.0, 0.0, 0.1, 0.0, 0.0]。这个结果代表的含义：图像是数字 0 的概率为 0.1，是数字 1 的概率是 0.1，是数字 2 的概率是 0.6，依次类推。结果中明显是 2 的概率最大，那么就把这个图像当作是数字 2。

```
# 定义前向传播函数
pred = tf.nn.Softmax(tf.matmul(x, weights) + biases)
```

这里把图像数据的权重和作为 Softmax 的输入值求出结果的概率分布。到这里就定义好了前向传播函数，通过这个函数，基于当前的权重和偏置能够推断出图像对应的数字，但是基于原始的权重和偏置项推测出来的结果肯定会有很大误差，为了减少误差，推断更加准确，就要学习使用反向传播函数。

3）定义反向传播函数

前向传播函数用作预测，而反向传播函数用于学习调整，并减小整个神经网络的误差。因此定义反向传播函数有两个步骤：第一步定义损失函数，也就是推测值与标签数据之间的误差；第二步使用优化器减少损失。

本案例中使用交叉熵定义预测值和实际值之间的误差，并使用梯度学习算法学习，以达到快速减少误差的目的。

```
# 定义损失函数
cost = tf.reduce_mean(-tf.reduce_sum(y*tf.log(pred), reduction_indices=1))
# 定义学习率
learning_rate = 0.01
```

```
# 使用梯度下降优化器
optimizer = tf.train.GradientDescentOptimizer(learning_rate).minimize(cost)
```

在这个过程中 weights 和 biases 会不停地进行调整，以达到损失最小的效果。

4．训练模型并输出中间状态

模型构建好后，需要在会话中实际训练数据，其实就是运行优化器。在这个过程中对整体数据迭代 25 次，使用 training_epochs 定义；一次迭代中，每次取出训练集中的 100 张图像进行训练，直到所有图像训练完成，训练集大小用 batch_size 定义；每迭代 5 次展示当前的损失值。

```
# 迭代次数
train_epochs = 25
# 批次数据大小
batch_size = 100
# 每隔多少次展示一次
display_step = 5
with tf.Session( ) as sess:
    # 首先初始化所有变量
    sess.run(tf.global_variables_initializer( ))
    # 启动循环训练
    for epoch in range(train_epochs):
        # 当前迭代的平均损失值
        avg_cost = 0
        # 计算批次数
        total_batches = int(mnist.train.num_examples / batch_size)
        # 循环所有训练数据
        for batch_index in range(total_batches):
            # 获取当前批次的数据
            batch_x, batch_y = mnist.train.next_batch(batch_size)
            # 运行优化器，并得到当前批次的损失值
            _, batch_cost = sess.run([optimizer, cost], feed_dict={x:batch_x, y:batch_y})
            # 计算平均损失
            avg_cost += batch_cost / total_batches
        if (epoch + 1) % display_step == 0:
            print('Epoch:%04d cost=%f' % (epoch+1, avg_cost))

    print( " Train Finished " )
```

运行结果如下：

```
Epoch:0005 cost=2.160714
Epoch:0010 cost=1.338857
Epoch:0015 cost=1.070279
Epoch:0020 cost=0.931654
Epoch:0025 cost=0.844308
Train Finished
```

可以看到随着迭代的进行，损失值在减小。

5．测试模型

模型已经完成训练，现在是时候使用测试数据集验证这个模型的好坏了。准确率的算法：直接判断预测结果和真实标签数据是否相等。如果相等则是正确的预测，否则为错误预测，最后使用正确个数除以测试数据集个数即可得到准确率。由于是 one_hot 编码，所以这里使用 argmax 函数返回 one_hot 编码中数字为 1 的下标，如果预测值下标和标签值下标相同，则说明推断正确。

代码如下：

```
# 把每个推测结果进行比较得出一个长度为测试数据集大小的数组，数组中值都是 bool，推断正确为 True，否则为 False
correct_prediction = tf.equal(tf.argmax(pred, 1), tf.argmax(y, 1))
# 首先把上面的 bool 值转换成数字，True 转换为 1，False 转换为 0，然后求准确值
accuracy = tf.reduce_mean(tf.cast(correct_prediction, tf.float32))
print('Accuracy:%f' % accuracy.eval({x:mnist.test.images, y:mnist.test.labels}))
```

注意：这段代码要在 Session 上下文管理器中执行。

测试正确率的方法和损失函数的定义方式略有差别，但意义却类似。

6．保存模型

一个模型训练好后可以把它保存下来，以便下一次使用。要保持模型，首先必须创建一个 Saver 对象，实例化后调用该对象的 save 方法进行保存，代码如下：

```
# 实例化 saver
saver = tf.train.Saver( )
# 模型保存位置
model_path = 'log/t10kmodel.ckpt'
save_path = saver.save(sess, model_path)
print('Model saved in file:%s' % save_path)
```

代码运行完成后，就会在当前目录下的 log 目录下保存模型，模型保存目录结构如图 8-17 所示。

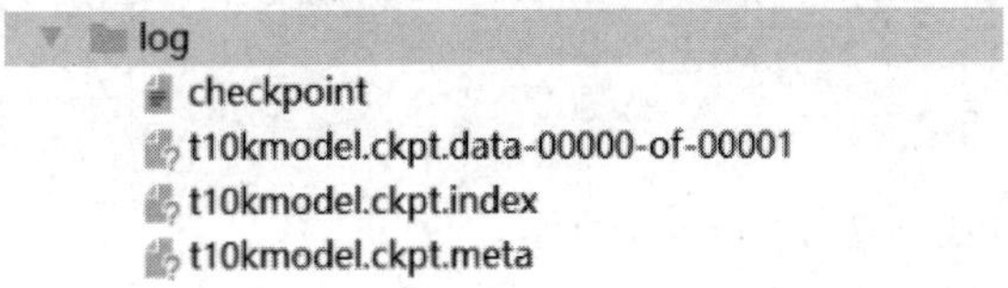

```
log
    checkpoint
    t10kmodel.ckpt.data-00000-of-00001
    t10kmodel.ckpt.index
    t10kmodel.ckpt.meta
```

图 8-17　模型保存目录结构

7．加载模型

既然模型能保存，那肯定可以用来加载和解决类似的问题。下面做一个实验：先加载模型，并使用 saver 的 restore 函数，然后用加载回来的模型对两张图像进行结果预测，将它与真实数据进行比较。

需要重启一个 Session，然后再进行模型加载，代码如下：

```
print( " Starting 2nd session... " )
with tf.Session() as sess:
    # 初始化变量
    sess.run(tf.global_variables_initializer( ))
    # 恢复模型变量
    saver = tf.train.Saver( )
    model_path = 'log/t10kmodel.ckpt'
    saver.restore(sess, model_path)
    # 测试 model
    correct_prediction = tf.equal(tf.argmax(pred, 1), tf.argmax(y, 1))
    # 计算准确率
    accuracy = tf.reduce_mean(tf.cast(correct_prediction, tf.float32))
    print ( " Accuracy: " , accuracy.eval({x: mnist.test.images, y: mnist.test.labels}))
    output = tf.argmax(pred, 1)
    batch_xs, batch_ys = mnist.train.next_batch(2)
    outputval,predv = sess.run([output,pred], feed_dict={x: batch_xs})
    print(outputval,predv,batch_ys)
    im = batch_xs[0]
    im = im.reshape(-1,28)
    pylab.imshow(im)
    pylab.show( )
    im = batch_xs[1]
    im = im.reshape(-1,28)
    pylab.imshow(im)
    pylab.show( )
```

运行结果如下：

```
Starting 2nd session...
Accuracy: 0.8355
[5 0] [[4.7377224e-08 3.1628127e-12 3.2020047e-09 1.0474083e-05 1.2764868e-11
  9.9984884e-01 8.5975152e-08 6.0223890e-15 1.4054133e-04 2.6081961e-09]
 [1.0000000e+00 6.2239768e-19 1.7162091e-10 2.9598889e-11 7.0261283e-20
  2.1224080e-09 4.5077828e-16 1.6341132e-15 2.5803047e-13 9.8767874e-16]] [[0. 0. 0. 0. 0. 1. 0. 0.
0. 0.]
 [1. 0. 0. 0. 0. 0. 0. 0. 0. 0.]]
```

测试数据集中的两张图像如图 8-18 所示。

从本次测试结果可以看到两张图像分别是 5 和 0。

第一个数组算出的结果也是[5, 0]，说明预测是正确的。

第二个数组是一个 2×10 的数组，是概率分布结果，可以看到第一个长度为 10 的数组中第 6 个位置的概率为 $9.998\,488\,4\times10^{-1}$，可能性非常大，表示这个图像很大概率是 5。第二个长度为 10 的数组中第 1 个位置的概率为 1.0000000e+00，说明这个图像很大概率是 0。

第三个数组是两种图像的 one_hot 编码，也可以看出这两个图像是 5 和 0。

每次测试可能拿到的图像数据都不一样，读者可以根据实际情况查看数据。

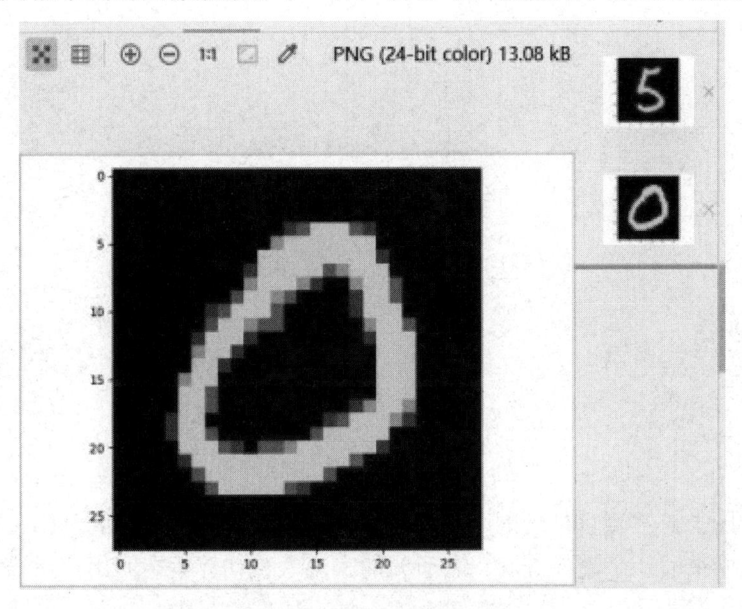

图 8-18　测试数据集中的两张图像

第9章

文本分析

文本分析属于自然语言处理的范畴，是自然语言处理（NLP）的基础。自然语言处理是机器学习领域中的一个重要方向。它研究能实现人与计算机之间用自然语言进行有效通信的各种理论和方法。

本章首先讨论文本数据处理的相关概念，其次介绍中英文的文本数据处理方法对比，再次介绍文本处理分析的案例，最后介绍自然语言处理的应用相关知识。文本数据分析处理是自然语言处理的基础，自然语言处理关注的是人类的自然语言与计算机设备之间的相互关系。

对于已具备一些必要基础知识的读者，可以有选择地学习本章的有关部分。

本章主要的内容如下。

（1）文本数据处理的相关概念。

（2）中英文的文本数据处理方法对比。

（3）文本数据处理分析案例。

（4）自然语言处理的应用。

9.1 文本数据处理的相关概念

文本数据处理是指对文本的表示及其特征项的选取。文本数据处理是文本挖掘、信息检索的一个基本组成部分，它把从文本中抽取出的特征词进行量化来表示文本信息。常用的文本数据处理技术包括以下几种。

（1）词条化，即形态学分割。所谓的词条化简单地说就是把单词分成单个语素，并识别词素的种类。这项任务的难度很大程度上取决于所考虑语言的形态（即单词结构）的复杂性。英语具有相当简单的形态，尤其是屈折形态，因此常常可以简单地将单词的所有可能形式作为单独的单词进行建模。然而，在如土耳其语或美泰语这样高度凝练的语言中，这种方法是不可行的，因为每一个字的词条都有成千上万个可能的词形。词是表达完整意义的最小单位，将语句分词之后，也可以将复杂的文本分析问题转换为数学问题，而将问题转换成数学问题，就是很多机器学习算法可以解决复杂问题的基础。

（2）词性标注，即给定一个句子，确定每个单词的词性。在自然语言中有很多词，尤其是普通词，是会存在多种词性的。例如，英语中“book”可以是名词或动词（“预订”）；“SET”可以是名词、动词或形容词；“OUT”可以是至少五个不同的词类中的任何一个。有些语言比其他语言有更多的歧义。例如，具有屈折形态的语言，如英语，尤其容易产生歧义。汉语的口语是一种音调语言，也十分容易产生歧义现象。这种变形不容易通过正字法中使用的实体来传达意图的含义。

（3）词干还原是将不同词形的单词还原成其原型，在处理英文文档时，文档中经常会使用一些单词的不同形态，如单词“observe”，可能以“observe”“observers”“observed”“observer”的形态出现，但是它们都是具有相同或相似意义的单词族，因此人们希望将这些不同的词形转换为其原型“observe”。在自然语言处理中，提取这些单词的原型在进行文本信息统计的时候是非常有帮助的。

（4）词型归并和词干还原的目的一样，都是将单词的不同词性转换为其原型，但是当词干还原算法简单粗略地去掉“小尾巴”的时候，经常会得到一些无意义的结果，如“wolves”被还原成“wolv”，而词形归并指的是利用词汇表及词形分析方法返回词的原型的过程。既归并变形词的结尾，如“ing”或“es”，又获得单词的原型，如对单词“wolves”进行词形归并，将得到“wolf”输出。

（5）句法分析，确定给定句子的句法树（语法分析）。自然语言的语法是模糊的，一个普通的句子可能会有多种不同的解读结果。而目前主流的句法分析技术有两种主要的分析方法，即依赖分析法和选区分析法。依赖分析法致力于分析句子中单词之间的关系（标记诸如主语和谓词之间的关系），而选区分析法则侧重于使用概率来构造解析树。

（6）指代消解，代词用来代替重复出现的名词。在语言学及人们的日常用语当中，一般把在下文采用简称或代称来代替上文已经出现的某一词语的情况称为“指代现象”。将代表同一实体（Entity）的不同指称（Mention）划分到一个等价集合，即指代链（Coreference Chain）的过程称为指代消解（ReferenceResolution）。举个例子，精益制造参加了中国国际进口博览会（进博会），公司负责人张明表示参加进博会对精益很重要，他说：“进博会对公司而言，是史无前例的商机、难能可贵的体验。”这句话里“精益制造”“张明”是真正的实体，称为先行语（Antecedent），“公司”“精益”“他”是指代词（或称为照应语）。这里例子中的公司指的是精益制造，人类可以很容易理解这里的指代关系，但计算机理解起来则较为困难。

（7）断句，给定一大块文本，找出句子的边界。句子边界通常用句点或其他标点符号来标记，但这些相同的字符特殊情况下也会用于其他目的。

9.2 中英文的文本数据处理方法对比

英文是一种形合的语言，中文是一种意合的语言，在字面意义和逻辑表达上，中英文存在一些不同，本节就针对中英文的文本数据处理方法进行对比说明。

9.2.1 中英文分词与分词粒度

英文分词比较简单，可通过空格和标点符号进行切分。中文句子是由一串连续的汉字顺序连接构成的，中文里没有分隔符，同时中文里的词语往往具有多个意思。另外，中文分词还要考虑粒度问题，不同粒度的分词结果也有不同，这些原因导致中文分词比较困难。

比如“南京市长江大桥”可以理解为“南京市|长江|大桥”，也可以理解为“南京|市长|江大桥”。两种切分后的意思都是正确的，那么到底怎么分。又比如“中国矿业大学”可切分为“中国矿业大学”“中国矿业|大学”“中国|矿业|大学”。其中最大分词粒度“中国矿业大学”可以完整表达出一个概念，在分词粒度上，分词粒度越大，其表意能力越强。而其也可以进一步切分为“中国|矿业|大学”这种基本粒度词，一般而言基本粒度词不可再分。在某些文字场景中，这种基本粒度词也是可进一步可分的，比如古代汉语中的“己所不欲勿施于人”可以被分为“己|所|不|欲|勿|施|于|人”，每个单字也都有实际的意义，但“环境”二字连在一起才有准确的意义，拆为“环”和“境”都不能单独表意。目前业界并没有一个公认的粒度标准，读者在对中文进行分词时就需要结合具体场景并选用合适的词库进行分词。

中文分词常见的方法包含机械切分法（如正向/逆向最大匹配、双向最大匹配等），统计切分方法(如隐马尔可夫 HMM、条件随机场 CRF 等)及基于深度神经网络的 RNN、LSTM 等方法。随着深度学习技术的发展，神经网络可以自动学习文本中的特征，在某些场景下可以不再需要分词技术，有研究表明，使用深度神经网络技术在语言模型、机器翻译、句子匹配和文本分类四个任务上，不经过分词往往能得到较好的结果。但在关键词提取、命名实体识别、搜索引擎任务中，分词依然是十分重要的技术。

9.2.2 中英文的多种形态

中文没有文字的形态变化，但英文单词存在多种形态变换，英文形态包括单复数、主被动、时态变换等 16 种情况。因此相比中文，英文的文本处理中有特有的词形还原（Lemmatization）和词干提取（Stemming）部分。

词形还原是将一个词汇还原为一般形式（能表达完整语义），方法较为复杂。如“does”“done”“doing”“did”这些词通过词性还原恢复成“do”，“potatoes，teeth”这些词转换为“potato”“tooth”这些基本形态。

词干提取是抽取词的词干或词根形式（不一定能够表达完整语义）。英文单词内部都是由若干个词素［词根（Roots）和词缀（前缀 Prefix 或后缀 Suffix）］构成的，其中词根的原形称为词干（Stems）。例如，单词 evidence 中，e-是表示“出”意思的常用前缀，-ence 是名词常用后缀，vid 是表示“看”的词干，这些词素合并在一起（看见的情形）就构成了单词的含义(证据)。常见的英文词干提取方法包括 Lovins stemming algorithm、Porter Stemming Algorithm 和 Lancaster(Paice/Husk) Algorithm 等。

9.2.3　词性标注方法的差异

词性是语言学的一个概念，词性标注在本质上就是将语料库中的单词按词性分类。中英文的词性整体上比较相似，都可分为实词（如名词、动词、形容词等）和虚词（如副词、介词、连词等），使用方法也大同小异，如名词常用来表达一个物品，动词用来描述一个动作。一个词的词性是上下文相关的，如“活跃”作为“氛围”和作为“动作”时会被归入不同的词类。

中英文词性上也有一些不同。比如英文中有一些中文没有的词性，如冠词和助动词，在英文中冠词包含不定冠词、定冠词和零冠词，定冠词 the 后面通常会紧跟着出现句子的关键名词+介词短语。例如“Show me the bravery of your life”，通过定冠词 the 的指示，很容易定位本句话的关键实词是 bravery。这些冠词本身并没有明确含义，但可以起到定位句子中的关键实词、判断实词种类（是否可数，是否专有名词等）等指示作用，降低了计算机对英文进行语义理解的难度。除此之外，英文有着多种形态变换，包括词尾、时态、单复数等，因此英文语法词性划分比较明确，不易发生混淆的情况。

相比英文词性的明确规范，汉语研究“向无文法之学”，汉语的语法体系往往借鉴学习西方语言理论，汉语语法体系比较早的著作是 1898 年的《马氏文通》。中国著名的语言学家沈家煊先生曾提出“名动包含”理论，并基于这套理论形成了一整套方法论体系。关于“名动包含”理论可以通过一个例子说明：“编程是门艺术”中的“编程”是名词，“他正在编程”中的“编程”就是一个动词。在“讨论是为了要制定教育改革计划”这句话中，可以按“讨论|是|为了|要|制定|教育|改革|计划”切分成 8 个词，每个词都可看作动词，同时谓语动词没有明显的位置标识，这给计算机理解这句话带来了困难。汉语词性的变化与汉语语境的变化是息息相关的。

需要注意的是，不同词性标注工具的词性标注标识略有不同，读者在使用过程中，可以根据分词库的说明进行查看。常用的英文词性标注集有 StanfordNLP 的词性标记（英文）。常用的中文词性标注集包括 PFR 人民日报标注语料库、北大词性标注集、中科院词性标注集、HanLP 词性标注集、StanfordNLP 的词性标记（中文）等。

9.2.4　句法结构分析方法

英语重形合，包含大量的连词、助词、介词、冠词用以补充，承接，辅助实词，这种句子结构使得计算机较容易完成对英语的依存句法分析（Dependency Parsing，DP）。汉语重意会，汉语句子结构中没有太多的虚词填充，比较简洁（尤其是文言文），但有时会不够精确。例如，“AIIA 人工智能开发者大会即将开幕”这句话里包含 AIIA、人工智能、开发者、大会等多个名词，这些名词均充当主语“大会”的定语，多个名词之间并没有辅助词填充，这给计算机处理识别关键实词带来了挑战。如果用英语来写这句话，会使用“the”“of”等辅助词连接实词，计算机较容易定位到关键实词的位置。

一般来说，英语具有直接性，往往开门见山，直接表明结论，再进行论证，重要信息往往前置；汉语习惯循序渐进，由因到果的描述，重要信息大多后置。在生成句法依存树时，英文会自动选择靠前的名词，中文会自动选择靠后的名词。

在能识别出一个个独立的句子后，人类或计算机可以依据特定的逻辑关系判断这些句子之间的关系。比较常见的中文关系包括：转折关系（尽管…可是…）、假设关系（无论…都…）、并列关系（一边…一边…）、选择关系（不是…就是…）、递进关系（不但…而且…）、因果关系（因为…所以…）。英文关系包括：先后次序关系（Next）、因果关系（For This Reason）、转折关系（However）、并列关系（And）等。在中英文的实际应用中，这些逻辑关系的标识词可以全部写出，也可以被省略。如“天气比较冷，大家要多穿衣服”，这里未省略标识词的写法为“因为天气比较冷，所以大家要多穿衣服”，“因为”和“所以”这样的关系词可以被省略。英文中也会省略标识词，如关系代词 that 在从句中做宾语可以省略。由于抽取出准确的句法关系结果比较困难，加上很多文本数据分析直接从词汇或篇章级别分析，现阶段的句法依存分析在工程中并没有太多的应用。

9.3 文本数据处理分析案例

9.3.1 使用 NLTK 进行文本数据分析

为了解决人与计算机之间用自然语言无法有效通信的问题，基于机器学习的自然语言处理技术算法应运而生。其目标是开发出一组算法，以便可以用简单的自然语言和计算机交流。这些算法通常可以挖掘文本数据的模式，以便可以从中得到了解文本内所蕴含的信息。人工智能公司大量地使用自然语言处理技术和文本分析来推送相关结果。自然语言处理技术最常用的领域包括搜索引擎、情感分析、主题建模、词性标注、实体识别等。这将大量用到 Python 中的 NLTK（Natural Language Toolkit），NLTK 是自然语言处理领域中最常使用的模块，其处理的语言多为英文，因此下文案例采用英文作文案例。

NLTK 是构建 Python 程序以处理人类语言数据的领先平台。它为超过 50 个语料库和词汇资源（如 WordNet）提供了易于使用的接口，并提供了一套用于分类、标记化、词干、标注、解析和语义推理的文本处理库。

在进行接下来的学习之前，先确保你已经安装了 NLTK，安装步骤可以参考 NLTK 官方文档，同时你还需要安装 NLTK 数据，这些数据中包含很多语料和训练模型，是自然语言处理分析不可分割的一部分。

安装 NLTK：

```
pip install nltk==3.5.0
```

测试 NLTK：

```
#进入 Python 交互界面，输入
>>> import nltk
>>> import nltk.book
```

提示错误：

```
*** Introductory Examples for the NLTK Book ***
…
LookupError:
**********************************************************************
  Resource gutenberg not found.
 …
  Searched in:
    - 'C:\\Users\\DELL/nltk_data'
    - 'E:\\vscode\\MLtextbookoptimization\\mloptenv\\nltk_data'
    - 'E:\\vscode\\MLtextbookoptimization\\mloptenv\\share\\nltk_data'
    - 'E:\\vscode\\MLtextbookoptimization\\mloptenv\\lib\\nltk_data'
    - 'C:\\Users\\DELL\\AppData\\Roaming\\nltk_data'
    - 'C:\\nltk_data'
    - 'D:\\nltk_data'
    - 'E:\\nltk_data'
**********************************************************************
```

错误提示中，Searched in 后面的一系列路径就是 NLTK 会自动加载 NLTK 数据的位置。读者可以手动从 github 地址下载数据（位于 packages 中），放到以上的任一路径即可，本教材放到 E:\\nltk_data 中。

NLTK 下载数据地址：在“必应”网站上搜索“NLTK 数据下载 github”，在搜索列表中单击“nltk/nltk_data: NLTK Data-GitHub”进入该网址。下载数据后，把 packages 目录复制到 E 盘根目录，并将 packages 重命名为“nltk_data”，再次测试 NLTK。

```
#进入 Python 交互界面，输入
>>> import nltk
>>> import nltk.book
```

运行正常，表示数据集本地安装完成。

需要注意的是，如果在运行代码中依然提示如下的错误。

```
>Resource punkt not found.
  Please use the NLTK Downloader to obtain the resource:

  >>> import nltk
  >>> nltk.download('punkt')
```

则 E:\\nltk_data 下某些路径下的部分数据需要手动解压，如将 E:\nltk_ data\tokenizers 下的 punkt.zip 解压到当前路径。本部分基于 Windows 操作系统安装了 NLTK，并将 NTLK 数据集下载到本地，Linux 系统的解决办法基本类似。

1．实现词条化

在人为定义好文档的词条单位后，所谓的词条化是将给定的文档拆分为一系列最小单位的子序列过程，其中的每一个子序列称为词条（Token）。例如，当把文档的词条单位定义为词汇或句子的时候，可以将一篇文档分割为一系列的句子序列及词汇序列，下面本教材将使用 NLTK 实现词条化，在此将会使用到 sent_tokenize( )、word_tokenize( )、PunktWordTokenizer( )、WordPunctTokenizer( )四种不同的词条化方法，输出的结果为包含多个词条的列表。

（1）在 Python 解析器中创建一个 text 字符串作为样例的文本：

```
text = " Are you curious about tokenization? Let's see how it works! We need to analyze a couple of sentences with punctuations to see it in action. "
```

（2）加载 NLTK：

```
from nltk.tokenize import sent_tokenize
```

（3）调用 NLTK 的 sent_tokenize( )方法，对 text 文本进行词条化，sent_tokenize( )方法是以句子为分割单位的词条化方法：

```
sent_tokenize_list = sent_tokenize(text)
```

（4）输出结果：

```
print ( " \nSentence tokenizer: " )
print (sent_tokenize_list)
```

（5）调用 NLTK 的 word_tokenize( )方法，对 text 文本进行词条化，word_tokenize( )方法是以单词为分割单位的词条化方法：

```
from nltk.tokenize import word_tokenize
print ( " \nWord tokenizer: " )
print (word_tokenize(text))
```

（6）最后一种比较常用的单词的词条化方法是 WordPunctTokenizer( )，使用这种方法将会把标点作为保留对象：

```
from nltk.tokenize import WordPunctTokenizer
word_punct_tokenizer = WordPunctTokenizer()
print ( " \nWord punct tokenizer: " )
print (word_punct_tokenizer.tokenize(text))
```

（7）图 9-1 所示为四种不同的词条化方法输出结果对比。

```
Sentence tokenizer:
['Are you curious about tokenization?', "Let's see how it works!", 'We need to analyze a couple of senten
ces with punctuations to see it in action.']

Word tokenizer:
['Are', 'you', 'curious', 'about', 'tokenization', '?', 'Let', "'s", 'see', 'how', 'it', 'works', '!', 'W
e', 'need', 'to', 'analyze', 'a', 'couple', 'of', 'sentences', 'with', 'punctuations', 'to', 'see', 'it',
 'in', 'action', '.']

Word punct tokenizer:
['Are', 'you', 'curious', 'about', 'tokenization', '?', 'Let', "'", 's', 'see', 'how', 'it', 'works', '!'
, 'We', 'need', 'to', 'analyze', 'a', 'couple', 'of', 'sentences', 'with', 'punctuations', 'to', 'see', '
it', 'in', 'action', '.']
```

图 9-1　四种不同的词条化方法输出结果对比

2．实现词干还原

（1）导入词干还原相关的包：

```
from nltk.stem.porter import PorterStemmer
from nltk.stem.lancaster import LancasterStemmer
from nltk.stem.snowball import SnowballStemmer
```

（2）创建样例：

```
words = ['table', 'probably', 'wolves', 'playing', 'is', 'dog', 'the', 'beaches', 'grounded', 'dreamt', 'envision']
```

（3）调用 NLTK 中三种不同的词干还原方法：

```
stemmer_porter = PorterStemmer( )
stemmer_lancaster = LancasterStemmer( )
stemmer_snowball = SnowballStemmer('english')
```

（4）设置打印输出格式：

```
stemmers = ['PORTER', 'LANCASTER', 'SNOWBALL']
formatted_row = '{:>16}' * (len(stemmers) + 1)
print ('\n', formatted_row.format('WORD', *stemmers), '\n')
```

（5）使用 NLTK 中的词干还原方法对样例单词进行词干还原：

```
for word in words:
stemmed_words = [stemmer_porter.stem(word),
stemmer_lancaster.stem(word),stemmer_snowball.stem(word)]
print (formatted_row.format(word, *stemmed_words))
```

（6）图 9-2 所示为三种不同的词干还原方法输出结果对比。

```
        WORD          PORTER       LANCASTER        SNOWBALL

       table            tabl            tabl            tabl
    probably         probabl            prob         probabl
      wolves            wolv            wolv            wolv
     playing            play            play            play
          is              is              is              is
         dog             dog             dog             dog
         the             the             the             the
     beaches           beach           beach           beach
    grounded          ground          ground          ground
      dreamt          dreamt          dreamt          dreamt
    envision           envis           envid           envis
```

图 9-2　三种不同的词干还原方法输出结果对比

上文中调用这三种词干还原算法的本质目标是还原词干，消除词型的影响。而其启发式处理方法是去掉单词的“小尾巴”，以达到获取单词原型的目的。它们的不同之处是算法的严格程度不同，从图中可以发现，Lancaster 的输出结果不同于另两种算法的输出，它比另两种算法更严格，而从严格程度来判断，Porter 则是最为轻松的，在严格度高的算法下获得的词干往往比较模糊。

3. 实现词型归并

（1）导入 NLTK 中的词型归并方法：

```
from nltk.stem import WordNetLemmatizer
```

（2）创建样例：

```
words = ['table', 'probably', 'wolves', 'playing', 'is',
'dog', 'the', 'beaches', 'grounded', 'dreamt', 'envision']
```

（3）调用 NLTK 的 WordNetLemmatizer( )方法：

```
lemmatizer_wordnet = WordNetLemmatizer( )
```

（4）设置打印输出格式：

```
lemmatizers = ['NOUN LEMMATIZER', 'VERB LEMMATIZER']
formatted_row = '{:>24}' * (len(lemmatizers) + 1)
print ('\n', formatted_row.format('WORD', *lemmatizers), '\n')
```

（5）使用 NLTK 中的词型归并方法对样例单词进行词型归并：

```
for word in words:
lemmatized_words = [lemmatizer_wordnet.lemmatize(word,pos='n'),
lemmatizer_wordnet.lemmatize(word, pos='v')]
print (formatted_row.format(word, *lemmatized_words))
```

（6）图 9-3 所示为两种不同的词型归并算法的输出结果对比。

```
            WORD         NOUN LEMMATIZER         VERB LEMMATIZER

           table                   table                   table
        probably                probably                probably
          wolves                    wolf                  wolves
         playing                 playing                    play
              is                      is                      be
             dog                     dog                     dog
             the                     the                     the
         beaches                   beach                   beach
        grounded                grounded                  ground
          dreamt                  dreamt                   dream
        envision                envision                envision
```

图 9-3　两种不同的词型归并算法的输出结果对比

4. 实现文本划分

依据特定的条件将文本划分为块，当处理非常庞大的文本数据的时候，需要将文本进行分块，以便进一步分析，在分块后的文本中，每一块的文本数据都包含数目相同的词汇。

（1）导入所需要的包：

```
import numpy as np
from nltk.corpus import brown
```

（2）编写函数实现文本的划分：

```
def splitter(data, num_words):
words = data.split(' ')
output = []
cur_count = 0
cur_words = []
for word in words:
cur_words.append(word)
cur_count += 1
if cur_count == num_words:
output.append(' '.join(cur_words))
cur_words = []
cur_count = 0
output.append(' '.join(cur_words) )
return output
```

（3）设置 main 函数，在布朗语料库中加载前 10 000 个单词数据：

```
if __name__=='__main__':
data = ' '.join(brown.words( )[:10000])
num_words = 1700
chunks = []
counter = 0
```

（4）结果输出：

```
text_chunks = splitter(data, num_words)
print ( " Number of text chunks = " , len(text_chunks))
```

5．实现数值型数据的转换

前文已经介绍了自然语言处理的目的是将自然语言转化成某种数值表示的形式，这样机器就能用这些转化后的数值来学习算法，某些算法是需要数值数据作为输入的，这样便可以输出有用的信息了。下面本教材通过一个基于单词出现频率的统计方法实现转换的例子来学习。

考虑下列句子。

```
Sentence 1: The brown dog is running.
Sentence 2: The black dog is in the black room.
Sentence 3: Running in the room is forbidden.
```

以上的三个句子是由下列单词组成的。

```
the
brown
dog
is
running
```

```
black
in
room
forbidden
```

按照上述单词出现的先后创建字典，其中字典的键保存的是出现在文本文档中的单词，而值保存的是该单词在文本中出现的次数，因此可以将上述例子中的句子转化为：

```
Sentence 1: [1, 1, 1, 1, 1, 0, 0, 0, 0]
Sentence 2: [2, 0, 1, 1, 0, 2, 1, 1, 0]
Sentence 3: [0, 0, 0, 1, 1, 0, 1, 1, 1]
```

将文本型数据转化为这样的数值型数据后，就可以对文本文档进行分析了。

（1）导入相关包：

```
import numpy as np
from nltk.corpus import brown
from chunking import splitter
```

（2）定义一个分块函数：

```
# 定义一个分块函数，第一个参数是文本，第二个参数是每一块的单词数量
def chunker(input_data,N):
    input_words = input_data.split(' ')
    output=[]
    cur_chunk = []
    count = 0
    for word in input_words:
        cur_chunk.append(word)
        count+=1
        if count==N:
            output.append(' '.join(cur_chunk))
            count,cur_chunk =0,[]
    output.append(' '.join(cur_chunk))

    return output
```

（3）加载布朗语料库并将文本分块：

```
data = ' '.join(brown.words()[:10000])
#将文本分块：
num_words = 2000
chunks = []
counter = 0
text_chunks = chunker(data, num_words)
```

（4）对每一块的文本数据创建字典：

```
for text in text_chunks:
    chunk = {'index': counter, 'text': text}
```

```
        chunks.append(chunk)
        counter += 1
```

（5）通过单词出现的频率将文本数据转化为数值数据，在这里使用了 Scikit-Learn 模块来实现：

```
from sklearn.feature_extraction.text import CountVectorizer
vectorizer = CountVectorizer(min_df=5, max_df=.95)
doc_term_matrix = vectorizer.fit_transform([chunk['text'] for chunk in chunks])
```

（6）输出结果：

```
vocab = np.array(vectorizer.get_feature_names( ))
print ( " \nVocabulary: " )
print (vocab)
print ( " \nDocument term matrix: " )
chunk_names = ['Chunk-0', 'Chunk-1', 'Chunk-2', 'Chunk-3','Chunk-4']
formatted_row = '{:>12}' * (len(chunk_names) + 1)
print ('\n', formatted_row.format('Word', *chunk_names), '\n')
for word, item in zip(vocab, doc_term_matrix.T):
    output = [str(x) for x in item.data]
    print (formatted_row.format(word, *output))
```

（7）图 9-4 所示为文本文档词汇汇总。

```
Vocabulary:
[u'about' u'after' u'against' u'aid' u'all' u'also' u'an' u'and' u'are'
 u'as' u'at' u'be' u'been' u'before' u'but' u'by' u'committee' u'congress'
 u'did' u'each' u'education' u'first' u'for' u'from' u'general' u'had'
 u'has' u'have' u'he' u'health' u'his' u'house' u'in' u'increase' u'is'
 u'it' u'last' u'made' u'make' u'may' u'more' u'no' u'not' u'of' u'on'
 u'one' u'only' u'or' u'other' u'out' u'over' u'pay' u'program' u'proposed'
 u'said' u'similar' u'state' u'such' u'take' u'than' u'that' u'the' u'them'
 u'there' u'they' u'this' u'time' u'to' u'two' u'under' u'up' u'was'
 u'were' u'what' u'which' u'who' u'will' u'with' u'would' u'year' u'years']
```

图 9-4　文本文档词汇汇总

（8）图 9-5 所示为文本文档词汇转换数值型数据。

Document term matrix:

Word	Chunk-0	Chunk-1	Chunk-2	Chunk-3	Chunk-4
about	1	1	1	1	3
after	2	3	2	1	3
against	1	2	2	1	1
aid	1	1	1	3	5
all	2	2	5	2	1
also	3	3	3	4	3
an	5	7	5	7	10
and	34	27	36	36	41
are	5	3	6	3	2
as	13	4	14	18	4
at	5	7	9	3	6
be	20	14	7	10	18
been	7	1	6	15	5
before	2	2	1	1	2
but	3	3	2	9	5
by	8	22	15	14	12
committee	2	10	3	1	7

图 9-5　文本文档词汇转换数值型数据

6．实现文本分类器

创建文本分类器的目的是将文档集中的多个文本文档划分为不同的类别，文本分类在自然语言处理中是很重要的一种分析手段，为实现文本的分类，将使用另一种统计数据方法——tf-idf（词频-逆文档频率）方法，tf-idf 方法与基于单词出现频率的统计方法一样，都是将一个文档数据转化为数值型数据的一种方法。

tf-idf 方法经常被用于信息检索领域，其目的是分析出每一个单词在文档中的重要性。当一个词多次出现在一篇文档中，这代表着这个词在文档当中有着重要的意义。需要提高这种多次在文档中出现的单词的重要性，同时应降低英文中一些频繁出现的单词（如“is”和“be”）的重要性。因为这些词往往无法体现文档的本质内容，所以需要获取那些真正有意义的单词。而 tf-idf 方法就实现了这样的功能。

其中 tf 指的是词频（The Term Frequency），表示的是某个特定的单词在给定的文档中出现的次数，而 idf 指的是逆文档频率（Inverse Document Frequency），其计算公式为：

$$\mathrm{idf}=\log\frac{N}{\mathrm{df}}$$

式中，df 表示的是在文档集中出现过某个单词的文档数目；N 为所有文档的数目。

实现过程如下。

（1）导入相关的包：

```
from sklearn.datasets import fetch_20newsgroups
```

（2）创建字典，定义分类类型的列表：

```
category_map = {'misc.forsale': 'Sales', 'rec.motorcycles':'Motorcycles',
'rec.sport.baseball': 'Baseball', 'sci.crypt':'Cryptography','sci.space': 'Space'}
```

（3）加载训练数据：

```
training_data = fetch_20newsgroups(subset='train',
categories=category_map.keys( ), shuffle=True, random_state=7)
```

（4）特征提取：

```
from sklearn.feature_extraction.text import CountVectorizer
vectorizer = CountVectorizer( )
X_train_termcounts = vectorizer.fit_transform(training_data.data)
print ( " \nDimensions of training data: " , x_train_termcounts.shape)
```

（5）训练分类器模型：

```
from sklearn.naive_bayes import MultinomialNB
from sklearn.feature_extraction.text import TfidfTransformer
```

（6）创建随机样例：

```
input_data = [
 " The curveballs of right handed pitchers tend to curve to the left " ,
 " Caesar cipher is an ancient form of encryption " ,
```

```
" This two-wheeler is really good on slippery roads " ]
```

（7）使用 tf-idf 算法实现数值型数据的转化及训练：

```
tfidf_transformer = TfidfTransformer( )
x_train_tfidf = tfidf_transformer.fit_transform(x_train_termcounts)
classifier = MultinomialNB( ).fit(x_train_tfidf, training_data.target)
```

（8）词频与 tf-idf 作为输入的对比：

```
x_input_termcounts = vectorizer.transform(input_data)
x_input_tfidf = tfidf_transformer.transform(x_input_termcounts)
```

（9）打印输出结果：

```
predicted_categories = classifier.predict(x_input_tfidf)
for sentence, category in zip(input_data, predicted_categories):
print ('\nInput:', sentence, '\nPredicted category:', \
category_map[training_data.target_names[category]])
```

（10）图 9-6 所示为文本分类预测。

```
Dimensions of training data: (2968, 40605)

Input: The curveballs of right handed pitchers tend to curve to the left
Predicted category: Baseball

Input: Caesar cipher is an ancient form of encryption
Predicted category: Cryptography

Input: This two-wheeler is really good on slippery roads
Predicted category: Motorcycles
```

图 9-6　文本分类预测

7．实现性别判断

在自然语言处理中通过姓名识别性别是一项有趣的事情。而的算法是通过名字中的最后几个字符确定其性别的。例如，如果名字中的最后几个字符是“la”，它很可能是一名女性的名字，如“Angela”或“Layla”。相反的，如果名字中的最后几个字符是“im”，最有可能的是男性名字，比如“Tim”或“Jim”。

实现过程如下。

（1）导入相关包：

```
import random
from nltk.corpus import names
from nltk import NaiveBayesClassifier
from nltk.classify import accuracy as nltk_accuracy
```

（2）定义函数获取性别：

```
def gender_features(word, num_letters=2):
return {'feature': word[-num_letters:].lower( )}
```

（3）定义 main 函数及数据：

```
if __name__=='__main__':
labeled_names = ([(name, 'male') for name in names.words('male.txt')] +
[(name, 'female') for name in names.words('female.txt')])
random.seed(7)
random.shuffle(labeled_names)
input_names = ['Leonardo', 'Amy', 'Sam']
```

（4）获取末尾字符：

```
for i in range(1, 5):
        print ('\nNumber of letters:', i)
featuresets = [(gender_features(n, i), gender) for (n,gender) in labeled_names]
```

（5）划分训练数据和测试数据：

```
train_set, test_set = featuresets[500:], featuresets[:500]
```

（6）分类实现：

```
classifier = NaiveBayesClassifier.train(train_set)
```

（7）评测分类效果：

```
print ('Accuracy ==>', str(100 * nltk_accuracy(classifier,test_set)) + str('%'))
for name in input_names:
print (name, '==>', classifier.classify(gender_features(name, i)))
```

（8）图 9-7 所示为性别预测输出结果。

```
Number of letters: 1
Accuracy ==> 76.6%
Leonardo ==> male
Amy ==> female
Sam ==> male

Number of letters: 2
Accuracy ==> 80.2%
Leonardo ==> male
Amy ==> female
Sam ==> male

Number of letters: 3
Accuracy ==> 78.4%
Leonardo ==> male
Amy ==> female
Sam ==> female

Number of letters: 4
Accuracy ==> 71.6%
Leonardo ==> male
Amy ==> female
Sam ==> female
```

图 9-7　性别预测输出结果

8．实现情感分析

自然语言处理（NLP）中一个很重要的研究方向就是语义的情感分析（Sentiment Analysis），情感分析是指通过对给定文本的词性分析从而判断该文本是消极的还是积极的过程。当然，在有些特定场景中也会加入中性这个选项。

情感分析的应用场景非常广泛，在亚马逊网站或推特网站中，人们会发表评论，谈论某个商品、事件或人物。商家可以利用情感分析工具知道用户对自己产品的使用体验和评价。当需要大规模的情感分析时，肉眼的处理能力就变得十分有限了。情感分析的本质就是根据已知的文字和情感符号，推测文字是正面的还是负面的。处理好了情感分析，可以大大提升人们对于事物的理解效率，也可以利用情感分析的结论为其他人或事物服务，比如不少基金公司利用人们对于某家公司、某个行业、某件事情的看法态度来预测未来股票的涨跌。

情感分析的实现过程如下。

在本教材中使用 NLTK 中的朴素贝叶斯分类器来实现文档的分类。在特征提取函数中，提取了所有的词。但是，在此笔者注意到 NLTK 分类器的输入数据格式为字典格式，因此在下文中创建了字典格式的数据，以便 NLTK 分类器可以使用这些数据。同时，在创建完字典型数据后，将数据分成训练数据集和测试数据集，目的是使用训练数据训练分类器，以便分类器可以将数据分为积极与消极。而当查看哪些单词包含的信息量最大，也就是最能体现其情感的单词的时候会发现有些单词，如“outstanding”表示积极情感，“insulting”表示消极情感。这是非常有意义的信息，因为它表明了什么单词被用来表明积极情感。

（1）导入相关包：

```
import nltk.classify.util
from nltk.classify import NaiveBayesClassifier
from nltk.corpus import movie_reviews
```

（2）定义函数获取情感数据：

```
def extract_features(word_list):
return dict([(word, True) for word in word_list])
```

（3）加载数据，在这里为了方便教学使用 NLTK 自带的数据：

```
if __name__=='__main__':
positive_fileids = movie_reviews.fileids('pos')
negative_fileids = movie_reviews.fileids('neg')
```

（4）将加载的数据划分为消极和积极：

```
features_positive = [(extract_features(movie_reviews.words(fileids=[f])),
'Positive') for f in positive_fileids]
features_negative = [(extract_features(movie_reviews.words(fileids=[f])),
'Negative') for f in negative_fileids]
```

（5）将数据划分为训练数据和测试数据：

```
threshold_factor = 0.8
threshold_positive = int(threshold_factor * len(features_positive))
threshold_negative = int(threshold_factor * len(features_negative))
```

（6）提取特征：

```
features_train = features_positive[:threshold_positive] +
features_negative[:threshold_negative]
features_test = features_positive[threshold_positive:] +
features_negative[threshold_negative:]
```

```
print ( " \nNumber of training datapoints: " , len(features_train))
print ( " Number of test datapoints: " , len(features_test))
```

（7）调用朴素贝叶斯分类器：

```
classifier = NaiveBayesClassifier.train(features_train)
print ( " \nAccuracy of the classifier: " , nltk.classify.util.accuracy(classifier, features_test))
```

（8）输出分类结果：

```
print ( " \nTop 10 most informative words: " )
for item in classifier.most_informative_features()[:10]:
print(item[0])
```

（9）使用分类器对情感进行预测：

```
input_reviews = [
 " It is an amazing movie " ,
 " This is a dull movie. I would never recommend it to anyone. " ,
 " The cinematography is pretty great in this movie " ,
 " The direction was terrible and the story was all over the place "
]
```

（10）输出预测的结果：

```
print ( " \nPredictions: " )
for review in input_reviews:
print ( " \nReview: " , review)
probdist = classifier.prob_classify(extract_features(review.split()))
pred_sentiment = probdist.max()
print ( " Predicted sentiment: " , pred_sentiment)
print ( " Probability: " , round(probdist.prob(pred_sentiment),2))
```

（11）图 9-8 所示为情感分析准确度结果。

（12）图 9-9 所示为情感分析中最重要的 10 个词汇。

```
Number of training datapoints: 1600
Number of test datapoints: 400

Accuracy of the classifier: 0.735
```

图 9-8　情感分析准确度结果

```
Top 10 most informative words:
outstanding
insulting
vulnerable
ludicrous
uninvolving
astounding
avoids
fascination
animators
affecting
```

图 9-9　情感分析中最重要的 10 个词汇

（13）图 9-10 所示为情感分析预测结果。

```
Predictions:

Review: It is an amazing movie
Predicted sentiment: Positive
Probability: 0.61

Review: This is a dull movie. I would never recommend it to anyone.
Predicted sentiment: Negative
Probability: 0.77

Review: The cinematography is pretty great in this movie
Predicted sentiment: Positive
Probability: 0.67

Review: The direction was terrible and the story was all over the place
Predicted sentiment: Negative
Probability: 0.63
```

图9-10 情感分析预测结果

9.3.2 使用jieba进行文本数据分析

jieba中文文本分词是一个开源的中文分词库，可以提供Python、Java、C++、Rust、Node.js各种版本，是目前最好的Python中文文本分词组件之一。jieba支持繁体分词，支持自定义词典，还支持四种分词模式，具体如下：

（1）精确模式，试图将句子最精确地切开，适合文本分析；

（2）全模式，把句子中所有可以成词的词语都扫描出来，速度非常快，但是不能消除歧义；

（3）搜索引擎模式，在精确模式的基础上，对长词再次切分，提高召回率，适用于搜索引擎分词；

（4）paddle模式，利用paddle深度学习框架训练序列标注（双向GRU）网络模型实现分词，同时支持词性标注。paddle模式的使用需安装paddlepaddle-tiny，并且pip install paddlepaddle-tiny==1.6.1。目前paddle模式支持jieba v0.40及以上版本。

jieba基于前缀词典实现高效的词图扫描，生成句子中汉字所有可能成词情况所构成的有向无环图（DAG）。其采用了动态规划查找最大概率路径，找出基于词频的最大切分组合。对于未登录词，其采用了基于汉字成词能力的HMM模型，使用了Viterbi算法。

本节将使用jieba库完成一系列的文本数据分析处理。本节部分案例来自jieba官网。

1．安装jieba

（1）全自动安装：使用easy_install jieba或pip install jieba。

（2）半自动安装：在“必应”网站上搜索“python jieba下载地址”，在搜索列表中单击“jieba · PyPI”进入该网址，单击“Download files”下载jieba安装包。解压后运行python setup.py install。

（3）手动安装：将jieba目录放置于当前目录或site-packages目录。

本教材所安装的jieba版本为jieba-0.42.1。

1）全自动安装

```
pip install jieba==0.42.1 -i #-i 后面需要加入清华镜像的下载地址，地址可以在“必应”网站上搜
```

```
索“pypi.tuna.tsinghua.edu.cn”得到
    pip install paddlepaddle-tiny==1.6.1 # 可选安装
```

2）测试 jieba 是否安装成功

```
>>> import jieba
```

如果导入 jieba 成功，就表示安装成功。

2. 实现 jieba 的四种分词模式

（1）Paddle 分词模式：

```
import jieba
jieba.enable_paddle( )# 启动 paddle 模式，需要 0.40 版之后的版本
strs=[ " 这是一本机器学习方向的教材 " , " 文本分词有好几种模式 " , " 羽网球拍卖完了 " ]
for str in strs:
    seg_list = jieba.cut(str,use_paddle=True) # 使用 paddle 模式
    print( " Paddle Mode:  " + '/'.join(list(seg_list)))
```

输出结果：

```
Paddle enabled successfully......
Paddle Mode: 这/是/一本/机器学习/方向/的/教材
Paddle Mode: 文本/分词/有/好/几种/模式
Paddle Mode: 羽/网球/拍卖/完/了
```

（2）全模式：

```
seg_list = jieba.cut( " 这是一本机器学习方向的教材 " , cut_all=True)
print( " Full Mode:  " + " / " .join(seg_list))  # 全模式
```

输出结果：

```
Building prefix dict from the default dictionary ...
Loading model from cache C:\Users\DELL\AppData\Local\Temp\jieba.cache
Loading model cost 0.615 seconds.
Prefix dict has been built successfully.
Full Mode: 这/ 是/ 一本/ 本机/ 机器/ 学习/ 方向/ 的/ 教材
```

（3）精确模式：

```
seg_list = jieba.cut( " 这是一本机器学习方向的教材 " , cut_all=False)
print( " Default Mode:  " + " / " .join(seg_list))  # 精确模式
seg_list = jieba.cut( " 这是一本机器学习方向的教材 " )  # 默认是精确模式
print( " ,  " .join(seg_list))
```

输出结果：

```
Default Mode: 这是/ 一本/ 机器/ 学习/ 方向/ 的/ 教材
这是, 一本, 机器, 学习, 方向, 的, 教材
```

相比全模式，精确模式切分得更为精确，适合文本分析。

（4）搜索引擎模式：

```
seg_list = jieba.cut_for_search( " 这是一本机器学习方向的教材，大家需要好好学习啊 " )  # 搜索引擎模式
print( " ， " .join(seg_list))
```

输出结果：

```
这是, 一本, 机器, 学习, 方向, 的, 教材, , , 大家, 需要, 好好, 好学, 学习, 好好学, 好好学习, 啊
```

该模式在精确模式的基础上对长词进一步切分，提高了召回率。

（5）lcut 模式：

```
word_list = jieba.lcut( " 这是一本机器学习方向的教材 " )  # 默认精准分词
print(' '.join(word_list))
```

输出结果：

```
这是 一本 机器 学习 方向 的 教材
```

jieba.lcut 对精准分词后的结果做了封装，返回的结果是一个 list 集合。

3．添加自定义词典或动态添加词典

对于一些新词，可以通过添加自定义的词典方式或动态添加词典，让 jieba 识别新词，提高切分的正确率。

词典格式为：一个词占一行，每一行分三部分，每个部分用空格隔开，分别是词语、词频（可省略）、词性（可省略）。

添加自定义词典用法： jieba.load_userdict(file_name)。

动态添加词典用法： jieba.add_word(word,freq=None, tag=None)。word、freq、tag 分别对应词语、词频、词性。

（1）初始代码：

```
import sys
sys.path.append( " ../ " )
import jieba

test_sent = (
 " 李小福是创新办主任也是云计算方面的专家。mac 上可分出石墨烯 "
)
words = jieba.cut(test_sent)
print('/'.join(words))
print( " = " *40)
```

输出结果：

```
李小福/是/创新/办/主任/也/是/云/计算/方面/的/专家/。/mac/上/可/分出/石墨/烯
========================================
```

可以看出创新办、云计算、石墨烯等词都没有被正确切分。

（2）添加动态词典：

```
# 添加动态词典
jieba.add_word('石墨烯',freq=None, tag=None)
words = jieba.cut(test_sent)
print('/'.join(words))
print( " = " *40)
```

输出结果：

```
李小福/是/创新/办/主任/也/是/云/计算/方面/的/专家/。/mac/上/可/分出/石墨烯
========================================
```

可以看出创新办、云计算没有被正确切分，但石墨烯添加到词典后被正确切分。

（3）添加自定义词典。

自定义词典 userdict.txt 的内容为：

```
云计算 5
李小福 2 nr
创新办 3 i
将自定义词典添加到 jieba 中。
# 添加自定义词典
jieba.load_userdict( " userdict.txt " )
words = jieba.cut(test_sent)
print('/'.join(words))
print( " = " *40)
```

输出结果：

```
李小福/是/创新办/主任/也/是/云计算/方面/的/专家/。/mac/上/可/分出/石墨烯
========================================
```

可以看出创新办、云计算、石墨烯都被正确切分了。

4．词性标注

jieba 库提供了词性标注的方法，实验代码如下：

```
import jieba
import jieba.posseg as pseg # jieba 默认词性标注分词器
jieba.enable_paddle( ) #启动 paddle 模式
words = pseg.cut( " 我爱北京天安门 " ,use_paddle=True) #paddle 模式
for word, flag in words:
    print('%s %s' % (word, flag))
```

输出结果：

```
Paddle enabled successfully......
我 r
```

```
爱 v
北京 LOC
天安门 LOC
```

可以看出，我被标识为代词，爱被标识为普通动词，北京和天安门被标识为地名，与人们的理解基本符合。paddle 模式下的词性标签集合如表 9-1 所示，其中词性标签 24 个（小写字母），专名类别标签 4 个（大写字母）。

表 9-1　paddle 模式下的词性标签集合

标签	含义	标签	含义	标签	含义	标签	含义
n	普通名词	f	方位名词	s	处所名词	t	时间
nr	人名	ns	地名	nt	机构名	nw	作品名
nz	其他专名	v	普通动词	vd	动副词	vn	名动词
a	形容词	ad	副形词	an	名形词	d	副词
m	数量词	q	量词	r	代词	p	介词
c	连词	u	助词	xc	其他虚词	w	标点符号
PER	人名	LOC	地名	ORG	机构名	TIME	时间

5．关键词抽取

jieba 库提供了 TF-IDF 算法和 TextRank 算法两种算法关键词的抽取方法，具体如下。

1）TF-IDF 算法关键词抽取示例

```
import sys
sys.path.append('../')

import jieba
import jieba.analyse
# 文件内容为朱自清的《荷塘月色》，读者可以自行选择文档
file_name = " htys.txt "
topK = 10

content = open(file_name, 'rb').read()

# jieba.analyse.extract_tags(sentence, topK=20, withWeight=False, allowPOS=())
# sentence 为待提取的文本
# topK 为返回几个 TF/IDF 权重最大的关键词，默认值为 20
# withWeight 为是否一并返回关键词权重值，默认值为 False
# allowPOS 仅包括指定词性的词，默认值为空，即不筛选
tags = jieba.analyse.extract_tags(content, topK=topK,withWeight=False, allowPOS=() )
print( " , " .join(tags))
print( " = " *30)
```

输出结果：

```
荷塘,叶子,采莲,月光,杨柳,今晚,热闹,采莲人,流水,独处
==============================
```

可以看出，抽取出的关键词与朱自清先生的《荷塘月色》一文比较匹配，关键词体现了文章优美的景色。

2）添加停用词与自定义逆文档库的 TF-IDF 算法关键词抽取示例

```
# 每行一个词，如果不加，则不采用停用词
jieba.analyse.set_stop_words( " stop_words.txt " )
# 每行由两部分组成：岗亭 11.598092559，分别是词语，以及自定义的词语逆文档频率
# 如果不采用自定义的逆文档库，则选用 jieba 默认的
jieba.analyse.set_idf_path( " idf.txt.big " );
tags = jieba.analyse.extract_tags(content, topK=topK,withWeight=False, allowPOS=() )
print( " , " .join(tags))
print( " = " *30)
```

输出结果：

```
叶子,荷塘,月光,采莲,今晚,一个,热闹,什么,杨柳,一片
==============================
```

可以看出，添加停用词与自定义逆文档文件之后，抽取出的关键词有所变化。停用词与逆文档文件可以根据待抽取关键词的文档特点，进行针对性的设置，比较灵活。如果不自定义设置，则采用 jieba 默认配置。

3）TextRank 算法关键词抽取示例

```
# 采用 textrank 算法进行关键词抽取 过滤名词
tagsn = jieba.analyse.textrank(content, topK=10, withWeight=False,allowPOS=('n'))
print( " , " .join(tagsn))
print( " - " *30)
# 采用 textrank 算法进行关键词抽取 过滤动词
tagsv = jieba.analyse.textrank(content, topK=10, withWeight=False,allowPOS=('v'))
print( " , " .join(tagsv))
print( " = " *30)
```

输出结果：

```
流水,月光,舞女,蝉声,莲子,黑影,参差,低头,样子,荷香
------------------------------
想起,欢笑,带上,正如,遮住,酣眠,留下,荡舟,嬉游,抬头
==============================
```

TextRank 算法，在抽取关键词时，可以指定抽取词性，实现抽取对应词性的关键词。

6. 对中文文本分词后构建特征矩阵

jieba 分词库可以结合 sklearn 库，完成构建文本的特征矩阵：

```
# 利用 jieba.lcut 进行分词,返回分词列表
import jieba
content1 = jieba.lcut( " 你的责任就是你的方向,你的经历就是你的资本,你的性格就是你的命运。 " )
content2 = jieba.lcut( " 复杂的事情简单做,你就是专家;简单的事情重复做,你就是行家;重复的事情用心做,你就是赢家。 " )
content3 = jieba.lcut( " 美好是属于自信者的,机会是属于开拓者的,奇迹是属于执着者的! " )

# 列表转字符串
c1 = ' '.join(content1)
c2 = ' '.join(content2)
c3 = ' '.join(content3)
# 特征向量化
from sklearn.feature_extraction.text import CountVectorizer
# 实例化 CountVectorizer( )
cv = CountVectorizer( )
# 调用 fit_transfrom 输入并转换数据
content_all = [c1,c2,c3]
print(content_all[0])
print(content_all[1])
print(content_all[2])
data = cv.fit_transform(content_all)
# 获取数据特征值
print(cv.get_feature_names( ))
# 转换后的特征矩阵
print(data.toarray( ))
```

输出结果：

```
你 的 责任 就是 你 的 方向 , 你 的 经历 就是 你 的 资本 , 你 的 性格 就是 你 的 命运。
复杂 的 事情 简单 做 , 你 就是 专家 ; 简单 的 事情 重复 做 , 你 就是 行家 ; 重复 的 事情 用心 做 , 你 就是 赢家 。
美好 是 属于 自信 者 的 , 机会 是 属于 开拓者 的 , 奇迹 是 属于 执着 者 的 !
['专家', '事情', '命运', '复杂', '奇迹', '就是', '属于', '开拓者', '性格', '执着', '方向', '机会', '用心', '简单', '经历', '美好', '自信', '行家', '责任', '资本', '赢家', '重复']
[[0 0 1 0 0 3 0 0 1 0 1 0 0 0 1 0 0 0 1 1 0 0]
 [1 3 0 1 0 3 0 0 0 0 0 0 1 2 0 0 0 1 0 0 1 2]
 [0 0 0 0 1 0 3 1 0 1 0 1 0 0 0 1 1 0 0 0 0 0]]
```

从结果可以看出，每个句子都转换成了词向量。

9.4　自然语言处理的应用

文本数据处理是自然语言处理（NLP）的基础，NLP 是指人类使用自然语言与机器进

行交互通信的技术。语言的使用在人类社会随处可见，让计算机可以理解人类语言的需求也在日益增长，基于这些需求与计算机技术的发展，NLP 成了 AI 行业应用落地最多的方向之一，同时 NLP 也被称为人工智能皇冠上的明珠。本节主要介绍 NLP 的常见应用场景与 NLP 领域的经典数据集，不对相关技术做进一步阐述说明。

自然语言处理在生活中随处可见，比如智能音响、语音输入、同声传译、文章续写等，这些应用在某些领域极大地提高了人类处理事情的效率。下面本教材就针对 NLP 的常见应用场景进行相关介绍。

1. 机器翻译

机器翻译在互联网时代应用很广，当阅读开源软件的外文官网时，会经常遇到不能准确翻译的句子；当写论文的时候，也需要撰写一部分英文摘要。这种问题在没有机器翻译的时候，人们只好查字典，找专业人士帮忙翻译，现在只要打开百度翻译、有道翻译，就可以将一种语言自动翻译成另外一种语言。在百度翻译的首页可以看到，现在百度已经支持将一种语言翻译成 200 多种语言。

学术界一般将机器翻译的发展分为开创期（1947—1964）、受挫期（1964—1975）、恢复期（1975—1989）、新时期（1990 至今）。2014 年神经网络技术在机器翻译领域的应用，使得机器翻译质量获得极大提升，开始全面超越原先基于统计机器模型的机器翻译。现在机器翻译在某些简单的技术文档翻译上已经可以替代人工翻译，但在某些专业领域相比人工翻译还是有些不足。

机器翻译领域比较顶级的赛事为国际顶级机器翻译比赛（Workshop on Machine Translation，WMT）。WMT 每年都有很多顶级实验室和大公司参与，竞争激烈，但也说明了人们对机器翻译抱有很大的热情，目前国内的百度、腾讯、金山都取得过该赛事的某一种语言翻译的第一名。

机器翻译技术主要包含三种技术，分别是基于规则的机器翻译、基于统计的机器翻译、基于神经网络的机器翻译。为了更好地对机器学习中的文字序列进行描述，有研究人员提出了 Transformer 模型，现在 Transformer 模型是机器翻译中最先进的架构之一。

机器翻译数据集如下。

（1）AI Challenger：英中翻译评测数据集，由创新工场、搜狗、今日头条联合举办的“AI challenger 全球 AI 挑战赛”开放的数据集，包含 1 000 万句英中对照的句子对作为数据集合。

（2）WMT(Workshop on Machine Translation)：业界公认的国际顶级机器翻译比赛之一，包括多种语言的语料库。数据集地址：在“必应”网站上搜索“wmt17”，在搜索列表中单击“2017 Second Conference on Machine Translation (WMT17)”进入该网址，wmt17 为 17 年比赛页面，单击 TRANSLATION TASKS 可找到机器翻译数据集，wmt17 更改为 wmt19 即可进入 19 年的比赛数据集页面。

（3）UN Parallel Corpus：联合国平行语料数据集，提供阿、英、西、法、俄、中六种语言，语料包含了 1990—2014 年的数据，规模达到 1 500 万个句对。数据集地址：在“必应”网站上搜索“UN Parallel Corpus”，在搜索列表中单击“United Nations Parallel Corpus - Unite Conferences”进入该网址。

2. 语音识别

基于语音识别技术的产品很多，如智能语音客服、智能音响、语音输入法、手机导航、微信提供的语音转文字等，这些产品已融入许多人的日常生活中了。

语音识别的目标是实现人与机器的自然语言通信，该项技术研究开始的标志为 20 世纪 50 年代 AT&T Bell 研究所研制成功了 Audry 语音识别系统，该系统能识别 10 个英文数字。语音识别方法大致包含基于声道模型和语音知识的方法、基于模板匹配的方法、基于神经网络的方法，后两者都达到了实用阶段。目前比较主流的语音识别技术大多基于深度神经网络技术，比如微信智聆是微信 AI 团队基于深度学习理论自研的语音识别技术，百度输入法语音识别采用的 Deep Peak 2 模型，是基于 LSTM 和 CTC 的上下文无关音素组合建模技术研制成的。

语音识别数据集如下。

（1）THCHS-30：它是清华大学语音与语言技术中心（CSLT）发布的开放式中文语音数据库，总时长超过 30 个小时，在“必应”网站上搜索“openslr 18”，在搜索列表中单击“openslr.org”进入该网址。

（2）AISHELL-ASR0009-OS1：它是希尔贝壳中文普通话开源语音数据库，录音时长为 178 小时，在“必应”网站上搜索“希尔贝壳官网”，在搜索列表中单击“希尔贝壳—专注于人工智能大数据和技术的创新”进入该网址。数据集下载地址：在“必应”网站上搜索“openslr 33”，在搜索列表中单击“openslr.org”进入该网址。

（3）Common Voice：英文数据集是由 Common Voice 提供的，总时长为 1 087 小时。数据集地址：在“必应”网站上搜索“Common Voice 数据集”，在搜索列表中单击“Common Voice-Mozilla”进入该网址。

3. 文本分类与情感分析

文本分类与传统的分类任务类似，根据一个被标注的训练集，找到特征和类别之间的模型，再利用模型对新的文档进行类别判断。常见的文本分类包括新闻分类、舆情分析。

情感分析是一种用于衡量人们对某类事物情感倾向的 NLP 任务，目前情感分析是 NLP 中最活跃的研究领域之一。情感分析包括人们对产品、某类事件的讨论评价，在市场营销、政治学、金融、公共卫生等领域具有广泛的应用。人们在购物的时候可以通过他人的评价来决定是否购买这件商品，政府部门也可以通过人们对某件事情的看法来评价、避免恶性事件及虚假事件发生。情感分析按照粒度不同，可分为词语级、句子级、篇章级三个层次。

情感分析的技术与文本分类的技术基本类似，可以采用贝叶斯、SVM 等经典算法，也可以采用 RNN、CNN 等神经网络技术。

文本分类与情感分析数据集如下。

（1）SogouCS：它包含搜狐新闻 2012 年 6 月至 7 月的国内、国际、体育、社会、娱乐等 18 个频道的新闻数据。数据集地址：在“必应”网站上搜索“SogouCS 数据集”，在搜索列表中单击“搜狗实验室（Sogou Labs）”进入该网址。

（2）Social-Spammer：该数据集来源为某社交软件，包含 560 万的用户和 8 500 万用户间的联系。数据集地址：在“必应”网站上搜索“linqs-data.soe.ucsc.edu”，在搜索列表中单击“Datasets | LINQS”进入该网址。在页面中单击“Social Spammer”的数据集下载链接。

（3）aclImdb_v1：用于二分类情绪分类的大型电影评论数据集，有 25 000 条电影评论用于训练，25 000 条用于测试。数据集地址：在“必应”网站上搜索“aclImdb_v1 ai.stanford.edu”，在搜索列表中单击“Sentiment Analysis - Stanford Artificial Intelligence ...”进入该网址。

4．问答系统

问答系统（Question Answering System, QAS）是用自然语言回答用户提出问题的系统，是信息检索的一种高级形式，目前具有广阔的发展前景。问答系统分为文本问答系统、阅读理解性文本问答系统、社区问答系统。问答系统的工作流程与人类进行问答时的思维过程基本相似：首先了解问题，其次寻找知识，最后确定答案。问答系统的实现一般包含问题理解、知识检索、答案生成三个部分。问答系统可以一步一步地处理，也可以用端到端的方法建模。与传统的搜索引擎相比，问答系统不是提取关键词给出结果，而是理解问题，再给出精确的答案。

问答系统数据集如下。

（1）SQuAD：SQuAD1.1 包含 536 篇文章中的 107 785 个问答。2018 年，SQuAD2.0 在 SQuAD 的基础上增加了 50 000 多个无答案问题，并增加了对抗性问题。数据集地址：在“必应”网站上搜索“SQuAD 数据集”，在搜索列表中单击“The Stanford Question Answering Dataset - GitHub Pages”进入该网址。

（2）DuReader：它是百度在 2017 年建立的中文 MRC 数据集，该数据集包含 20 万个问题、100 万个原文和 42 万个答案。数据集地址：在“必应”网站上搜索“DuReader 数据集”，在搜索列表中单击“baidu/DuReader: Baseline Systems of DuReader Dataset - …”进入该网址。

5．光学字符识别

光学字符识别（Optical Character Recognition，OCR）是指将图像文字或纸上的文字翻译成计算机文字的过程。1929 年，它由德国的科学家 Tausheck 首次提出，但在计算机诞生后 OCR 技术才获得了实现。我国在 20 世纪 70 年代末期开始进行汉字的识别研究工作。在 1989 年，清华大学推出了清华文通 TH-OCR1.0 版，在 20 世纪 90 年代中后期，又推出了 TH-OCR 97 综合集成汉字识别系统，TH-OCR 97 综合集成汉字识别系统可以完成多文种（汉、英、日）印刷文本、联机手写汉字的识别输入。

OCR 技术易商业变现，开源的较少。国内开源的有 PaddleOCR，PaddleOCR 是百度开源的。PaddleOCR 包括文本检测模型、文本识别模型、方向分类器模型三个部分。其中文本检测模型可采用 EAST/DB 模型，文本识别模型可采用 CRNN/RARE/SAST/SRN 模型。

现在基于 OCR 的应用系统很多，包括身份证银行卡识别系统、银行票据识别系统、车牌识别系统、增值税发票识别认证系统。目前，OCR 对英文的正确识别率较高，对于手写汉字的识别率还有进一步提升空间，如何提高 OCR 对手写汉字的识别率，将是相关研究人员的一个重要的研究方向。

字符识别数据集如下。

（1）SynthText (ST)：文本检测数据集，该数据集由 80 万个图像组成。数据集地址：在“必应”网站上搜索“SynthText (ST)数据集”，在搜索列表中单击“Visual Geometry Group - University ... - University of Oxford”进入该网址。

（2）ICDAR2019-LSVT：文本检测或端到端文本发现数据集，该数据集包括 45 万张街景图像。数据集地址：在“必应”网站上搜索“ai.baidu.com/broad”，在搜索列表中单击“Baidu Road: Research Open-Access Dataset”进入该网址，注册之后搜索 lsvt。

6．值得推荐的综合数据集

（1）超神经数据集：它包括 CV、NLP 领域的多个数据集连接。数据集地址：在“必应”网站上搜索“超神经数据集”，在搜索列表中单击“数据集-超神经”进入该网址。

（2）百度大脑数据集：它包含百度开源的多个数据集。数据集地址：在“必应”网站上搜索“ai.baidu.com/broad”，在搜索列表中单击“Baidu Road: Research Open-Access Dataset”进入该网址。

（3）298 天池数据集：它包含阿里天池提供的多个数据集。数据集地址：在“必应”网站上搜索“天池大数据“，在搜索列表中单击“天池大数据众智平台-阿里云天池”进入该网址。

（4）数据集市：它包含行业数据和机器学习方向数据集。数据集地址：在“必应”网站上搜索“数据集市”，在搜索列表中单击“数据集市-免费数据资源共享网”进入该网址。

（5）加州大学数据集：它包含 560 个机器学习数据集。数据集地址：在“必应”网站上搜索“archive.ics.uci.edu/ml”，在搜索列表中单击“UCI Machine Learning Repository”进入该网址。

第10章

图像数据分析

图像数据分析是计算机视觉的基础，计算机视觉是机器学习领域中的一个重要方向。计算机视觉以机器学习理论为基础，是一门“教”会计算机如何去“看”世界的学科。

本章讨论图像相关的基本概念，然后结合 Python 图像处理工具包介绍图像数据分析的常用方法。

本章主要的内容如下。

（1）图像数据。

（2）图像数据分析方法。

（3）图像数据分析案例。

（4）计算机视觉的应用。

10.1 图像数据

随着成像技术的发展和成像设备的普及，图像和视频逐渐成为人们获取信息的重要来源。俗语“百闻不如一见”“一目了然”“一图胜千言”也说明视觉信息在人们进行信息传递和交流中的重要作用。人们对图像并不陌生，图像处理技术已得到广泛应用，涵盖了社会生活的各个领域。例如，手机自拍美颜、人脸/指纹识别、光学字符识别（OCR）、车牌号检测与识别、广告图设计、影视剧特效制作、安防监控、无人驾驶、X 光片、遥感卫星对地观测成像等。

本节将进一步学习什么是图像、图像分为哪些类型及与图像相关的基本概念等。

图像是对真实存在的或人们想象的客观对象进行表示的一种方式，这种方式能被人的视觉系统感知。

由于成像原理、成像技术、存储方式等的不同，图像可分为不同的类型。

根据记录方式不同，图像可分为模拟图像和数字图像。模拟图像通过某种具有连续变化值的物理量（如光、电等的强弱）来记录图像亮度信息，计算机和数码相机发明之前的电视、照相机等设备获取或展示的都是模拟图像。普通图像包含的信息量巨大，需要将其转变成计算机能处理的数字图像。数字图像，又称数码图像或数位图像，是由模拟图像数字化得到的、以像素为基本元素的、可以用数字计算机或数字电路存储和处理的图像，其光照位置和强度都是离散的。数字图像示意图如图 10-1 所示，数字图像可以看作定义在二维空间区域上的函数 $f(x,y)$（通常使用矩阵表示），其中，x 和 y 表示空间坐标。通常，图像处理指的是处理数字图像。

（a）数字图像可视化（放大）

255	255	255	12	13	5	255	255
255	255	255	11	16	9	255	255
255	255	3	15	16	6	255	255
255	7	15	16	16	2	255	255
255	255	1	16	16	3	255	255
255	255	1	16	16	6	255	255
255	255	1	16	16	6	255	255
255	255	255	11	16	10	255	255

（b）图像的二维数值矩阵表示

图 10-1　数字图像示意图

在电子显示设备上将图像放大数倍，会发现图像的连续色调其实是由许多色彩相近的小方块所组成的，这些小方块就是构成影像的最小单元——像素。像素（Pixel）是数字图像的重要概念，又称为图像元素（Picture Element），是指图像的基本原色素及其灰度的基本编码，是构成数码影像的基本单元，通常以每英寸像素 PPI（Pixels Per Inch）为单位来表示影像分辨率的大小。例如，300×300PPI 分辨率，即表示水平方向与垂直方向上每英寸长度上的像素数都是 300，也可表示为一平方英寸内有 9 万（300×300）像素。越高位的像素，其拥有的色板也就越丰富，也就越能表达颜色的真实感。

根据像素取值的不同，数字图像可以分为二值图像（由 1 位二进制存储，表示只有两种颜色）、8 位图像（由 8 位二进制表示像素值，可以表示 256 种颜色或亮度）、16 位图像（每个像素由 16 位二进制表示）等。

图像通道示意图如图 10-2 所示，每张图像都是由一个或多个相同维度的数据通道构成的。以 RGB 彩色图像为例，每张图像都是由三个数据通道构成的，分别为红、绿和蓝。而对于灰度图像，则只有一个通道。多光谱图像一般有几到几十个通道。高光谱图像则具有几十到上百个通道。

（a）单通道（灰度图像）

（b）三通道（RGB彩色图像）

（c）多通道（高光谱图像）

图 10-2　图像通道示意图（彩图请扫二维码）

根据应用领域的不同，数字图像还可以分为医学图像、遥感图像、视频监控等。视频的每一帧都可以看作单幅静态图像，因此视频可以看作图像在时间维度的扩展。

根据存储格式的不同，数字图像还可以分为不同的文件类型：bmp、png、jpg 等。

此外，图像不仅仅限制人眼可以看到的可见光图像，成像设备几乎覆盖了全部电磁波谱，包括超声波、电子显微镜和计算机产生的图像等。

10.2 图像数据分析方法

目前，图像获取越来越方便，数据量越来越大，但利用率仍有待提高。例如，在安防领域，24 小时全天候监控产生了大量的视频，统计当下监控画面中的人数（行人检测）、定位他们的人脸（人脸检测）、识别他们的身份（人脸识别）、判别他们的表情（表情识别）、识别他们的动作（动作识别），这些工作交给人来做，费事费力。利用计算机进行视频和图像数据分析，往往能大幅度提高工作效率。

数字图像的产生远在计算机出现之前。最早有电报传输的数字图像。随着计算机硬件的发展和快速傅里叶变换算法的出现使得人们可以用计算机高效地处理图像。之后，随着计算机性能的大幅提高，图像处理技术已经遍布社会的各个角落。数字图像处理是一门系统地研究各种图像理论、技术和应用的交叉学科。从它的研究方法看，它与数学、物理学、生物学、心理学、电子学、计算机科学可以互相借鉴，从它的研究范围看，它与模式识别、计算机视觉、计算机图形学等学科交叉。

广义的数字图像处理又称为图像工程，是与图像有关的技术的总称，包括图像的采集、编码、传输、存储、生成、显示、输出、变换、增强、恢复、重建、分割、目标检测、表达、描述、特征提取等。图像工程的三个层级如图 10-3 所示，图像工程一般可以分为三个层级：①狭义的图像处理，包括图像采集和从图像到图像的变换，主要作用是改善图像视觉效果并为图像分析和理解做初步的处理，包括对比度调节、图像编码、去噪、各种滤波技术的研究、图像恢复和重建等；②图像分析，是指从图像中取出人们感兴趣的数据，以描述图像中目标的特点，该层级输入是图像，输出是从图像中提取的边缘、轮廓等特征属性；③图像理解是在图像分析的基础上，利用模式识别和人工智能方法研究各目标的性质和相互关系，对图像中的目标进行分析、描述、分类和解释，一般输入为图像，输出为该图像的语义描述。

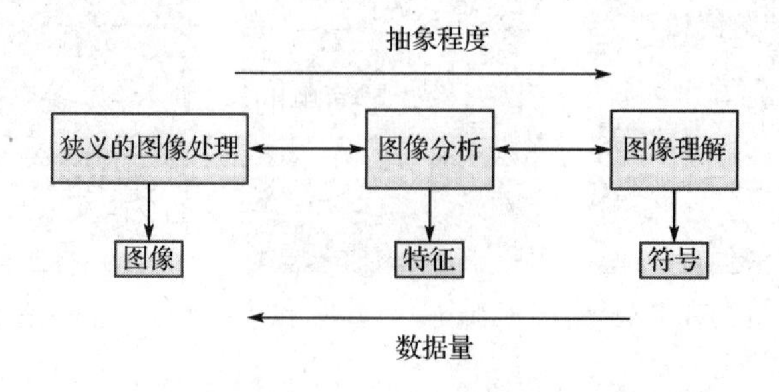

图 10-3　图像工程的三个层级

从技术的角度，图像数据分析的常用方法有以下几种。

1．图像变换

由于图像矩阵一般具有很高的维度，直接在空间域中进行处理时计算量很大。通常采用各种图像变换的方法，如傅里叶变换、沃尔什变换、离散余弦变换、小波变换等，将空间域的处理转换为变换域处理，不仅可减少计算量，而且可以获得更有效的处理。

2．图像编码和压缩

图像编码是压缩技术中最重要的方法，它在图像处理技术中是发展最早且比较成熟的技术。图像编码和压缩技术可减少描述图像的数据量（即比特数），以便节省图像传输、处理时间和减少图像所占用的存储器容量。图像压缩分为有损压缩和无损压缩，在不失真的前提下获得图像是无损压缩，在允许的失真条件下获得图像是有损压缩。例如，一种常用的图像压缩技术是只保留图像变换后频域的大系数，采用对应的反变换得到恢复图像。

3．图像增强和复原

客观世界是三维空间，但一般图像是定义在二维区域上的，图像在反映三维世界的过程中必然丢失了部分信息。即使是记录下来的信息也可能有失真，影响人的主观感受和物体识别等后续应用。因此，研究人员需要从成像机理出发，建立合适的数学模型，通过模型求解提高图像质量或从图像中恢复和重建信息。图像增强和复原的目的是提高图像的质量，如去除噪声、提高图像的清晰度等。图像增强不考虑图像降质的原因，只突出图像中所感兴趣的部分。如强化图像高频分量，可使图像中物体轮廓清晰，细节明显；强化低频分量可减少图像中的噪声影响。图像复原要求人们对图像降质的原因有一定的了解，一般讲应根据降质过程建立“降质模型”，通过模型求解恢复或重建原来的图像，常用于图像去噪、插值、超分辨率等。

4．图像分割

图像分割是数字图像处理中的关键技术之一。图像分割可以提取图像中有意义的特征，包括图像中的边缘、区域等，这是进一步进行图像识别、分析和理解的基础。虽然目前已有不少边缘提取、区域分割的方法，但还没有一种普遍适用于各种图像的有效方法。因此，对图像分割的研究还在不断深入之中，是目前图像处理研究中的热点之一。

5．图像描述和特征提取

图像描述是图像识别和理解的必要前提。最简单的二值图像可采用其几何特性描述物体的特性，一般图像的描述方法采用二维形状描述，它有边界描述和区域描述两类方法。对于特殊的纹理图像可采用二维纹理特征描述。随着图像处理研究的深入发展，已经有研究人员开始进行三维物体描述的研究，提出了体积描述、表面描述、广义圆柱体描述等方法。

6．图像分类

图像分类（识别）属于模式识别的范畴，其主要内容是图像经过某些预处理（增强、复原、压缩）后，进行图像分割和特征提取，从而进行判决分类。图像分类常采用经典的模式识别方法，它们有统计模式分类和句法（结构）模式分类，近年来新发展起来的模糊模式识别和人工神经网络模式分类在图像识别中也越来越受到重视。

10.3 图像数据分析案例

在本章中分析图像数据时，仍将使用到第3章提到的许多Python程序模块，如Numpy、SciPy、Scikit-Learn、Matplotlib等，请参考第3章列出的程序模块的安装和使用文档的链接。此外，还需要Python图像处理类库（Python Imaging Library，PIL）①，它为Python解释器提供了图像和图形处理功能，能够对图像数据进行缩放、裁剪、旋转、滤波、颜色空间转换、对比度增强等，该类库支持多种图像文件格式的读写。PIL已经是Python平台事实上的图像处理标准库了②。PIL功能非常强大，但API却非常简单易用。在进行图像数据分析时，需要对向量、矩阵进行操作，因此PIL模块结合Numpy模块提供的向量、矩阵等数组对象的处理方法和线性代数函数，以及SciPy提供的数值积分、优化、统计、信号处理、图像处理等高效操作，就可以完成大多数的图像分析任务。现在，请确保你的计算机已经安装了所需的程序包。

10.3.1 PIL：Python图像处理类库应用示例

PIL提供了大量常用的、基本的图像操作方法。本节将介绍几个图像处理中非常重要的模块。

1. Image模块

Image模块中定义的Image类是PIL类库中最重要的类，可以实现图像文件的读写、显示、颜色空间转换等方法。

Image类的open( )方法接收图像文件路径为参数，用于读取图像文件。如果载入文件失败，则会引起一个IOError；载入成功则返回一个Image对象。例如，读取当前目录下文件名为“python.jpg”的图像（见图10-4）：

```
#导入PIL类库中的Image模块
>>>fromPILimportImage
#加载图像数据到Image对象（Image对象的open()方法可以根据文件扩展名判断图像的格式）
>>>im=Image.open('python.jpg')
```

① PIL是免费的，读者可自行在官方网站下载该模块，同时官方网站也提供了使用手册供参考。

② 一些志愿者在PIL的基础上创建了兼容的版本，名字叫Pillow。它与PIL使用基本相同，支持最新的Python3.x，又加入了许多新特性。此外，在Python中进行图像处理时还可以使用Pandas、OpenCV、Tensorflow等工具包。限于篇幅，本教材不做介绍，请读者上网搜索学习相关知识。

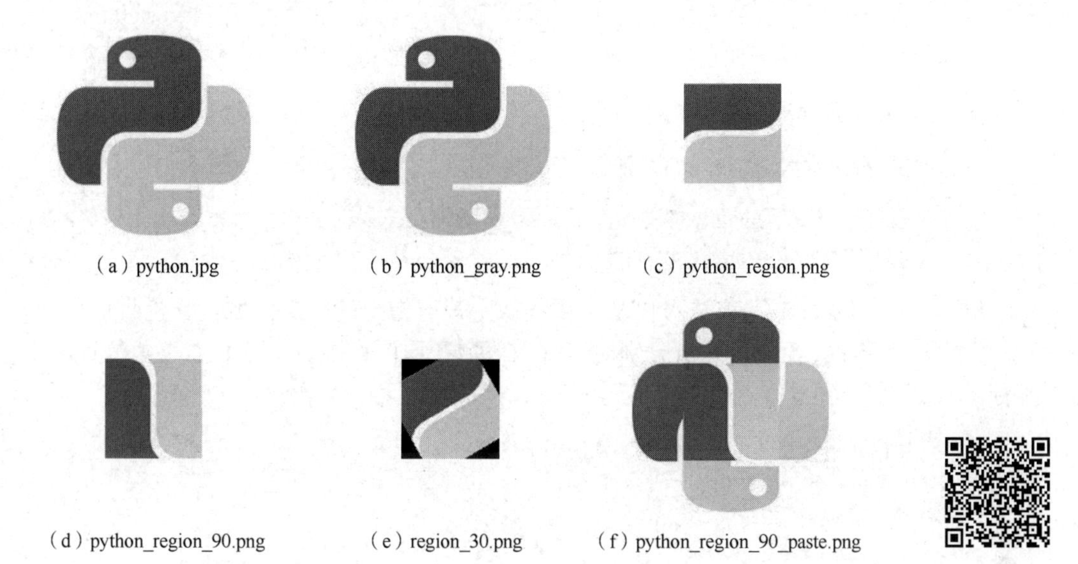

图 10-4　图像基本操作示例（彩图请扫二维码）

利用 Image 对象的属性打印输出图像的类型、大小和模式：

```
>>>print(im.format,im.size,im.mode)
JPEG(256,256)RGB
```

这里有三个属性，format 用于识别图像的源格式，如果该文件不是从文件中读取的，则被置为 None 值；size 是有两个元素的元组，其值为像素意义上的宽和高；mode 表示颜色空间模式，它定义了图像的类型和像素的位宽。PIL 支持以下几种模式。

（1）1：1 位像素，表示黑和白，但是存储的时候每个像素存储为 8bit。

（2）L：8 位像素，对应灰度图像，可以表示 256 级灰度。

（3）P：8 位像素，使用调色板映射到其他模式。

（4）RGB：3×8 位像素，为真彩色。

（5）RGBA：4×8 位像素，有透明通道的真彩色。

（6）CMYK：4×8 位像素，颜色分离。

（7）YCbCr：3×8 位像素，彩色视频格式。

（8）I：32 位整型像素。

（9）F：32 位浮点型像素。

PIL 也支持一些特殊的模式，包括 RGBX（有 padding 的真彩色）和 RGBa（有自左乘 alpha 的真彩色）。上述 print 语句的输出结果表示 python.jpg 文件对应的图像格式为 JPEG，宽和高均为 256，颜色模式为 RGB 的彩色图像。

读取的图像数据可以利用 Image 对象的 show( )方法进行显示：

```
>>>im.show( )
```

标准版本的 show( )方法不是很有效率，因为在 Linux 系统下它先将图像保存为一个临时文件，然后使用 xv 进行显示。如果没有安装 xv，该函数甚至不能工作。Windows 系统下该方法用于调用默认图像查看器打开图像。

图像颜色空间转换可以使用convert( )方法来实现，如将读取的im数据转换为灰度图像：

```
>>>im_gray=im.convert('L')
```

图像数据的保存使用save( )方法：

```
#将 im_gray 保存为 png 图像文件，文件名为 python_gray.png
>>>im_gray.save('python_gray.png')
```

Image对象的crop( )方法可以从一幅图像中裁剪指定的矩形区域，它接收包含四个元素的元组作为参数，各元素的值分别对应裁剪区域在原图像中左上角和右下角位置的坐标，坐标系统的原点（0,0）在图像的左上角：

```
#使用四元组（左，上，右，下）指定裁剪区域
>>>box=(66,66,190,190)
#裁剪图像区域
>>>region=im.crop(box)
#保存裁剪的图像区域数据到图像文件
>>>region.save('python_region.png')
```

Image对象的transpose( )方法通过传入参数Image.ROTATE_#（#代表旋转的角度，可以是90°、180°、270°）将图像数据进行旋转；也可以传入参数Image.FLIP_LEFT_RIGHT将图像做水平翻转，传入参数Image.FLIP_TOP_BOTTOM做垂直翻转等：

```
#将图像数据 region 旋转 90°
>>>region_90=region.transpose(Image.ROTATE_90)
>>>region_90.save('region_90.png'）#保存图像
```

Image对象的rotate( )方法可以将图像数据进行任意角度的旋转：

```
#将图像数据 region 逆时针旋转 30°
>>>region_30=region.rotate(30)
>>>region_30.save('region_30.png'）#保存图像
```

Image对象的paste( )方法可以为图像对象在特定位置粘贴图像数据：

```
#创建图像对象 im 的拷贝
>>>im_paste=im
#将 region_90 贴在图像对象 im_paste 中 box 对应的位置
>>>im_paste.paste(region_90,box)
>>>im_paste.show( )#显示图像
>>>im_paste.save('python_region_90_paste.png'）#保存图像
```

需要注意的是，粘贴的图像数据必须与粘贴区域具有相同的大小，但是它们的颜色模式可以不同，paste( )方法在粘贴之前自动将粘贴的图像数据转换为与被粘贴图像相同的颜色模式。读者可以通过将灰度图像裁剪的区域粘贴在彩色图像，或者将彩色图像裁剪的区域粘贴在灰度图像进行验证。

PIL可以对多波段图像的每个波段分别处理。Image对象的getbands( )方法可以获得每个波段的名称，split( )方法将多波段图像分解为多个单波段图像，merge( )方法可以按照用

户指定的颜色模式和单波段图像数据的顺序，将它们组合成新的图像，图像颜色变换示例如图 10-5 所示。

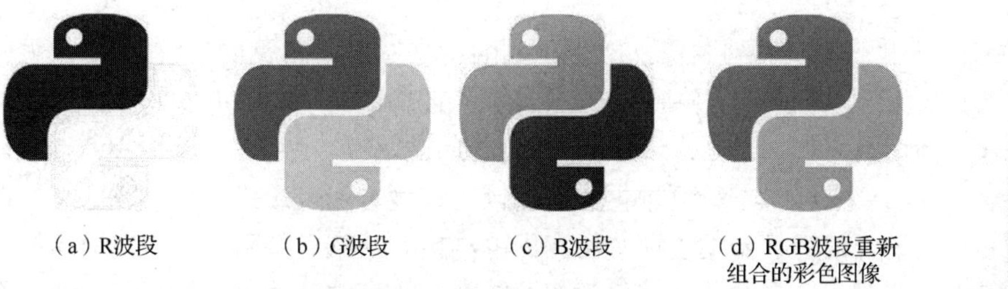

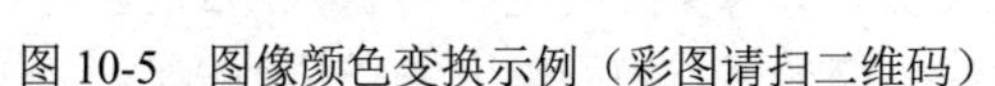
图 10-5　图像颜色变换示例（彩图请扫二维码）

```
#显示每个波段的名称
>>>print(im.getbands( ))
('R','G','B')
#将 RGB 彩色图像对象 im 分解为三个单波段图像（红、绿、蓝）
>>>r,g,b=im.split( )
#显示每个波段图像
>>>r.show( )
>>>g.show( )
>>>b.show( )
#按照 RGB 颜色模式将波段按蓝、绿、红顺序组合生成新的图像
>>>im_bgr=Image.merge( " RGB " ,(b,g,r))
>>>im_bgr.show( )
```

Image 对象的 point( )方法用于对图像每个像素的值进行数值运算，由此可以完成图像反色、线性拉伸、归一化等处理。

```
>>>fromPILimportImage
>>>im_gray=Image.open('python_gray.png')
#将图像数据 im_gray 进行反色处理
>>>im_gray_inv=im_gray.point(lambdai:255-i)
>>>im_gray_inv.save('im_gray_inv.png'）#保存图像
```

图像的直方图用来表示该图像的像素值的分布情况。Image 对象的 histogram( )方法将像素值的范围分成一定数目的小区间，统计落入每个小区间的像素值数目。以下代码可以生成一幅图像的直方图：

```
>>>fromPILimportImage
>>>frompylabimport*
>>>imin=Image.open('e:\\lena.png').convert('L')
>>>im_hist=imin.histogram( )#获得直方图数据
>>>plot(im_hist)
```

在某些情况下，一幅图像中大部分像素的强度都集中在某一区域，而质量较高的图像，像素的强度应该均衡分布。直方图均衡化是指将表示像素强度的直方图进行拉伸，将其平坦化，使变换后的图像中每个灰度值的分布概率基本相同。在对图像做进一步处理之前，直方图均衡化可以增强图像的对比度，这通常是对图像灰度值进行归一化的一个非常好的方法。

PIL 也可以用于处理序列图像，即常见到的动态图，最常见的后缀为.gif，另外还有FLC/FLI[①]等。当打开这类图像文件时，PIL 自动载入图像的第一帧。可以使用 seek( )和 tell( )方法在各帧之间切换。

机器学习算法要求样本的特征数据具有相同的维度。当采用机器学习算法进行图像数据分析时，每幅图像的特征数据也应具有相同的维度。通常，有两种方法完成这项任务，一种方法是将所有样本图像缩放或裁剪为相同的宽、高和颜色通道；另一种方法是对每幅图像应用滤波技术或特征提取算法得到具有相同维度的特征数据。先来看第一种方法，第二种方法在本章后续内容中有介绍。利用 PIL 模块，可以调用 Image 对象的 resize( )方法调整一幅图像的大小，该方法接收一个表示新图像大小的元组为参数，返回原图像缩放后的复制图像：

```
>>>im_half=im.resize((128,128)) #将 im 调整为宽和高均为 128 像素
```

resize( )方法中指定的图像宽度和高度也可以不一致，新图像的宽度或高度可以比原图像的大（对应图像放大），也可以比原图像的小（对应图像缩小）。resize( )函数也可以指定两个参数 resize(size,filter)，其中 filter 表示图像缩放时采用的下采样或插值方式，默认值为NEAREST（最近邻），resize( )函数里面的 filter 参数选用 BILINEAR、BICUBIC 和ANTIALIAS，分别对应双线性、三次样条和抗锯齿方法。

2．ImageFilter 模块

PIL 提供的 ImageFilter 模块包含一组预先定义的滤波器，可以结合 Image 对象的 filter( )方法实现图像的平滑和增强。目前，该模块支持 BLUR、CONTOUR、DETAIL、EDGE_ENHANCE、EDGE_ENHANCE_MORE、EMBOSS、FIND_EDGES、SMOOTH、SMOOTH_MORE、SHARPEN、GaussianBlur、RankFilter 等。

```
>>>fromPILimportImage
>>>fromPILimportImageFilter
>>>boat=Image.open( " boat.png " )
>>>boat_blur=boat.filter(ImageFilter.BLUR)                  #模糊滤波
>>>boat_blur.save('boat_blur.png')
>>>boat_edge=boat.filter(ImageFilter.FIND_EDGES)        #边缘检测
>>>boat_edge.save('boat_edge.png')
>>>boat_contour=boat.filter(ImageFilter.CONTOUR)        #找轮廓
>>>boat_contour.save('boat_contour.png')
>>>boat_rank=boat.filter(ImageFilter.RankFilter(9,3))
>>>boat_rank.save('boat_rank.png')        #每个像素取值为它的 3*3 邻域中第三大的像素值
```

boat 图像及其滤波处理如图 10-6 所示。

① FLC/FLI(Flic 文件)是 Autodesk 公司在其出品的 2D、3D 动画制作软件中采用的动画文件格式。

（a）boat.png

（b）boat_blur.png

（c）boat_edge.png

（d）boat_contour.png

（e）boat_rank.png

图 10-6　boat 图像及其滤波处理

3．ImageEnhance 模块

PIL 中更高级的图像增强可以借助 ImageEnhance 模块完成，如 ImageEnhance. Contrast( )用于调整对比度，ImageEnhance.Sharpness( )用于图像锐化，ImageEnhance.Color( )用于图像颜色均衡，ImageEnhance.Brightness( )用于调整图像亮度等。

```
>>>fromPILimportImage,ImageEnhance
>>>im=Image.open('E:\\boat.png')
>>>im_contrast=ImageEnhance.Contrast(im)
>>>foriin[0.3,1.5,3]:
>>>temp=im_contrast.enhance(i)
>>>temp.save('boat_enhance'+str(i)+'.png')
```

boat 图像增强如图 10-7 所示。

（a）boat_enhance0.3.png

（b）boat_enhance1.5.png

（c）boat_enhance3.png；

图 10-7　boat 图像增强

限于篇幅，PIL 提供的其他模块和方法及它们的使用方法请读者参考官方文档。

10.3.2　Numpy 图像数据分析示例

PIL 提供了大量基本的图像处理模块和方法，但当需要完成一些高级图像处理任务，或者自定义一组图像处理流程时，还需要借助其他模块。第一个可以考虑的就是提供了向量、矩阵、方程组等操作方法的 Numpy。

PIL 模块读取的图像数据不能直接与整型、浮点型等数据类型进行运算，可以通过 array( )方法将图像数据转换成 Numpy 的数组对象，之后利用 Numpy 执行任意数学操作，完成一些复杂的图像处理流程。Numpy 处理后的数据想要调用 PIL 提供的方法时，再利用 Image 对象的 fromarray( )方法创建图像实例。

```
>>>fromPILimportImage
>>>fromnumpyimport*
>>>boat=array(Image.open('boat.png'))
#对图像像素值进行二次多项式变换
>>>boat_new=255.0*(boat/255.0)**2
#由 boat_new 创建图像实例
>>>im_boat_new=Image.fromarray(boat_new)
#调研 Image 对象的 show( )方法显示图像
>>>im_boat_new.show( )
```

上述方法利用简单的表达式进行图像处理，还可以通过组合 point( )和 paste( )选择性地处理图像的某一区域。

NumPy 中的数组对象是多维的，可以用来表示向量、矩阵和图像。数组中的元素可以使用下标访问。数组矩阵 arr 位于坐标 i、j 及颜色通道 k 的像素值可以像下面这样访问：

```
>>>value=arr[i,j,k]
```

多个数组元素可以使用数组切片方式访问。切片方式返回的是以指定间隔下标访问该数组的元素值。例如：

```
>>>arr[i,:]=arr[j,:] #将第 j 行的数值赋值给第 i 行
>>>arr[:,i]=100    #将第 i 列的所有数值设为 100
>>>arr[:100,:50].sum( )#计算前 100 行、前 50 列所有数值的和
>>>arr[50:100,50:100]  #50~100 行，50~100 列（不包括第 100 行和第 100 列）
>>>arr[i].mean( )#第 i 行所有数值的平均值
>>>arr[:,-1]  #最后一列
>>>arr[-2,:](orarr[-2])#倒数第二行
```

注意：示例仅仅使用一个下标访问数组。如果仅使用一个下标，则该下标为行下标。在后面几个例子中，负数切片表示从最后一个元素逆向计数。人们经常频繁地使用切片技术访问像素值，这也是一个很重要的思想。

Numpy 的矩阵运算为图像处理带来了很大的方便。例如，奇异值分解(Singular Value Decomposition，SVD)是将矩阵分解成三个矩阵 $\boldsymbol{U}$、$\boldsymbol{S}$、$\boldsymbol{V}^{\mathrm{T}}$ 的乘积。其中，$\boldsymbol{S}$ 是由奇异值组成的对角矩阵，奇异值大小与重要性正相关，从左上角到右下角重要程度依次递减；$\boldsymbol{U}$ 和 $\boldsymbol{V}$ 分别表示左奇异向量矩阵和右奇异向量矩阵。在图像处理领域，SVD 分解经常应用于以下几个方面。

（1）图像压缩（Imagecompression）：多数情况下，数据的能量比较集中。部分奇异值和奇异向量就可以表达出图像的大部分信息，舍弃掉一部分奇异值可以实现压缩。

（2）图像降噪（Imagedenoise）：由于能量集中，噪声一般存在于奇异值小的部分，将这部分奇异值置零，再进行 SVD 重构可以实现图像去噪。

（3）特征降维：与图像压缩类似，当样本数据具有高维特征时，数据量和运算量都较大，可以先用 SVD 提取主要成分，再进行距离计算、分类等。

接下来，来看一个对图像数据矩阵进行奇异值分解和重构的例子，需要使用的是Numpy库提供的 linalg.svd( )。

```
#demo_image_svd.py
fromPILimportImage
importnumpyasnp
importmatplotlib.pyplotasplt
#读取图像数据，并将其转换为 numpy 数组对象
img=np.array(Image.open('E:\\boat.png'))
h,w=img.shape[:2]#查看图像大小
#为图像数据添加标准差为 5 的高斯白噪声
img_noisy=img+5.0*np.random.randn(h,w)
Image.fromarray(img_noisy).convert('L').save('boat_noisy.png')
#利用 np.linalg.svd 进行奇异值分解
u,s,vt=np.linalg.svd(img_noisy)
plt.figure(1)#用于显示图像
plt.subplot(241);plt.imshow(img,cmap='gray');plt.xticks([]);plt.yticks([]);
plt.subplot(242);plt.imshow(img_noisy,cmap='gray');plt.xticks([]);plt.yticks([]);
plt_num=2
#分别取前 n(n=1,5,10,15,200)个奇异值和奇异向量重构图像
fors_numin[1,3,5,10,15,200]:
s1=np.diag(s[:s_num],0)#用 s_num 个奇异值生成新对角矩阵
#将 h-s_num 个左奇异向量置零
u1=np.zeros((h,s_num),float)
u1[:,:]=u[:,:s_num]
#将 w-s_num 个右奇异向量置零
vt1=np.zeros((s_num,w),float)
vt1[:,:]=vt[:s_num,:]
#重构图像
svd_img=u1.dot(s1).dot(vt1)
#显示图像
plt_num+=1
plt.subplot(2,4,plt_num);plt.imshow(svd_img,cmap='gray');plt.xticks([]);plt.yticks([]);
#保存图像
Image.fromarray(svd_img).convert('L').save('boat_svd_'+str(s_num)+'.png')
plt.show( )
```

以上代码中，对原始 boat 图像添加噪声，对含噪声图像进行奇异值分解，之后利用部分奇异值重构图像，图像的 SVD 分解与重构如图 10-8 所示。从图 10-8 中可以看出，保留的主要奇异值个数越多，重构图像与原始图像的接近程度越高，其所含的噪声也要比含噪声图像弱，但保留的奇异值个数超过某个值以后，重构图像所含噪声开始增加，且越来越接近含噪声图像。

Numpy 提供的更多模块和方法请参考官方文档。

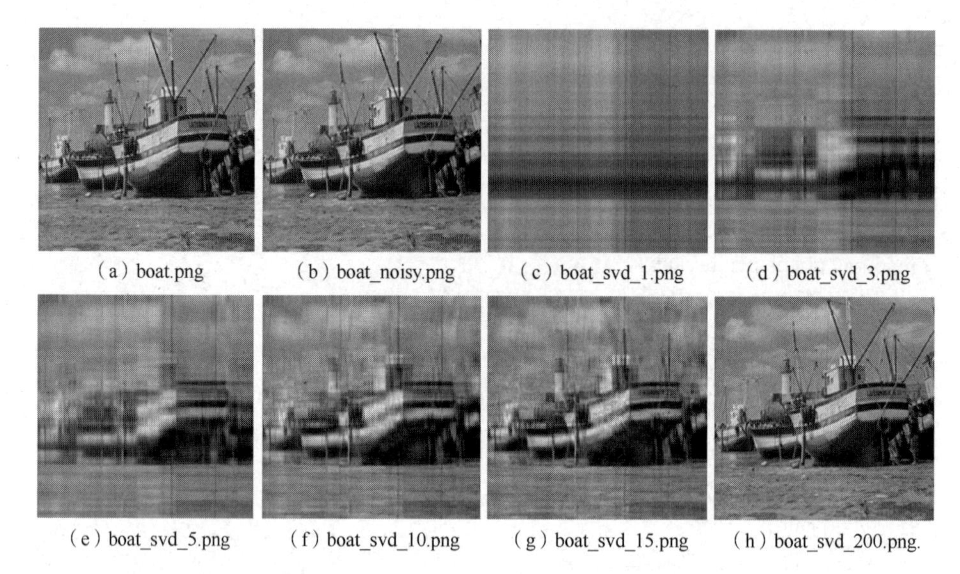

（a）boat.png （b）boat_noisy.png （c）boat_svd_1.png （d）boat_svd_3.png
（e）boat_svd_5.png （f）boat_svd_10.png （g）boat_svd_15.png （h）boat_svd_200.png.

图 10-8 图像的 SVD 分解与重构

10.3.3 SciPy 图像数据分析示例

SciPy 是在 NumPy 基础上开发的用于数值运算的开源工具包。SciPy 提供很多高效的操作，可以实现数值积分、优化、统计、信号处理、图像处理功能。

（1）优化函数程序包：提供了解决单变量和多变量的目标函数最小问题的算法。一般情况下，使用线性回归搜索函数的最大值与最小值。

（2）数值分析程序包：实现了大量的数值分析算法，支持单变量和多变量的插值，以及一维和多维的样条插值，还支持拉格朗日和泰勒多项式插值方法。

（3）统计学模块：支持概率分布函数，包括连续变量分布函数、多变量分布函数及离散变量分布函数。统计函数包括简单的均值到复杂的统计学概念，包括偏度 skewness、峰度 kurtosis、卡方检验 chi-squaretest 等。

（4）聚类程序包与空间算法：包括 K-Means 聚类、向量化、层次聚类与凝聚式聚类函数等。

（5）图像处理函数：包括基本的图像文件读/写、图像显示，以及简单的处理函数，如裁剪、翻转和旋转、数学变换、平滑、降噪、锐化，还支持图像分割、分类及边缘检测、特征提取等。

SciPy 的主要模块及功能见表 10-1。其中，大部分方法都可应用于图像数据转换的数组对象，特别是 misc、ndimage、signal、interpolate、fftpack 等。

SciPy 的 misc 模块提供了图像读写、缩放、旋转、显示的方法，还包含了两个示例图像。该模块依赖于 PIL，一些方法在 Scipy1.1.0 版本中已不建议使用，并将在 1.2.0 版本中移除，这里只是简单介绍。misc 模块图像处理主要方法及功能说明如表 10-2 所示。

以下代码以灰度图像模式加载 face 图像并保存为 face.gray.png：

```
>>>fromscipyimportmisc
>>>im_face=misc.face(True）
```

```
>>>misc.imsave('face_gray.png',im_face)
```

表 10-1　SciPy 的主要模块及功能

模块名称	主要功能和方法
cluster	向量量化、K-Means 聚类、层次聚类
constants	物理和数学常数和单位
fftpack	离散傅里叶变换、离散正弦变换、离散余弦变换及它们的反变换、积分、微分、希尔伯特变换、卷积等
integrate	积分、微分方程初值和边界问题
interpolate	近邻、线性、样条、拉格朗日、泰勒多项式等插值算法
io	数据读写
linalg	常用矩阵运算和线性代数函数
misc	图像基本操作、排列组合、阶乘等
ndimage	图像滤波、插值、特征统计、形态学变换等
odr	正交距离回归等
optimize	局部优化、全局优化、拟合、方程求根等
signal	卷积、滤波器设计、连续/离散时间线性系统、窗口操作、小波变换、峰值分析、谱分析等
sparse	稀疏矩阵及其运算
spatial	空间数据查找和数据结构
special	信息论、Bessel、数学变换、统计函数等
stats	连续和离散分布

表 10-2　misc 模块图像处理主要方法及功能说明

方法	功能说明
ascent( )	获得示例图像 ascent 对应的 ndarray 对象，对应一幅大小为 512×512 像素的 8 位灰度图像
face([gray=False])	获得示例图像 face，对应一幅大小为 1 024×768 像素的浣熊图像，当可选参数 gray 为 True 时，得到对应的灰度图像，默认为 False
bytescale(data,cmin.,cmax,high,low)	将输入图像像素值拉伸到(low,high)(默认为 0～255)，并将其转换为 uint8 类型；可以指定拉伸前像素值的范围[cmin,cmax]。如果输入图像为 uint8，则像素值不拉伸
fromimage(im,flatten,mode)	返回 PIL 图像对应的 ndarray 对象的复制图，当 flatten 为 True 时，返回对应的灰度图像
imfilter(arr,ftype)	返回将图像数组 arr 按指定的 ftype 滤波后的数组对象，类似 PIL 的 Image.filter( )
imread(name,flatten,mode)	读取图像文件到数组对象，类似 PIL 的 Image.open( )
imresize(arr,size,interp,mode)	按指定的插值模式 interp 和颜色模式 mode 将图像数据 arr 缩放为 size
imrotate(arr,angle,interp)	按指定的插值模式 interp 将图像 arr 逆时针旋转角度 angle，类似 PIL 的 Image.rotate( )
imsave(name,arr,format)	将图像 arr 保存为 format 类型的文件，名称为 name，类似 PIL 的 Image.save( )
imshow(arr)	将图像 arr 显示在外部图像浏览器，类似 PIL 的 Image.show( )
toimage(arr)	将 Numpy 数组 arr 转换为 PIL 的 Image 对象

ndimage 是一个多维图像处理的库，包括滤波、插值、傅里叶变换、形态学变换及对图像的特征统计方法。该模块也提供了图像读取方法 ndimage.imread(fname,flatten,mode)。

例如，高斯滤波的函数原型为：

```
ndimage.gaussian_filter(input,
sigma,
order=0,
output=None,
mode= " reflect " ,
cval=0.0,
truncate=4.0)
```

其中，input 表示输入图像，sigma 是高斯滤波核的标准差。以下代码演示了输入一个 5×5 的矩阵，经过标准差为 1 的高斯滤波器，输出 5×5 的矩阵的过程。

```
>>>fromscipyimportndimage
>>>a=np.arange(50,step=2).reshape((5,5))
>>>a
array([[0,2,4,6,8],
[10,12,14,16,18],
[20,22,24,26,28],
[30,32,34,36,38],
[40,42,44,46,48]])
>>>ndimage.gaussian_filter(a,sigma=1)
array([[4,6,8,9,11],
[10,12,14,15,17],
[20,22,24,25,27],
[29,31,33,34,36],
[35,37,39,40,42]])
```

在应用机器学习算法对图像数据进行分析（如图像识别等）任务时，人们更关心如何提取图像的特征数据。下面的例子展示了如何使用 ndimage 模块对样本图像进行傅里叶变换。

```
#demo_im_fft2.py
fromPILimportImage
importnumpyasnp
fromscipy.fftpackimportfft2,ifft2#导入傅里叶变换模块

imdir='e:\\'
imftype='.png'
imnames=['fingerprint','boat','lena']
forimnameinimnames:
im=np.array(Image.open(imdir+imname+imftype))
im_fft=fft2(im)#二维傅里叶变换
fft_mag=np.abs(im_fft)#计算傅里叶变换系数的幅值
#将幅值排序，保留幅值最大的 20%变换系数，其他值置零
sort_fft_mag=np.sort(fft_mag.flatten( ))
```

```
thresh=sort_fft_mag[-np.int(sort_fft_mag.size*0.2)]
fft_mag[fft_mag<thresh]=0
#显示阈值后的傅里叶系数幅值
im_fft_mag=Image.fromarray(np.uint8(fft_mag)).convert('L')
im_fft_mag.save(imdir+imname+'_fftmag_thr'+imftype)
#阈值后的傅里叶系数
im_fft[fft_mag<thresh]=0
#傅里叶反变换重构图像
im_rec=ifft2(im_fft)
im_rec=Image.fromarray(np.uint8(im_rec)).convert('L')
im_rec.save(imdir+imname+'_fft_rec'+imftype)
```

上述代码对图像数据进行傅里叶变换，保留幅值最大的 20%变换系数，再进行反变换复原图像。图像傅里叶变换与反变换示例如图 10-9 所示，可以看出，不同图像的傅里叶变换系数的形状和幅值是不同的，由此可以通过变换系数区分图像。在 10.3.1 节曾提到在应用机器学习算法对图像数据进行分析（如图像识别等）任务时，可以使用像素值也可以利用图像变换的方法。以上例子中全部或部分的傅里叶变换系数就可以用来作为图像的特征数据，结合机器学习算法用于图像分类或识别等任务。

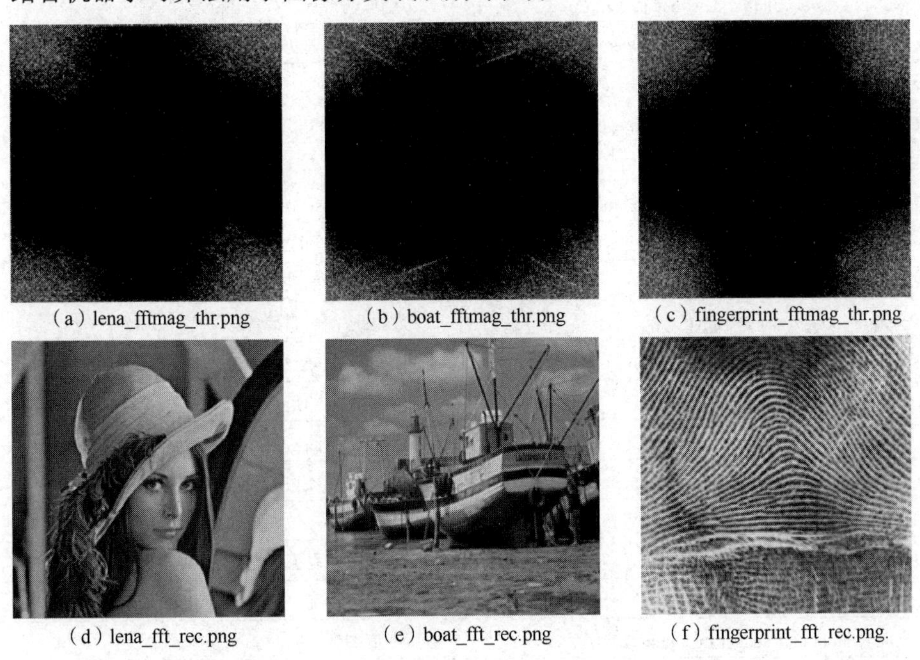

（a）lena_fftmag_thr.png　（b）boat_fftmag_thr.png　（c）fingerprint_fftmag_thr.png

（d）lena_fft_rec.png　（e）boat_fft_rec.png　（f）fingerprint_fft_rec.png.

图 10-9　图像傅里叶变换与反变换示例

10.3.4　Scikit-Image

Scikit-Image 也是用于图像处理的开源 Python 工具包，它包括颜色空间转换、滤波、图论、统计特征、形态学、图像恢复、分割、边缘/角点检测、几何变换等算法。特别是特征提取模块，使得从图像提取特征更方便。

本节主要介绍 Scikit-Image 的特征提取模块，其他模块请读者参考官方文档。

skimage.feature 模块主要方法及功能说明如表 10-3 所示。下面将介绍其中两个常用的特征抽取算法。

表 10-3　skimage.feature 模块主要方法及功能说明

skimage.feature.canny(image[,sigma,…])	给定图像的 Canny 边缘检测
skimage.feature.DAISY(image[,step,radius,…])	计算给定图像的 DAISY 特征描述子
skimage.feature.hog(image[,orientations,…])	计算给定图像的方向梯度直方图
skimage.feature.greycomatrix(image,…[,…])	计算给定图像的灰度共生矩阵
skimage.feature.greycoprops(P[,prop])	计算灰度共生矩阵的纹理属性
skimage.feature.local_binary_pattern(image,P,R)	计算给定图像的灰度旋转不变局部二值模式
skimage.feature.multiblock_lbp(int_image,r,…)	计算给定图像的多区块局部二值模式
skimage.feature.draw_multiblock_lbp(image,…)	给定图像的多区块局部二值模式可视化
skimage.feature.peak_local_max(image[,…])	寻找图像坐标列表或二值蒙板中的峰值
skimage.feature.structure_tensor(image[,…])	使用平方误差之和计算结构张量
skimage.feature.structure_tensor_eigvals(…)	计算结构张量的特征值
skimage.feature.hessian_matrix(image[,…])	计算海森矩阵
skimage.feature.hessian_matrix_det(image[,…])	计算图像的海森行列式逼近
skimage.feature.hessian_matrix_eigvals(H_elems)	计算海森矩阵的特征值
skimage.feature.shape_index(image[,sigma,…])	计算形状指数
skimage.feature.corner_kitchen_rosenfeld(image)	计算 Kitchen 和 Rosenfeld 角点检测算法的响应图像
skimage.feature.corner_harris(image[,…])	计算 Harris 角点检测算法的响应图像
skimage.feature.corner_shi_tomasi(image[,sigma])	计算 Shi-Tomasi（Kanade-Tomasi）角点检测算法的响应图像
skimage.feature.corner_foerstner(image[,sigma])	计算 Foerstner 角点检测算法的响应图像
skimage.feature.corner_subpix(image,corners)	确定角点对应的亚像素位置
skimage.feature.corner_peaks(image[,…])	在角点响应图中寻找角点
skimage.feature.corner_moravec(image[,…])	计算 Moravec 角点检测算法的响应图像
skimage.feature.corner_fast(image[,n,…])	快速提取图像的角点
skimage.feature.corner_orientations(image,…)	计算角点的方向
skimage.feature.match_template(image,template)	使用归一化相关将模板匹配到 2D 或 3D 图像
skimage.feature.register_translation(…[,…])	基于互相关的亚像素图像平移和配准
skimage.feature.match_descriptors(…[,…])	特征描述子的暴力匹配算法
skimage.feature.plot_matches(ax,image1,…)	图示匹配的特征
skimage.feature.blob_dog(image[,min_sigma,…])	寻找灰度图像中的 blob 对象
skimage.feature.blob_doh(image[,min_sigma,…])	寻找灰度图像中的 blob 对象
skimage.feature.blob_log(image[,min_sigma,…])	寻找灰度图像中的 blob 对象
skimage.feature.haar_like_feature(int_image,…)	计算积分图像区域的类 Harr 特征
skimage.feature.haar_like_feature_coord(…)	计算类 Harr 特征的坐标
skimage.feature.draw_haar_like_feature(…)	类 Harr 特征可视化
skimage.feature.BRIEF([descriptor_size,…])	抽取 BRIEF 二值描述子
skimage.feature.CENSURE([min_scale,…])	CENSURE 关键点检测
skimage.feature.ORB([downscale,n_scales,…])	抽取有向 FAST 特征、旋转 BRIEF 特征和二值描述

1. 局部二值模式

局部二值模式示意图如图 10-10 所示，原始的局部二值模式（Local Binary Pattern，LBP）算子定义在每个像素的 3×3（像素）邻域内，将中心像素与和它相邻的 8 个像素的灰度值进行比较，若邻域中某个像素值大于中心像素值，则该相邻像素点的位置被标记为 1，否则为 0。从而，3×3（像素）邻域内的 8 个点经过比较可产生 8 位二进制数，将这 8 位二进制数依次排列形成一个二进制数字，这个二进制数字就是中心像素的 LBP 值，LBP 值共有 2^8 种可能，因此 LBP 值有 256 种。中心像素的 LBP 值反映了该像素周围区域的纹理信息。

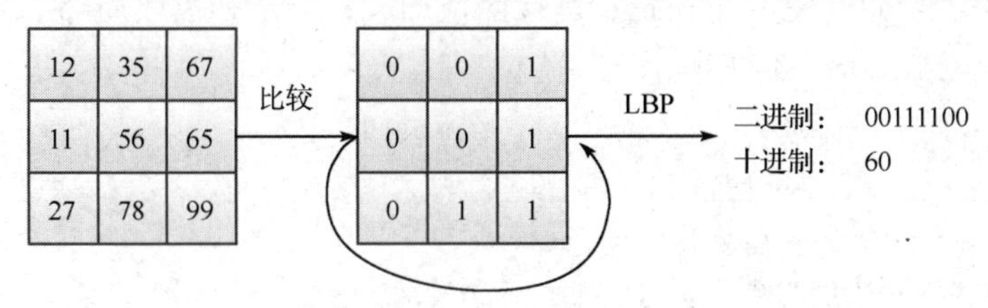

图 10-10　局部二值模式示意图

原始的 LBP 算子的最大缺陷在于它只覆盖了一个固定半径范围内的小区域，这显然不能满足不同尺寸和频率纹理的需要。为了适应不同尺度的纹理特征，并达到灰度和旋转不变性的要求，奥贾拉等人对 LBP 算子进行了改进，将 3×3（像素）邻域扩展到任意邻域，并用圆形邻域代替了正方形邻域，改进后的 LBP 算子允许在半径为 R 的圆形邻域内有任意多个像素点。从而得到了诸如半径为 R 的圆形区域内含有 P 个采样点的 LBP 算子；除此之外，原始的 LBP 算子是灰度不变的，但却不是旋转不变的。图像旋转就会得到不同的 LBP 值。Maenpaa 等人又将 LBP 算子进行了扩展，提出了具有旋转不变性的 LBP 算子，即不断旋转圆形邻域得到一系列初始定义的 LBP 值，取其最小值作为该邻域的 LBP 值。为了解决二进制模式过多的问题，提高统计性，奥贾拉提出了采用“等价模式”（Uniform Pattern）对 LBP 算子的模式种类进行降维的方法。

LBP 特征用于检测的原理在于 LBP 算子在每个像素点都可以得到一个 LBP“编码”，从而对一幅图像（记录的是每个像素点的灰度值）提取其原始的 LBP 算子之后，得到的原始 LBP 特征依然是“一幅图像”（记录的是每个像素点的 LBP 值）。在 LBP 的应用中，如纹理分类、人脸分析等，一般都不将 LBP 图谱作为特征向量用于分类识别，而是采用 LBP 特征谱的统计直方图作为特征向量用于分类识别。

LBP 算子也可以作用在图像区域，如可以将一幅图像划分为若干子区域，对每个子区域内的每个像素点都提取 LBP 特征，然后在每个子区域内计算 LBP 特征的统计直方图。如此一来，每个子区域，就可以用一个统计直方图来进行描述；整个图像就由若干个统计直方图组成。

例如，一幅 100×100 像素大小的图像被划分为 10×10=100 个子区域（可以通过多种方式来划分区域），每个子区域的大小为 10×10 像素；在每个子区域内的每个像素点，提取其 LBP 特征，然后建立统计直方图；这样，这幅图像就有 10×10 个子区域，也就有了 10×10 个统计直方图，可以利用这 10×10 个统计直方图描述这幅图像。之后，可以利用各种相似性度量函数判断两幅图像之间的相似性；或者将这些统计直方图作为图像的特征，采用机器学习算法进行图像的分类和识别等。

Skimage 中 LBP 特征提取的方法原型为：

```
local_binary_pattern(image,P,R,method='default')
```

其中，image 为指定的图像数组；P 表示圆形对称邻域点的个数；R 表示圆形邻域的半径；method 可以取 default、ror、uniform、nri_uniform、var，其中 default 对应原始的（灰度级别，不是旋转不变的），其他方法为原始算法的改进。

以下代码演示了如何使用 skimage 进行图像加载、显示和提取局部二值模式。lena 图像及其局部二值模式如图 10-11 所示。

```
#demo_LBP.py
fromskimage.ioimportimread,imshow,imsave
fromskimage.featureimportlocal_binary_pattern
image=imread('e:\\lena.png')
imshow(image)
radius=1
n_points=radius*8
lbp=local_binary_pattern(image,n_points,radius)
imshow(lbp);
```

（a）

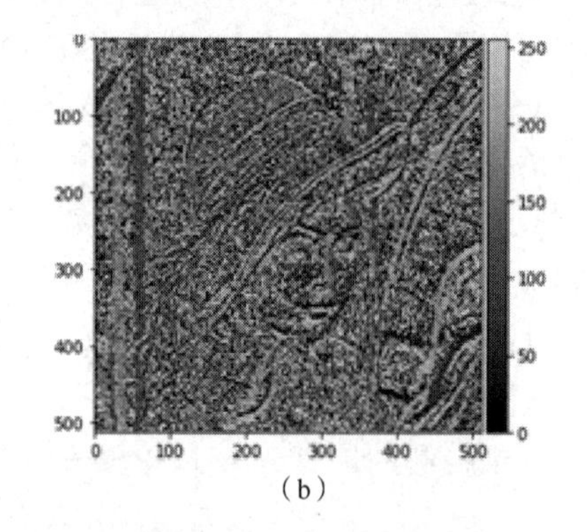

（b）

图 10-11　lena 图像及其局部二值模式（彩图请扫二维码）

2. 梯度方向直方图

梯度方向直方图（Histogram of Oriented Gradient，HOG）的基本思想是梯度或边缘的方向密度分布可以很好地描述图像中局部目标的表现和形状。实际应用时，通常选取一幅图像中的窗口区域提取 HOG 特征，首先用一个固定大小的窗口在图像上滑动，然后计算连通区域中各像素点的梯度或边缘的方向直方图，最后将这些直方图组合起来作为特征描述。

方法原型为：

```
hog(image,orientations=9,pixels_per_cell=(8,8),cells_per_block=(3,3),visualise=False,transform_sqrt=
False,feature_vector=True,normalise=None)
```

主要参数如下。

（1）image：指定图像数据。

（2）orientations：梯度方向个数，默认为 9，即在一个单元格内统计 9 个方向的梯度直方图。

（3）pixels_per_cell：单元格大小，使用两个元素的元组表示每个单元格的宽度和高度。

（4）cells_per_block：每个区域的单元格数目。

（5）visualise：布尔值，如果为 True，则可有第二个返回值为 HOG 的图像显示。

（6）transform_sqrt：布尔值，指定提取 HOG 特征前，是否进行归一化。

（7）feature_vector：布尔值，指定是否将数据作为特征向量返回。

（8）normalise：保留参数（将被工具包弃用，建议使用 transform_sqrt）。

（9）cell、block 和 pixel 的关系如图 10-12 所示。

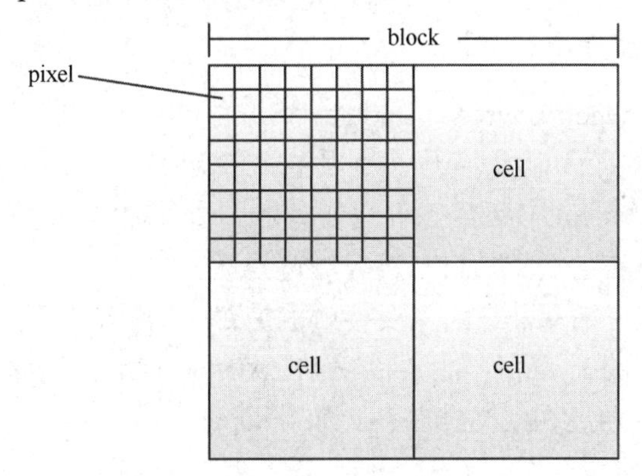

图 10-12　cell、block 和 pixel 的关系

```
#demo_HOG.py
fromskimage.featureimporthog
fromskimageimportdata,exposure
image=imread('e:\\lena.png')
fd,hog_image=hog(image,orientations=8,pixels_per_cell=(16,16),
cells_per_block=(1,1),visualise=True)
fig,(ax1,ax2)=plt.subplots(1,2,figsize=(8,4),sharex=True,sharey=True)
ax1.axis('off')
ax1.imshow(image,cmap=plt.cm.gray)
ax1.set_title('Inputimage')
#Rescalehistogramforbetterdisplay
hog_image_rescaled=exposure.rescale_intensity(hog_image,in_range=(0,10))
ax2.axis('off')
ax2.imshow(hog_image_rescaled,cmap=plt.cm.gray)
ax2.set_title('HistogramofOrientedGradients')
plt.show( )
```

上述代码读取的 lena 图像大小为 512×512，HOG 特征提取指定了每个单元格大小为 16×16，因此共有(512/16)×(512/16)=1 024 个单元格，每个单元格指定 orientations=8 个方向，最终 HOG 特征的维度为 1 024×8=8 192。Lena 图像及对应的 HOG 特征如图 10-13 所示。

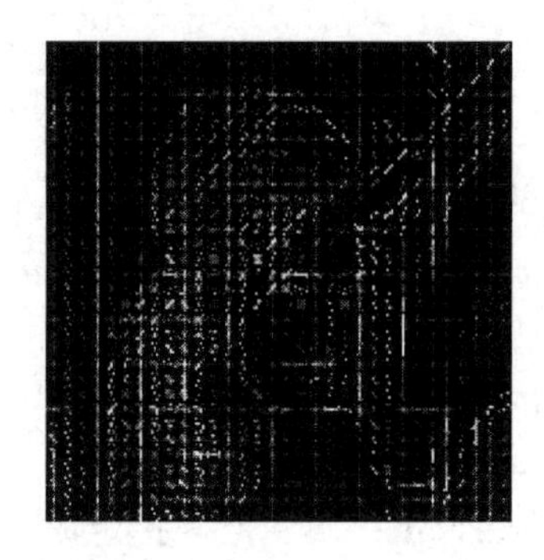

图 10-13　lena 图像及对应的 HOG 特征

10.3.5　OpenCV

1．OpenCV 概念和安装

OpenCV 的全称是 Open Source Computer Vision Library，是一个跨平台的计算机视觉库。OpenCV 是由英特尔公司发起并参与开发的，以 BSD 许可证授权发行，可以在商业和研究领域中免费使用。OpenCV 可用于开发实时的图像处理、计算机视觉及模式识别程序。该程序库也可以使用英特尔公司的 IPP 进行加速处理。

OpenCV 用 C++语言编写，它的主要接口也是 C++语言，但是依然保留了大量的 C 语言接口。该库也有大量的 Python、Java 和 MATLAB/OCTAVE（版本 2.5）的接口。这些语言的 API 接口函数可以通过在线文档获得。如今 OpenCV 也提供对于 C#、Ch、Ruby、GO 的支持。

OpenCV 已经支持 Python 的模块了，直接使用 pip 就可以进行安装，命令如下：

```
pip install opencv-python==4.2.0
```

2．OpenCV 基本使用

1）读取图像

```
"""
OpenCV 读取图像
"""
#导包
importcv2
#读取图像
img=cv2.imread( " ../data/lena.jpg " )#路径中不能有中文
#显示图像
cv2.imshow( " read_img " ,img)
#输入毫秒值，传 0 就是无限等待
cv2.waitKey(3000)
#释放内存
cv2.destroyAllWindows( )
```

读取图像如图 10-14 所示。

2）图像灰度转换

OpenCV 中有数百种在不同色彩空间之间转换的方法。当前，在计算机视觉中有三种常用的色彩空间：灰度、BGR 及 HSV（Hue、Saturation、Value）。

灰度转换的作用就是：降低转换成灰度的图像的计算强度。

灰度色彩空间是通过去除彩色信息来将其转换成灰阶的，灰度色彩空间对中间处理特别有效，比如人脸识别。

BGR 及蓝、绿、红色彩空间，每一个像素点都由一个三元数组来表示，分别代表蓝、绿、红三种颜色。网页开发者可能熟悉另一个与之相似的颜色空间——RGB，它们只是颜色顺序上不同。

HSV 中的 H（Hue）是色调，S（Saturation）是饱和度，V（Value）是黑暗的程度（或光谱另一端的明亮程度）。

OpenCV 图像灰度转换：

```
"""
OpenCV 图像灰度转换
"""
importcv2
img=cv2.imread( " ../data/lena.jpg " )
cv2.imshow( " BGR_IMG " ,img)
#将图像转化为灰度
gray_img=cv2.cvtColor(img,cv2.COLOR_BGR2GRAY)
#展示图像
cv2.imshow( " gray_img " ,gray_img)
#设置展示时间
cv2.waitKey(0)
#保存图像
cv2.imwrite( " ./gray_lena.jpg " ,gray_img)
#释放内存
cv2.destroyAllWindows( )
```

读取恢复转化后的图像如图 10-15 所示。

图 10-14　读取图像（彩图请扫二维码）

图 10-15　读取恢复转化后的图像

OpenCV 的强大之处的一个体现就是其可以对图像进行任意编辑、处理。下面的这个函数最后一个参数指定的就是画笔的大小。

3）OpenCV 画图，对图像进行编辑

```
"""
OpenCV 画图，对图像进行编辑
"""
#导包
importcv2
img=cv2.imread( " ../data/lena.jpg " )
#左上角的坐标是(x,y),矩形的宽度和高度是(w,h)
x,y,w,h=100,100,100,100
#绘制矩形
cv2.rectangle(img,(x,y,x+w,y+h),color=(255,0,0),thickness=2)
#绘制圆
x,y,r=200,200,100
cv2.circle(img,center=(x,y),radius=r,color=(255,0,0),thickness=2)
#显示图像
cv2.imshow( " rectangle_img " ,img)
cv2.waitKey(0)
cv2.destroyAllWindows()
```

图像编辑如图 10-16 所示。

图 10-16　图像编辑（彩图请扫二维码）

3．人脸检测

Haar 特征是一种用于实现实时人脸跟踪的特征。每一个 Haar 特征都描述了相邻图像区域的对比模式。例如，边、顶点和细线都能生成具有判别性的特征。

Haar 特征分为三类：一类是边缘特征，一类是线性特征，还有一类是中心特征和对角线特征。它们组合成了特征模板。

OpenCV（2.4.11 版本）共有 14 种 Haar 特征，包括 5 种 Basic 特征、3 种 Core 特征和 6 种 Titled（即 45° 旋转）特征。Haar 特征值反映了图像的灰度变化情况。

获取 Haar 级联数据：要先进入 OpenCV 官网（见图 10-17）下载所需要的版本。

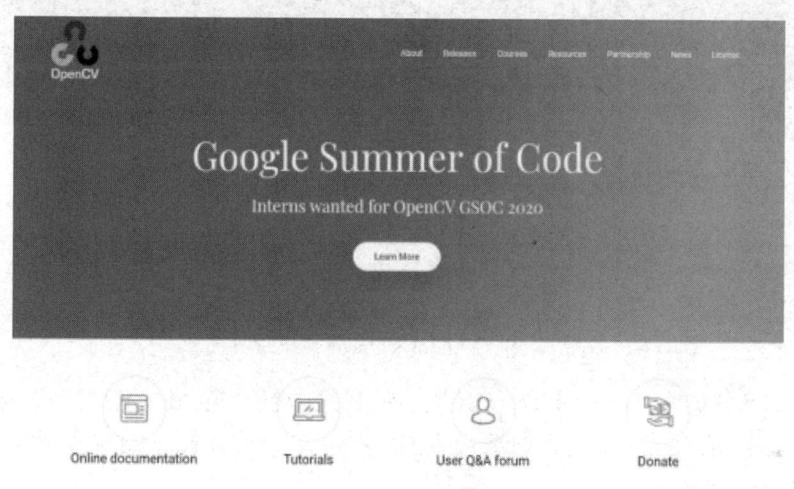

图 10-17　OpenCV 官网

OpenCV 支持很多平台，比如 Windows、Android、Maemo、FreeBSD、OpenBSD、iOS、Linux 和 MacOS，一般初学者都是用 Windows，在 OpenCV Releases 页面（见图 10-18）中单击 Windows。

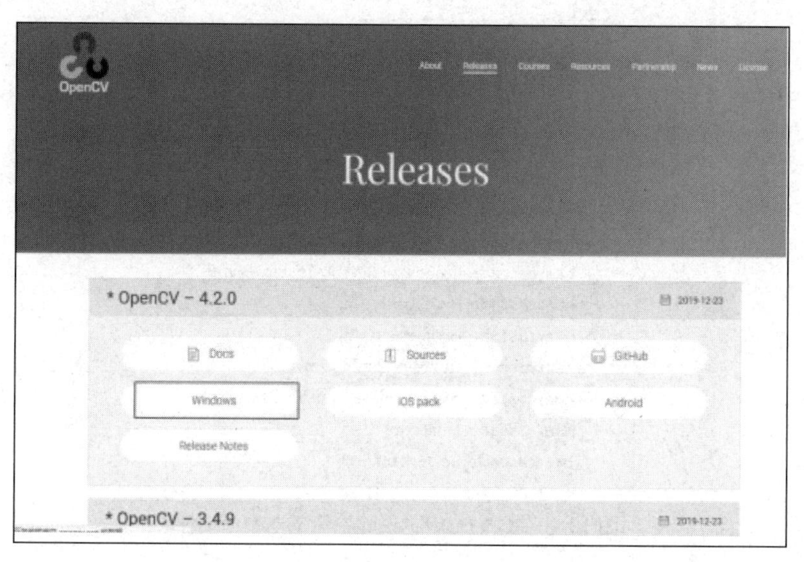

图 10-18　OpenCV Releases 页面

单击 Windows 后跳出 Windows OpenCV 下载界面（见图 10-19），等待 5 秒后自动下载。

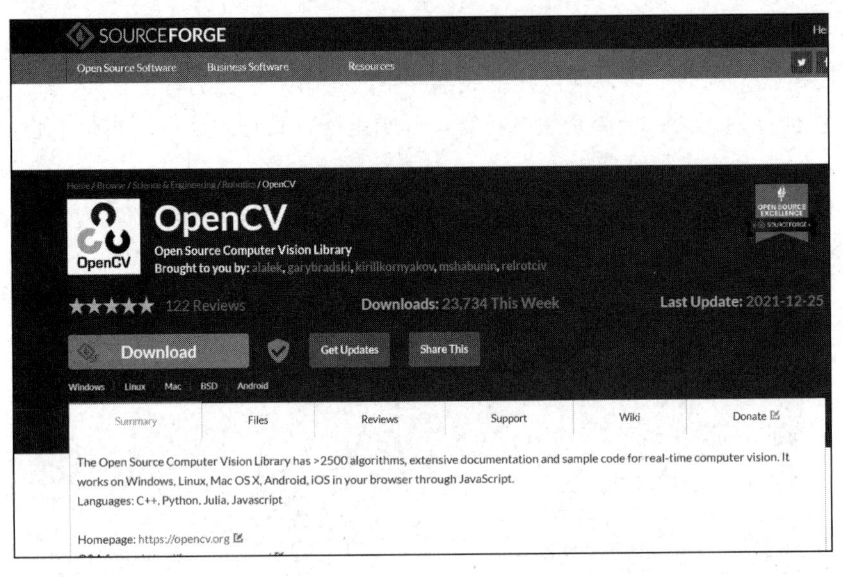

图 10-19　Windows OpenCV 下载界面

然后双击下载的文件进行安装。安装完后的目录中包含 build 文件夹及 sources 文件夹。

其中，build 是 OpenCV 使用时要用到的一些库文件，而 sources 中则是 OpenCV 官方提供的一些 demo 源码。

sources 的一个文件夹 data/haarcascades 中包含了所有 OpenCV 中人脸检测的 XML 文件（见图 10-20），这些可用于检测静止图像、视频和通过摄像头所得到图像中的人脸。

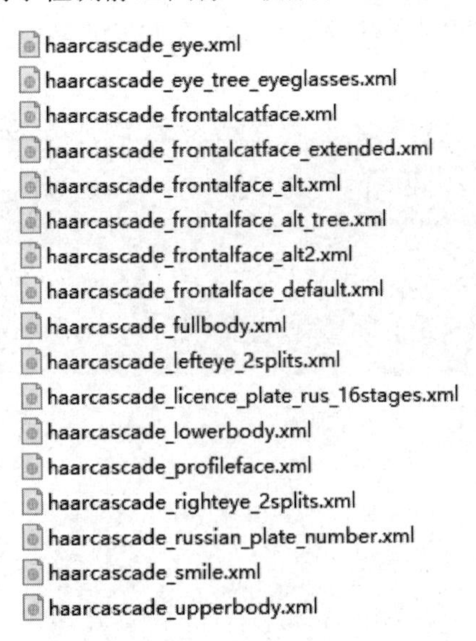

图 10-20　OpenCV 中人脸检测的 XML 文件

使用 OpenCV 进行静态人脸检测：

```
"""
静态人脸检测
调用 OpenCV 训练好的分类器和自带的检测函数检测人脸、人眼等的步骤：
（1）加载分类器。分类器事先要放在工程目录中去。分类器本来的位置是在*\opencv\sources\data\haarcascades（harr 分类器，也有其他的可以用，也可以自己训练）；
（2）调用 detectMultiScale( )函数检测，调整函数的参数可以使检测结果更加精确；
（3）把检测到的人脸等用矩形（或圆形等其他图形）画出来。

"""
#导包
importcv2
#加载图像
img=cv2.imread('../data/lena.jpg')
#图像转化为灰度图像
gray_image=cv2.cvtColor(img,cv2.COLOR_BGR2GRAY)
#加载特征数据 CascadeClassifier 级联分类器
face_detector=cv2.CascadeClassifier(
" C:\ProgramFiles\software\Anaconda3\Lib\site-packages\cv2\data/haarcascade_frontalface_default.xml " )
faces=face_detector.detectMultiScale(gray_image)
forx,y,w,hinfaces:
cv2.rectangle(img,(x,y),(x+w,y+h),color=(0,255,0),thickness=2)
cv2.imshow( " result " ,img)
cv2.waitKey(0)
cv2.destroyAllWindows( )
```

静态人脸检测如图 10-21 所示。

图 10-21　静态人脸检测（彩图请扫二维码）

使用 OpenCV 进行静态多张人脸检测：

```
importcv2
#加载图像
img=cv2.imread( " ../data/face3.jpg " )
#对图像进行灰度处理
gray=cv2.cvtColor(img,cv2.COLOR_BGR2GRAY)
#加载数据特征
face_detector=cv2.CascadeClassifier(
" C:\ProgramFiles\software\Anaconda3\Lib\site-packages\cv2\data/haarcascade_frontalface_default.xml " )
faces=face_detector.detectMultiScale(gray)
forx,y,w,hinfaces:
print(x,y,w,h)
cv2.rectangle(img,(x,y),(x+w,y+h),
color=(0,0,255),thickness=2)
cv2.circle(img,(x+w//2,y+w//2),
radius=w//2,color=(0,255,0),thickness=2)
cv2.imshow( " result " ,img)
cv2.waitKey(0)
cv2.destroyAllWindows()
```

静态多张人脸的检测如图 10-22 所示。

图 10-22 静态多张人脸的检测

视频中的人脸检测：视频是由一张一张图像组成的，在视频的帧上重复静态多张人脸检测就能完成视频中的人脸检测。

其程序如下：

```
video_face=cv2.VideoCapture( " ../data/video.mp4 " )
whileTrue:
#read( )方法返回视频中检测的对象，视频在播放则 flag 为 True, frame 为当前帧上的图像
flag,frame=video_face.read( )
print( " flag: " ,flag, " frame.shape: " ,frame.shape)
ifnotflag:
break
#将图像进行灰度化
gray=cv2.cvtColor(frame,cv2.COLOR_BGR2GRAY)
#加载特征数据
face_detector=cv2.CascadeClassifier(
 " C:\ProgramFiles\software\Anaconda3\Lib\site-packages\cv2\data/haarcascade_frontalface_default.xml " )
faces=face_detector.detectMultiScale(gray)
forx,y,w,hinfaces:
cv2.rectangle(frame,(x,y),(x+w,y+h),color=(0,0,255),thickness=2)
cv2.circle(frame,center=(x+w//2,y+h//2),radius=(w//2),color=(0,255,0),thickness=2)
cv2.imshow( " result " ,frame)
cv2.waitKey(20)
cv2.destroyAllWindows( )
video_face.release( )
```

人脸识别训练数据：有了数据，需要将这些样本图像加载到人脸识别算法中。所有的人脸识别算法在它们的 train( )函数中都有两个参数，即图像数组和标签数组。这些标签表示进行识别时某人的人脸 ID，因此根据 ID 可以知道被识别的人是谁。要做到这一点，需要在“trainer/”目录中将上述代码保存为.yml 文件。

在使用 Python3&OpenCV3.0.0 进行人脸识别训练时发现异常：AttributeError:‘module’ objecthasnoattribute‘LBPHFaceRecognizer_create’OpenCV。需要安装 opencv-contrib-python 模块，直接使用 pip 就可以进行安装。

人脸识别数据训练：

```
defout_getImageAndLabels():
importnumpyasnp
defgetImageAndLabels(path):
 " " "
获取图像特征值和目标值
:parampath:
:return:
 " " "
#导包
importos
importcv2
importsys
fromPILimportImage
```

```
"."
PIL(PythonImageLibrary)是 Python 的第三方图像处理库，但是由于其强大的功能与众多的使用人数，几乎已经被认为是 Python 官方图像处理库了。Image 模块是在 PythonPIL 图像处理中常见的模块，对图像进行基础操作的功能基本都包含于此模块内，如 open、save、conver、show 等功能
"""
facesSamples=[]
ids=[]
imagePaths=[os.path.join(path,f)forfinos.listdir(path)]
face_detector=cv2.CascadeClassifier(
" C:\ProgramFiles\software\Anaconda3\Lib\site-packages\cv2\data "
" /haarcascade_frontalface_default.xml " )
#遍历列表中的图像
forimagePathinimagePaths:
#打开图像。convert( )函数用于不同模式图像之间的转换
#PIL 中有九种不同模式，分别为 1、L、P、RGB、RGBA、CMYK、YCbCr、I、F。本教材主要尝试 1 和 L
#模式“1”为二值图像，非黑即白。但是它每个像素用 8 个 bit 表示，0 表示黑，255 表示白
#模式“L”为灰色图像，它的每个像素用 8 个 bit 表示，0 表示黑，255 表示白，其他数字表示不同的灰度
PIL_img=Image.open(imagePath).convert( " L " )
#将图像转换为数组
img_numpy=np.array(PIL_img, " uint8 " )
faces=face_detector.detectMultiScale(img_numpy)
#获取每张图像的 id
id=int(os.path.split(imagePath)[1].split( " . " )[0])
#id=os.path.split(imagePath)[1].split( " . " )[0]
forx,y,w,hinfaces:
#添加人脸区域图像
facesSamples.append(img_numpy[y:y+h,x:x+w])
ids.append(id)
returnfacesSamples,ids

#图像路径
path= " ../data/jm "
#获取图像数组和 id 数组标签
faces,ids=getImageAndLabels(path)
#训练对象
recognizer=cv2.face.LBPHFaceRecognizer_create()
recognizer.train(faces,np.array(ids))
#保存训练文件
recognizer.write( " ./trainer.yml " )
```

人脸匹配：

```
defmatch_face( ):
"""
```

```
人脸匹配
" " "
#导包
importcv2
importnumpyasnp
importos
#加载训练数据集文件
recogizer=cv2.face.LBPHFaceRecognizer_create( )
recogizer.read( " ./trainer.yml " )
#准备识别的图像
img=cv2.imread( " ../data/lena.jpg " )
gray=cv2.cvtColor(img,cv2.COLOR_BGR2GRAY)
face_detector=cv2.CascadeClassifier(
" C:\ProgramFiles\software\Anaconda3\Lib\site-packages\cv2\data/haarcascade_frontalface_default.xml " )
faces=face_detector.detectMultiScale(gray)
forx,y,w,hinfaces:
cv2.rectangle(img,(x,y),(x+w,y+h),(0,255,0),2)
#人脸识别
id,confidence=recogizer.predict(gray[y:y+h,x:x+w])
print( " 标签 id： " ,id, " 置信度评分： " ,confidence)
cv2.imshow( " result " ,img)
cv2.waitKey(0)
cv2.destroyAllWindows( )
```

输出结果：

```
标签 id：1 置信度评分：0.0
```

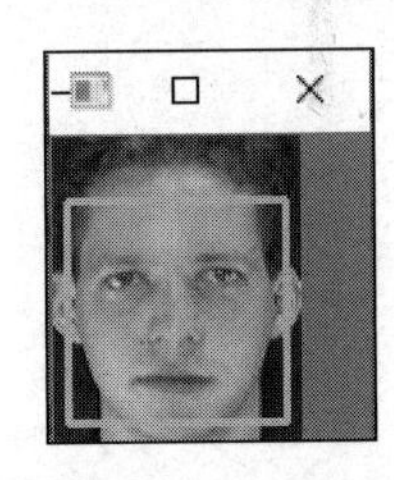

图 10-23　人脸匹配

人脸匹配如图 10-23 所示。

以上部分介绍了如何使用 Python 工具包进行图像的读写、显示、恢复、增强、特征提取等，请读者利用公开的图像分类/识别数据集，或自建数据集，对其进行特征提取，利用机器学习算法学习分类模型，并验证分类模型的效果。

10.4　计算机视觉的应用

计算机视觉可以分为以下几大方向：图像分类、目标检测、图像分割、风格迁移、图像重构、超分辨率、图像生成、人脸图像的应用、其他。

虽然这里说的都是图像，但其实视频也属于计算机视觉的研究对象，所以计算机视觉还有视频分类、检测、生成及追踪等应用，但由于篇幅的关系，以及目前研究工作方向集中于图像，本教材暂时就不介绍视频方面应用的内容。

10.4.1 图像分类

随着互联网的飞速发展和智能手机等数码设备的普及，互联网上的图像也越来越多。图像作为信息的重要载体，包含重要的信息和知识，因此图像识别、分类检测等应用随之兴起。尤其是近年来深度学习、人工智能的快速发展，给图像处理带来了新的解决方案，从而推动了计算机视觉的发展。

图像分类（Image Classification）是计算机视觉领域的重要研究内容之一，在许多领域得到了广泛的应用，如遥感图像的分析；安防领域的人脸识别、智能视频分析；交通领域的交通场景识别；互联网领域的基于内容的图像检索和相册自动归类；医学领域的图像识别；机器人领域的图像识别等。

图像分类包括通用图像分类、细粒度图像分类等。图 10-24 所示为通用图像分类效果，即模型可以正确识别图像上的主要物体。

图 10-24 通用图像分类效果

图 10-25 所示为细粒度图像分类——花卉识别的效果。

图 10-25 细粒度图像分类——花卉识别的效果

图像分类就是输入一个元素为像素值的数组，然后给它分配一个分类标签。完整流程如下。

（1）输入：输入是包含 N 个图像的集合，每个图像的标签是 K 种分类标签中的一种，这个集合称为训练集。

（2）学习：这一步的任务是使用训练集来学习每个类到底长什么样。一般该步骤叫作训练分类器。

（3）评价：让分类器来预测它未曾见过的图像的分类标签，并以此来评价分类器的质量。把分类器预测的标签与图像真正的分类标签对比。

10.4.2　目标检测

目标检测（Object Detection）的目标是在给定一幅图像或是一个视频帧的条件下，让计算机找出其包含的所有目标，并标出它们处在图像中的具体位置。这意味着，计算机不仅要用算法来判断出图像中哪个物体是汽车、自行车或狗，还要在图像中标记出它们的坐标位置，用边框把它们圈起来，这就是目标检测问题。目标检测如图 10-26 所示。

图 10-26　目标检测

对于图像中物体的检测问题，近几年来不少学者提出了多个基于 CNN 的方法，使目标检测算法取得了很大的突破。

这些算法可以分为两类，一类是基于 Region Proposal 的 R-CNN 系算法（R-CNN、FastR-CNN、FasterR-CNN 等），它们属于两阶段算法，首先让算法产生目标候选框，也就是目标位置，然后再对候选框做分类与回归；另一类是 YOLO、SSD 等单阶段算法，其使用一个卷积神经网络 CNN 即可直接预测出不同目标的类别与位置。

第一类方法预测准确度高一些，但是运算速度慢；而第二类算法计算速度快，但准确率却要低一些。

目标检测方法如图 10-27 所示。

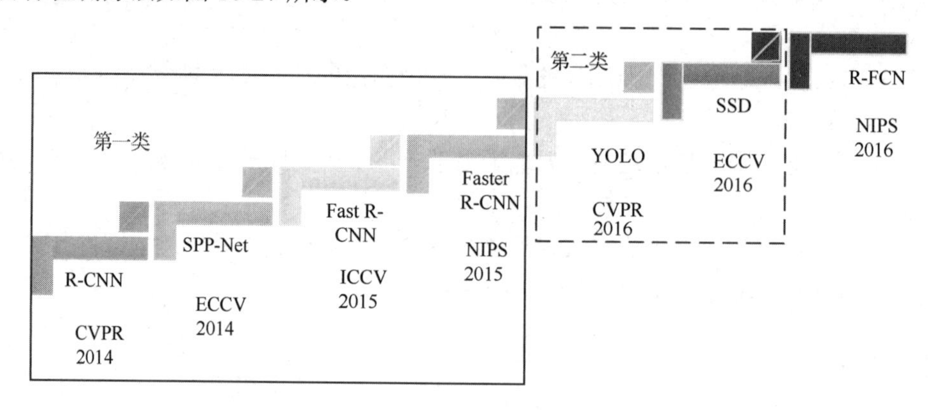

图 10-27　目标检测方法

10.4.3　图像分割

图像分割（Object Segmentation）是一个计算机视觉学科中的经典问题，早已成为图像理解领域人们关注的热点。图像分割是图像分析及理解的第一步，同时也是最重要的部分，其要点是把图像划分成若干互不交叠区域的集合。

图像分割的应用非常广泛，几乎出现在有关图像处理的所有领域，并涉及各种类型的图像。例如，在卫星遥感图像识别中合成孔径雷达图像中目标的分割；在医学图像，如脑部 MR 图像中分割脑组织和其他组织区域；在交通车牌信息识别中把车辆目标从背景中分割出来。

图像分割技术已经成为计算机视觉领域的重要研究方向，通常用于定位图像中的目标和边界的位置，为图像中每一个像素打上标签，拥有相同标签的像素有相同的特征，为进一步对图像进行分类、检测和内容理解打下良好的基础。

那么什么是图像分割呢？所谓图像分割是指通过特征把图像划分成多个区域，同区域的特征一致或相似，不同区域的特征则截然不同。图像分割如图 10-28 所示。

图 10-28　图像分割

按照具体分割效果的不同，图像分割分为语义分割、实例分割和全景分割。

（1）语义分割：对图像中每个像素都划分出对应的类别，即实现图像在像素级别上的分类。在开始图像分割处理之前，必须明确语义分割的任务要求，理解语义分割的输入与输出。近年来其多应用在无人驾驶技术、医疗影像分析辅助诊断等方面。

（2）实例分割：区别于语义分割任务，实例分割任务也有对应的任务要求。概括来讲，语义分割只分割目标的类型，而实例分割则不仅需要分割类型，同时还需要分割同类型的不同目标为不同实例。

（3）全景分割：在实例分割的基础之上，还需对图中的所有物体包括背景进行检测和分割，使用不同颜色区分不同实例。全景分割任务要求识别图像中的每个像素点，并且必须给出语义标签和实例编号。其中的语义标签是物体的类别，而实例编号对应的是同类但不同实例的标识。图 10-29 所示为全景分割，其中分别展示了原始图像、语义分割、实例分割、全景分割。

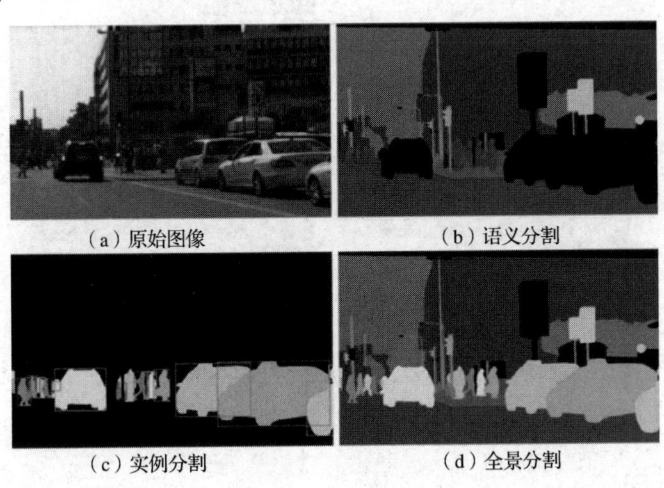

图 10-29　全景分割

常见的语义分割数据集有 PASCAL VOC2012、MSCOCO、Cityscapes，但在数据集的选择方面，不同语义分割架构根据应用场景和分割特点不同，选用的数据集也不同。

（1）PASCAL VOC2012 为视觉任务中的图像识别和分类提供标签数据，该数据集主要有四个大类别，分别是人、动物、交通车辆、室内家具用品。它主要服务于图像分类、对象检测识别、图像分割三类任务，常作为对静态图像进行语义分割的测试数据集。

（2）MSCOCO 这个数据集从复杂的日常场景中截取目标，并通过精确的分割进行位置标注。该数据集图像标注有五种类型，主要解决目标检测、目标之间的上下文关系、目标上的精确定位等问题。该数据集中的背景较复杂，实例目标个数较多，常作为对实时图像进行语义理解或动态场景解析的测试数据集。

（3）Cityscapes 是一个城市景观数据集，该数据集包括八大类别 30 种类的标注，其中包含 5 000 张精准标注的图像，20 000 张标注图像等。数据收集来自 50 多个城市，涵盖不同环境、不同背景、不同季节的街道场景。虽然它包含的图像样本数量和类型较少，但图像的分辨率较高，对自动驾驶相关技术具有重大的意义。

10.4.4 风格迁移

风格迁移(Style Transfer)是指将一个领域或几张图像的风格应用到其他领域或图像上，比如将抽象派的风格应用到写实派的图像上。

风格迁移如图 10-30 所示，图 10-30（a）是原图，图 10-30（b）～图 10-30（c）三幅图都是根据不同风格得到的结果。

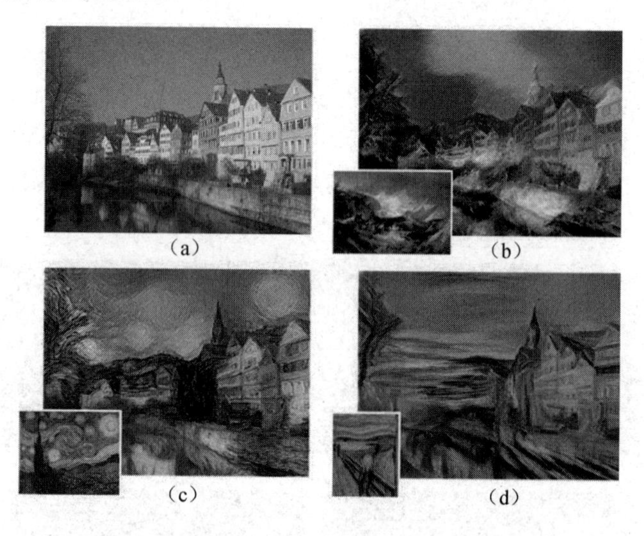

图 10-30　风格迁移

一般风格迁移数据集采用常用的数据集加一些著名的艺术画作品，比如梵高、毕加索的作品。

10.4.5 图像重构

图像重构（Image Reconstruction）也称为图像修复（Image Inpainting)，其目的就是修复图像中缺失的地方。例如，修复一些老的、有损坏的黑白图像和影片时，通常会采用常用的数据集，然后人为制造图像中需要修复的地方。

图像修复如图 10-31 所示，图中总共是四张需要修复的图像，例子来自论文 *Image Inpainting for Irregular Holes Using Partial Convolutions*。

图 10-31　图像修复

10.4.6　超分辨率

超分辨率（Super-Resolution）是指生成一个比原图分辨率更高、细节更清晰的任务。超分辨率图像如图 10-32 所示。

图 10-32　超分辨率图像

通常超分辨率的模型也可以用于图像恢复（Image Restoration）和修复（Inpainting）。常用的数据集主要是采用现有的数据集，并生成分辨率较低的图像用于模型的训练。

10.4.7　图像生成

图像生成（Image Synthesis）是根据一张图像生成修改部分区域的图像或是全新的图像的应用。这个应用最近几年快速发展，主要原因是 GANs 是最近几年非常热门的研究方向，而图像生成就是 GANs 的一大应用。

图像生成如图 10-33 所示。

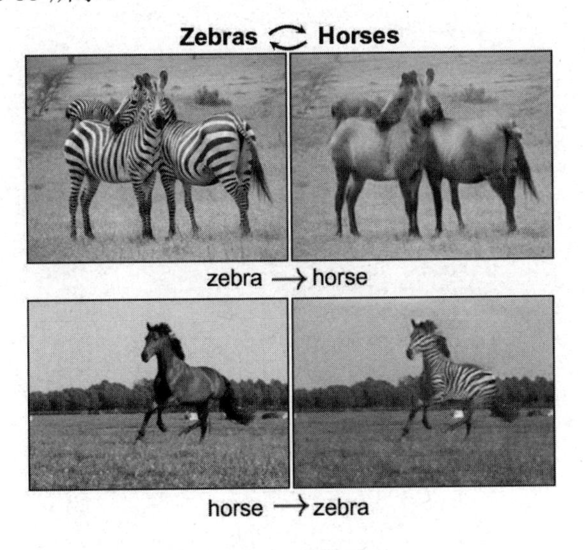

图 10-33　图像生成

10.4.8 人脸图像的应用

人脸方面的应用包括人脸识别、人脸检测、人脸匹配、人脸对齐等，这应该是计算机视觉方面最热门也是发展最成熟的应用，而且已经比较广泛地应用在各种安全、身份认证等方面，比如人脸支付、人脸解锁。

10.4.9 其他

计算机视觉实际上还有其他很多方向，具体如下。

图文生成（Image Captioning）：给图像生成一段描述。

文本生成图像（Textto Image）：基于文本来生成图像。

图像上色（Image Colorization）：将图像从黑白变为彩色图。

人体姿态估计（Human Pose Estimation）：识别人的行为动作。

第 11 章

深度学习入门

用本章之前讨论的各种机器学习方法（包括传统神经网络）来解决分类、回归、标注和聚类等问题的解决思路是“人工提取特征+模型”，也就是说，需要在训练模型之前通过特征工程提取特征。而提取出合适的特征并不是一件容易的事，尤其是在图像、文本、语音等领域。即使是成功的模型，也难以推广应用。

在以神经网络为基础的深度学习为特征提取问题提供了有效的解决方法之后，机器学习得以异军突起，得到广泛应用。深度学习带来的革命性变化弥合了从底层具体数据到高层抽象概念之间的鸿沟，使得学习过程可以自动从大量训练数据中学习特征，不再需要过多人工干预，实现了端到端学习。

深度学习是一种使用包含复杂结构的多个处理层对数据进行高层次抽象的算法，是机器学习的一个重要分支。本章主要介绍深度学习相关的概念和主流框架，重点介绍卷积神经网络和循环神经网络的理论、整体结构及常见应用，最后介绍使用卷积神经网络识别手写数字的实战例子，说明算法应用过程。

11.1　深度学习的概述

神经网络层数越多，处理复杂问题的能力就越强。BP 算法开创了多层神经网络的学习之路，但随之而来的梯度消散问题又成了“拦路虎”，使得神经网络的层数不能任意增加，因此神经网络的发展一度止步不前。后来，发展出了很多缓解梯度消散问题的优化技术和学习方法，如合理的激活函数、正则化、批标准化（Batch Normalization）、深度残差网络（Deep Residual Network）等，使得神经网络的层次越来越多，处理问题的能力也越来越强。

在 2012 年的 ImageNet 竞赛上，辛顿和他的学生用多层卷积神经网络在图像分类竞赛中取得了显著的成绩。此后，深度学习无论是在学术上还是在工业上都进入了爆发式的发展时期。到了 2017 年的 ImageNet 竞赛，深度学习在图像分类竞赛中的错误率已经低于人类的错误率。

深度神经网络的复兴存在多方面的原因：第一，大规模的训练样本可以缓解过拟合问题；第二，网络模型的训练方法也有了显著的进步；第三，计算机硬件的飞速发展（如英伟达显卡的出现）使得训练效率能够以几倍、十几倍的幅度提升。

此外，深度神经网络具有强大的特征学习能力，相比手工设计特征速度和准确性均有较大优势。因此随着求解问题的扩大，深度神经网络越发有优势，应用范围也越来越广。

深度神经网络是一个包含多个隐藏层的人工神经网络，发展到今天，学术界已经提出了多种深度学习模型，其中影响力较大的主要有以下两种。

（1）卷积神经网络：一般包含三种类型的层，它们分别是卷积层、下采样层及全连接层。通过卷积核与上一层输出进行卷积作为卷积层的输出，可以达到权值共享的目的；下采样层是在卷积层的基础上，在一个固定区域中采样一个点，使得整个网络具有一定的缩放、平移及形变不变性。

（2）循环神经网络：该网络隐藏层的输入不仅包括输入层的数据，还包括前一时刻的隐藏层数据。这种结构的网络能有效处理序列数据，如自然语言处理。

深度学习是一个快速发展的领域，以深度学习为代表的人工智能在图像识别、语音处理、自然语言处理等领域有了很大突破。但是深度学习在认知方面进展有限，现在仍有很多问题没有找到满意的解决方案，还有很大的发展空间。

11.2 卷积神经网络

11.2.1 卷积神经网络简介

卷积神经网络（Convolutional Neuron Network，CNN）是人工神经网络的一种，是由人们对猫的视觉皮层的研究发展而来的。研究人员研究发现猫视觉皮层的细胞对视觉子空间更敏感，其是通过子空间的平铺扫描实现对整个视觉空间的感知。卷积神经网络源于日本的福岛于 1980 年提出的基于感受野的模型。在 1998 年，乐康等人提出了 LeNet-5 卷积神经网络模型，用于对手写字母进行文字识别，它基于梯度的反向传播算法对模型进行训练，将感受野理论应用于神经网络。

近年来，卷积神经网络已在图像理解领域得到了广泛应用，特别是随着大规模图像数据的产生及计算机硬件（特别是 GPU）的飞速发展，卷积神经网络及其改进方法在图像理解中取得了突破性的成果，引发了研究热潮。

卷积神经网络是一种前馈神经网络，它的人工神经元可以响应覆盖范围内的周围单元，对于大型图像处理有出色表现。卷积神经网络是一种多层神经网络结构，具有较强的容错、自学习及并行处理能力，最初是为识别二维图像而设计的多层感知器，与普通神经网络有所区别。一是其神经元的连接是非全连接的，二是在卷积层中神经元之间的连接权值是共享的。这种结构降低了网络模型的复杂度，减少了权值的数量，使网络对于输入具备一定的不变性。

11.2.2　卷积神经网络的整体结构

卷积神经网络是一种监督型的神经网络。由于它是一种稀疏的网络结构，其每层的层数、层数分布和卷积核数都可以是不同的。结构决定了模型运算的效率和预测的准确性。了解不同结构的功能和原理，有助于实际中深层网络结构的设计。

一般的卷积神经网络的组成层有四种，分别为输入层、卷积层、采样层、输出层。网络输入为二维图像，作为网络中间的卷积层和采样层交替出现，这两层也是至关重要的两层。网络输出层为前馈网络的全连接方式，输出层的维数为分类任务中的类别数。图 11-1 为一种卷积神经网络结构图。下面介绍卷积神经网络中的各层结构，其中输入层和输出层在前文已经介绍过。

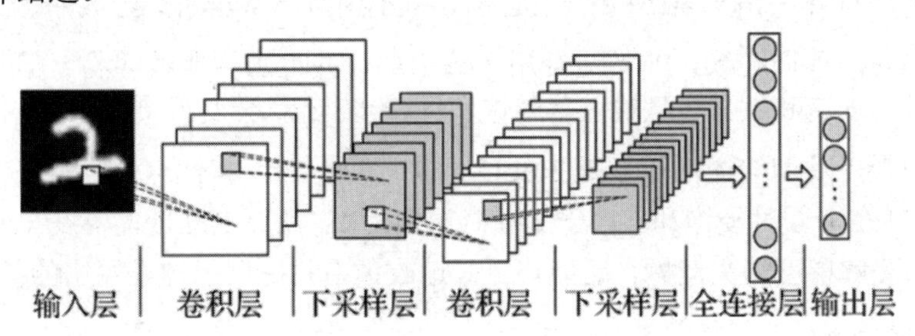

图 11-1　卷积神经网络结构图

1．卷积层

卷积层（Convolutional Layer）用于特征提取。图 11-2 所示为卷积运算过程，经过卷积层的运算，可以将输入信号在某一特征上加强，从而实现特征的提取，也可以排除干扰因素，从而降低特征的噪声。当滤波器沿着输入数据的宽度和高度滑动时，会生成一个二维的激活图，激活图上的每个空间位置表示了原图像对于该滤波器的反应。直观来看，网络会让滤波器学习到当它看到某些类型的视觉特征的时候就激活，具体的视觉特征可以是边界、颜色、轮廓，甚至可以是网络更高层上的蜂巢状或车轮状图案。

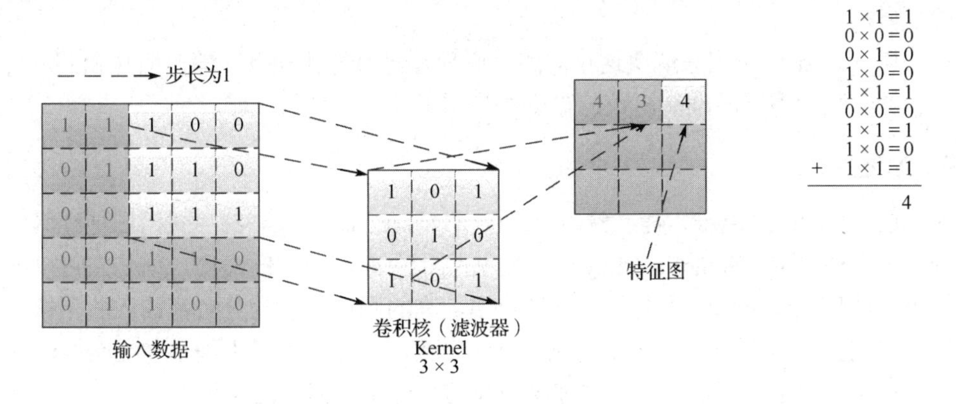

图 11-2　卷积运算过程

2. 激活函数

激活函数（Activation Function）运行时激活神经网络中的某一部分神经元，将激活信息向后传入下一层的神经网络。神经网络之所以能解决非线性问题，是因为激活函数加入了非线性因素，弥补了线性模型的表达力，把“激活的神经元的特征”通过函数保留并映射到下一层。线性整流层的函数有以下几种形式：

$$f(x)=\max(0,x) \tag{11-1}$$

$$f(x)=\tanh(x) \tag{11-2}$$

$$f(x)=|\tanh(x)| \tag{11-3}$$

$$f(x)=(1+\mathrm{e}^{-x})^{-1} \tag{11-4}$$

其中，式（11-4）$f(x)=(1+\mathrm{e}^{-x})^{-1}$ 是 Sigmoid 函数，Sigmoid 函数的优点在于它的输出映射在(0,1)内，单调连续，非常适合用作输出层，并且求导比较容易。但是，它也有缺点，因为其具有软饱和性，一旦输入落入饱和区，$f'(x)$ 就会变得接近于 0，很容易产生梯度消失。目前最受欢迎的激活函数是 ReLU，即式（11-1），其优点是收敛很快，并且计算成本低。ReLU 在 x<0 时硬饱和。由于 x>0 时导数为 1，所以 ReLU 能够在 x>0 时保持梯度不衰减，从而缓解梯度消失问题，还能够更好地收敛，并提供了神经网络的稀疏表达能力。

3. 权重初始化

神经元权重 w 初始化为 0 的方式是不可取的。这是因为这样每一层的神经元学到的东西都是一样的，即输出是一样的，而且在反向传播的时候，它们的梯度相同。在这种情况下，隐含层单元就会完全一样，因此它们完全对称，神经元权重 w 初始化为 0 会导致模型性能下降，还会出现梯度消失的情况。利用小的随机数据初始化每个神经元的权值，打破对称性。

神经元权重 w 通常倾向于初始化为很小的随机数。当 w 很大时，用 Tanh 或 Sigmoid 激活函数，激活函数的输出值就会很大或很小，因此这种情况下输出结果很可能停在 Tanh/Sigmoid 函数的平坦的地方，这些地方梯度很小也就意味着梯度下降会很慢，因此学习也就很慢。

可以用 Xavier 初始化来解决这个问题，原理是尽可能让输入和输出服从相同的分布，这样就能够避免后面层的激活函数的输出值趋向于 0。

4. 池化层

池化层（Pooling Layer）是一种向下采样（Down Sampling）的形式，在神经网络中也被称为子采样层（Sub-Sampling Layer）。池化层不会改变矩阵的深度，但是它可以缩小矩阵的大小。池化操作可以认为是将一张分辨率较高的图像转化为分辨率较低的图像。通过池化层可以进一步缩小最后全连接层中节点的个数，从而达到减少整个神经网络中的参数的目的。使用池化层既可以加快计算速度也有防止过拟合问题的作用。

与卷积层类似，池化层的前向传播过程也是通过一个类似 filter 的结构完成的。不过池化层 filter 中的计算不是节点的加权和，而是采用更加简单的最大值或平均值运算。使用最大值操作的池化层被称为最大池化层（Max Pooling），这是使用最多的池化层结构。使用平均值操作的池化层被称为平均池化层（Average Pooling）。

最大化池化和平均池化的过程如图 11-3 所示，其理论基础是特征的相对位置比具体的实际数值或位置更加重要，所以是否应用池化层应依照实际的需要进行分析，否则会影响模型的准确度。

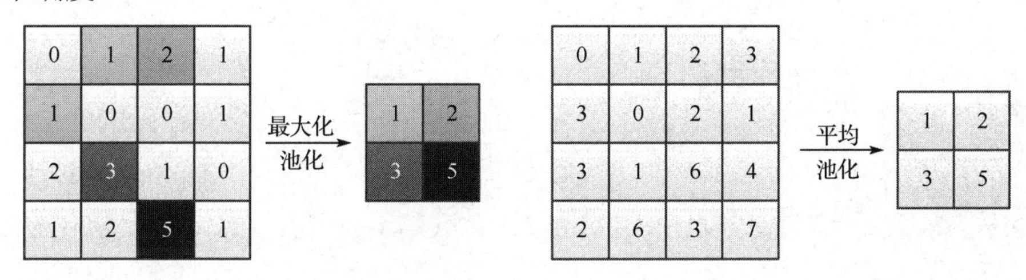

图 11-3　最大化池化和平均池化的过程

最大池化和平均池化属于标准池化，以图 11-3 为例，池化核尺寸为 2×2，步长为 2，也就是特征图中的每一个像素点只会参与一次特征提取工作。重叠池化（Overlapping Pooling）操作和标准池化相同，但唯一不同的地方在于滑动步长小于池化核的尺寸，重叠池化如图 11-4 所示，这样的话特征图中的某些区域会参与到多次特征提取工作，最后得到的特征表达能力更强。

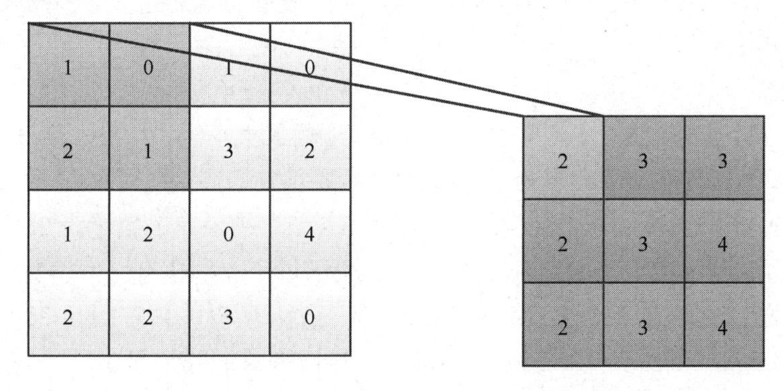

图 11-4　重叠池化

5. 全连接层

全连接层（Fully Connected Layers）在整个卷积神经网络中起到“分类器”的作用。如果说卷积层、池化层和激活函数层等操作是将原始数据映射到隐层特征空间的话，全连接层则起到将学到的“分布式特征表示”映射到样本标记空间的作用。经过几轮卷积和池化操作，可以认为图像中的信息已经被抽象成了信息含量更高的特征。可以将卷积和池化看成自动图像提取的过程，在特征提取完成后，仍然需要使用全连接层来完成分类任务。连接所有的特征，将输出值送给分类器（如 Softmax 分类器）。

11.2.3　常见的卷积神经网络

卷积神经网络发展至今，大量 CNN 网络结构被公开，如 LeNet、AlexNet、VGG、

GoogLeNet、深度残差网络（Deep Residual Learning）等。

1. LeNet

1998 年，LeCun 等人发布了 LeNet 网络，从而揭开了深度学习的面纱，之后的深度神经网络都是在这个基础之上进行改进的。图 11-5 所示为 LeNet 网络结构。

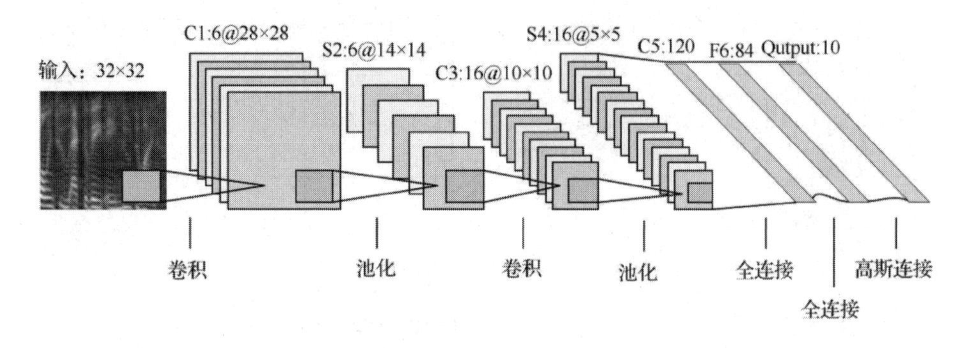

图 11-5　LeNet 网络结构

LeNet 网络的各层说明如下。

1）输入层

输入图像的尺寸统一归一化为 32×32，这样可以使更高层的卷积层（如 C3）依然可以提取到数据的核心特征。

2）卷积层

卷积层有 3 个，分别是 C1、C3 和 C5，其中 C1 输入大小为 32×32，卷积核大小为 5×5，经过卷积运算，得到特征图的大小为 28×28，即 32−5+1=28。C1 有 6 个特征图（Feature Map），每个特征图对应一个图像的通道（Channel），那么 C1 层神经元的数量为 28×28×6，这一层的待训练参数数量为 6×(5×5+1)=156，其中的 1 表示每个卷积核有一个偏置，C1 内的每个像素都与输入图像中的 5×5 个像素和 1 个 bias 有连接，所以总共有 156×28×28=122 304 个连接（Connection）。虽然有 122 304 个连接，但是读者只需要学习 156 个参数，它们主要是通过权值共享实现的。其他卷积层，如 C3 和 C5 与之类似。

3）池化层

第一次卷积之后紧接着就是池化运算，使用 2×2 核进行池化，于是得到了 S2，6 个 14×14 的特征图（28/2=14）。S2 层是对 C1 中的 2×2 区域内的像素求和乘以一个权值系数再加上一个偏置得到的，然后将这个结果再做一次映射。同时有 5×14×14×6=5 880 个连接。同理 S4 层有 5×5×5×16=2 000 个连接。

4）全连接层

F6 层有 84 个节点，对应一个 7×12 的比特图，−1 表示白色，1 表示黑色，这样每个符号的比特图的黑白色就对应一个编码。该层的训练参数和连接数是(120+1)×84=10 164。

5）输出层

输出层根据最后一个完全连接层的结果进行判别。它的输出类别是 10，分别代表数字 0～9 的概率。每个类别对应 84 个输入，可训练的参数为 84×10=840 个。

以下是基于 TensorFlow 实现的 LeNet 网络结构代码，除了输出层还有 6 个层，其中具体的网络结构及参数配置对应图 11-5，池化操作采用最大化池化，激活函数采用 ReLU 函数：

```
def LeNet(x):
    #C1:卷积层 输入 = 32×32×1 输出 = 28×28×6
    conv1_w = tf.Variable(tf.truncated_normal(shape = [5,5,1,6],mean = m, stddev = sigma))
    conv1_b = tf.Variable(tf.zeros(6))
    conv1 = tf.nn.conv2d(x,conv1_w, strides = [1,1,1,1], padding = 'VALID') + conv1_b
    conv1 = tf.nn.relu(conv1)
    #S2:池化层 输入 = 28×28×6 输出 = 14×14×6
    pool_1 = tf.nn.max_pool(conv1,ksize = [1,2,2,1], strides = [1,2,2,1], padding = 'VALID')

    #C3:卷积层. 输入 = 14×14×6 输出 = 10×10×16
    conv2_w = tf.Variable(tf.truncated_normal(shape = [5,5,6,16], mean = m, stddev = sigma))
    conv2_b = tf.Variable(tf.zeros(16))
    conv2 = tf.nn.conv2d(pool_1, conv2_w, strides = [1,1,1,1], padding = 'VALID') + conv2_b
    conv2 = tf.nn.relu(conv2)

    #S4:池化层 输入 = 10×10×16 输出 = 5×5×16
    pool_2 = tf.nn.max_pool(conv2, ksize = [1,2,2,1], strides = [1,2,2,1], padding = 'VALID')
    fc1 = flatten(pool_2)#压缩成 1 维 输入 = 5×5×16 输出 = 1×400

    #C5:全连接层 输入 = 400 输出 = 120
    fc1_w = tf.Variable(tf.truncated_normal(shape = (400,120), mean = m, stddev = sigma))
    fc1_b = tf.Variable(tf.zeros(120))
    fc1 = tf.matmul(fc1,fc1_w) + fc1_b
    fc1 = tf.nn.relu(fc1)

    #F6:全连接层 输入 = 120 输出 = 84
    fc2_w = tf.Variable(tf.truncated_normal(shape = (120,84), mean = m, stddev = sigma))
    fc2_b = tf.Variable(tf.zeros(84))
    fc2 = tf.matmul(fc1,fc2_w) + fc2_b
    fc2 = tf.nn.relu(fc2)

    #输出层 输入 = 84 输出 = 10
    fc3_w = tf.Variable(tf.truncated_normal(shape = (84,10), mean = m, stddev = sigma))
    fc3_b = tf.Variable(tf.zeros(10))
    logits = tf.matmul(fc2, fc3_w) + fc3_b
    return logits
```

代码采用 tf.truncated_normal(shape，mean，stddev) 方法截断正态分布中的输出随机值，其中 shape 表示生成张量的维度，mean 是均值，stddev 是标准差。如果产生正态分布的值与均值的差值大于两倍的标准差，那就重新生成，这样保证了生成的值都在均值附近。

LeNet 网络构造完成之后，以交叉熵函数作为损失函数，并采用 Adam 策略进行自动优化学习率，具体过程如下所示。

```
rate = 0.001
    logits = LeNet(x)
    cross_entropy = tf.nn.softmax_cross_entropy_with_logits(logits, one_hot_y)
    loss_operation = tf.reduce_mean(cross_entropy)
    optimizer = tf.train.AdamOptimizer(learning_rate = rate)
    training_operation = optimizer.minimize(loss_operation)
```

2．AlexNet 网络

AlexNet 网络是最早的现代神经网络，是由亚历克斯等人在 2012 年的 ImageNet 比赛中发明的一种卷积神经网络，并以此获得了冠军。它证明了 CNN 在复杂模型下的有效性，使用 GPU 使训练在可接受的时间范围内得到结果，推动了有监督深度学习的发展。

AlexNet 网络结构如图 11-6 所示，它总共有 8 层，分别为 5 层卷积层和 3 层全连接层，其中前 5 层是卷积层，剩下 3 层是全连接层。最后一个全连接层输出到一个 1 000 维的 Softmax 层，其产生一个覆盖 1 000 类标签的分布。

第一个卷积层有 96 个大小为 11×11×3、步长为 4 个像素（stride=4）的卷积核（两个 GPU 各计算 48 个），对输入大小为 224×224×3 的图像进行卷积。第二卷积层有 256 个大小为 5×5×48、步长为 1 个像素的卷积核（两个 GPU 各 128），该卷积层需要将第一卷积层的输出作为自己的输入，并使用 5×5×48 检查（48 是输入图像的通道数）对其进行滤波。第三、第四和第五卷积层彼此是连接的，而且它们之间没有任何介于中间的池化层。第三卷积层有 384 个大小为 3×3×256 的卷积核连接到第二卷积层的输出（归一化的，池化的）。第四卷积层有 384 个大小为 3×3×192 的卷积核，第五卷积层有 256 个大小为 3×3×192 的卷积核。每个卷积层共有 4 096 个神经元。

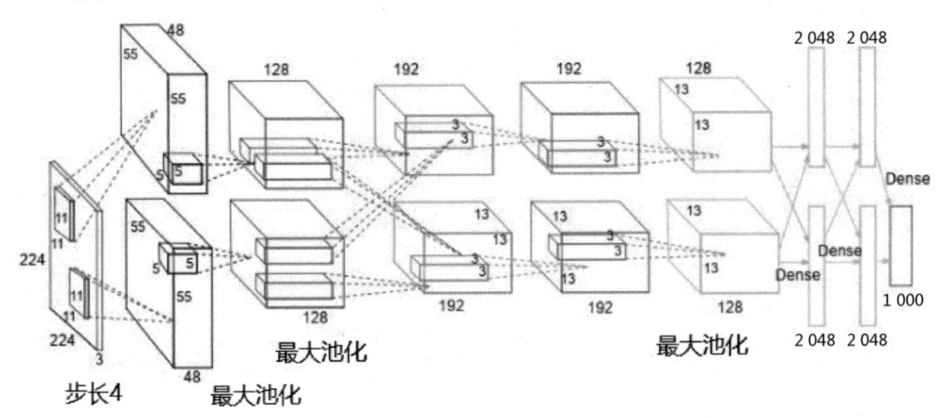

图 11-6　AlexNet 网络结构

第二、第四、第五卷积层的卷积核仅能连接到同一个显卡的前一个卷积层，第三卷积层的卷积核连接到第二个卷积层中的所有卷积核映射上，并且这两层的两块显卡的通道已经合并。全连接层中的神经元被连接到前一层中所有的神经元上，其中第一个全连接层需要处理两个显卡的通道合并，AlexNet 网络最后的输出类目是 1 000 个，所以输出为 1 000。

TensorFlow 中 AlexNet 网络的官方示例代码如下所示，其中 tensorflow.contrib.slim 是

一个第三方库，精简了代码，slim.conv2d 方法前几个参数依次是输入通道、输出通道、卷积核大小和卷积步长。另外，padding 是一种补零的方法；activation_fn 是激活函数，默认值是 ReLU；normalizer_fn 是正则化函数，默认值是 None。将 slim.batch_norm 批量正则化；normalizer_params 是 slim.batch_norm 函数中的参数，以字典形式表示；weights_initializer 是权重的初始化器，可以设置为 initializers.xavier_initializer( )；weights_regularizer 是权重的正则化器。

```
with tf.variable_scope(scope, 'alexnet_v2', [inputs]) as sc:
    end_points_collection = sc.original_name_scope + '_end_points'
with slim.arg_scope([slim.conv2d, slim.fully_connected, slim.max_pool2d],
    outputs_collections=[end_points_collection]):
    net = slim.conv2d(inputs, 64, [11, 11], 4, padding='VALID', scope='conv1')
    net = slim.max_pool2d(net, [3, 3], 2, scope='pool1')
    net = slim.conv2d(net, 192, [5, 5], scope='conv2')
    net = slim.max_pool2d(net, [3, 3], 2, scope='pool2')
    net = slim.conv2d(net, 384, [3, 3], scope='conv3')
    net = slim.conv2d(net, 384, [3, 3], scope='conv4')
    net = slim.conv2d(net, 256, [3, 3], scope='conv5')
    net = slim.max_pool2d(net, [3, 3], 2, scope='pool5')

with slim.arg_scope([slim.conv2d],weights_initializer=trunc_normal(0.005),
    biases_initializer=tf.constant_initializer(0.1)):
    net = slim.conv2d(net, 4096, [5, 5], padding='VALID',scope='fc6')
    net = slim.dropout(net, dropout_keep_prob, is_training=is_training,scope='dropout6')
    net = slim.conv2d(net, 4096, [1, 1], scope='fc7')
    end_points = slim.utils.convert_collection_to_dict(end_points_collection)
    net = slim.dropout(net, dropout_keep_prob, is_training=is_training, scope='dropout7')
    net = slim.conv2d(net, num_classes, [1, 1],
    activation_fn=None,
    normalizer_fn=None,
    biases_initializer=tf.zeros_initializer( ),
    scope='fc8')
    net = tf.squeeze(net, [1, 2], name='fc8/squeezed')
    end_points[sc.name + '/fc8'] = net
    return net, end_points
```

slim.max_pool2d 方法是对网络执行最大化池化，第 2 个参数为核大小，第 3 个参数是步长 stride；slim.arg_scope 可以定义一些函数的默认参数值，在 scope 内，如果要重复用到这些函数时可以不用把所有参数都写一遍。可以用 list 来同时定义多个函数相同的默认参数。在上述代码中使用一个 slim.arg_scope 实现共享权重初始化器和偏置初始化器。

AlexNet 网络之所以能够取得成功的原因如下。

1）采用非线性激活函数 ReLU

Tanh 函数和 Sigmoid 函数在输入极大或极小时，输出的结果变化较小且容易饱和。随着网络层次的增加，这类非线性函数还会出现梯度弥散现象，也就是出现顶层误差较大的现象；在逐层递减误差传递过程中，低层误差很小，使得深度网络底层权值更新量也很小，深层网络出现局部最优。采用非饱和线性单元——ReLU 代替传统常使用的 Tanh 函数和 Sigmoid 函数，可以加快网络训练的速度，降低计算的复杂度，在一定程度上可以避免梯度消失的问题。ReLU 为扭曲线性函数，不仅比饱和函数训练更快，而且保留了非线性的表达能力，可以训练更深层的网络。

2）采用数据增强和 Dropout 防止过拟合

数据增强是通过图像平移、水平翻转、调整图像灰度等方法扩充样本训练集，从 256×256 的图像中提取随机的 224×224 维的碎片，并在这些提取的碎片上训练网络，这就是输入图像是 224×224×3 维的原因。通过数据增强处理过后的数据扩大了训练集规模，达到 2 048 倍（32×32×2=2 048）。此外，调整图像的 RGB 像素值，在整个训练集的 RGB 像素值集合中执行 PCA，通过对每个训练图像增加已有主成分的 RGB 值，在不改变对象核心特征的基础上，增加光照强度和颜色变化的因素，可以间接增加训练集数量。扩充样本训练集，使得训练得到的网络对局部平移、旋转、光照变化具有一定的不变性，数据经过扩充以后可以减轻过拟合并提升泛化能力。

AlexNet 网络是以 0.5 的概率将每个隐层神经元的输出设置为 0，以这种方式被抑制的神经元不参与前向传播和反向传播。因此每次输入一个样本，就相当于该神经网络尝试了一个新结构。但是所有这些结构之间共享权重，某个神经元不能依赖其他神经元而存在。这种技术降低了神经元之间复杂的互适应关系，网络需要被迫学习更为强健的特征，这些特征在结合其他神经元的一些不同随机子集时很有用。

3）采用 GPU 实现

AlexNet 网络采用了并行化的 GPU 进行训练，在每个 GPU 中放置一半核（或神经元），GPU 间的通信只在某些层进行。GPU 通信采用交叉验证，精确地调整通信量，直到它的计算量可接受。

随着深度学习的发展和硬件计算能力的提升，特别是 GPU 算力越来越高，网络的层数也越来越多。

3. VGG 网络

VGG 网络是由牛津大学的视觉几何组（Visual Geometry Group）和 Google DeepMind 公司的研究员一起研发的深度卷积神经网络，并在 2014 年的 ILSVRC 比赛上获得了第二名的成绩，它将 Top-5 错误率降到了 7.3%。它的主要贡献是展示出网络的深度是算法优良性能的关键部分。与 AlexNet 网络相比，VGG 网络有着更复杂的网络结构、更多的网络参数和连接。VGG 网络和 GoogLeNet 网络这两个模型结构的共同特点是层数多。VGG 网络继承了 LeNet 网络及 AlexNet 网络的一些框架，尤其是与 AlexNet 网络框架非常像，VGG 网络也是 5 层卷积层、3 层全连接层，其中 2 层全连接层用于提取图像特征、1 层全连接层用于分类特征。根据前 5 个卷积层组每个组中的不同配置，卷积层数从 8～16 递增，VGG 网络结构如图 11-7 所示。

VGG 网络与 AlexNet 网络相比有更多的参数，更深的层次，不过 VGG 网络只需要很少的迭代次数就可以开始收敛了，这是由于深度和小的过滤尺寸起到了隐式的规则化的作用，并且一些层进行了预初始化操作。

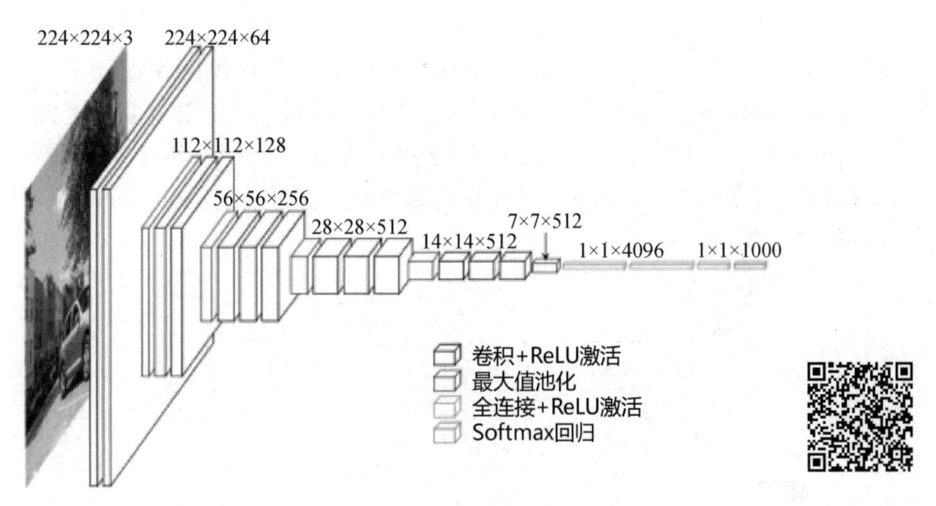

图 11-7　VGG 网络结构（彩图请扫二维码）

以下代码是基于 TensorFlow 中的 tensorflow.contrib.slim 库实现的 VGG 网络。其中 slim.repeat 允许用户重复地使用相同的运算符，第二个参数表示重复执行的次数。

```
def vgg16(inputs):
    with slim.arg_scope([slim.conv2d, slim.fully_connected],
    activation_fn=tf.nn.relu,
    weights_initializer=tf.truncated_normal_initializer(0.0, 0.01),
    weights_regularizer=slim.l2_regularizer(0.0005)):
    net = slim.repeat(inputs, 2, slim.conv2d, 64, [3, 3], scope='conv1')
    net = slim.max_pool2d(net, [2, 2], scope='pool1')
    net = slim.repeat(net, 2, slim.conv2d, 128, [3, 3], scope='conv2')
    net = slim.max_pool2d(net, [2, 2], scope='pool2')
    net = slim.repeat(net, 3, slim.conv2d, 256, [3, 3], scope='conv3')
    net = slim.max_pool2d(net, [2, 2], scope='pool3')
    net = slim.repeat(net, 3, slim.conv2d, 512, [3, 3], scope='conv4')
    net = slim.max_pool2d(net, [2, 2], scope='pool4')
    net = slim.repeat(net, 3, slim.conv2d, 512, [3, 3], scope='conv5')
    net = slim.max_pool2d(net, [2, 2], scope='pool5')
    net = slim.fully_connected(net, 4096, scope='fc6')
    net = slim.dropout(net, 0.5, scope='dropout6')
    net = slim.fully_connected(net, 4096, scope='fc7')
    net = slim.dropout(net, 0.5, scope='dropout7')
    net = slim.fully_connected(net, 1000, activation_fn=None, scope='fc8')
    return net
```

4．GoogLeNet 网络

GoogLeNet 网络是 2014 年由塞格德等人实现的 ImageNet 比赛冠军模型，这个模型说明了采用更多的卷积、更深的层次可以得到更好的结果。

GoogLeNet 网络做了更大胆的网络上的尝试而不像 VGG 网络继承了 LeNet 网络及 AlexNet 网络的一些框架，该模型虽然有 22 层，但参数量只有 AlexNet 网络的 1/12。GoogLeNet 网络的相关论文指出，获得高质量模型最保险的做法就是增加模型的深度或是宽度，但是一般情况下更深或更宽的网络会出现容易过拟合、计算复杂度大、梯度消失等问题。GoogLeNet 网络提出 Inception 模块结构将全连接甚至一般的卷积都转化为稀疏连接方法，将稀疏矩阵聚类为较为密集的子矩阵来提高计算性能。GoogLeNet 网络中的 Inception 结构如图 11-8 所示。

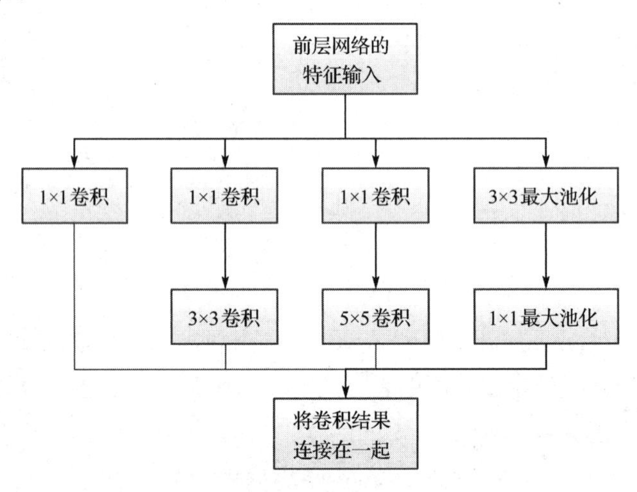

图 11-8　GoogLeNet 网络中的 Inception 结构

GoogLeNet 网络的主要创新点是采用了网中网（Network In Network，NIN）结构，即原节点也是一个网络。使用 Inception 后，提升了参数利用率，整个网络结构的广度和深度都可以得到扩展，从而带来更大的性能提升。另外 GoogLeNet 网络去除了最后的全连接层，用全局平均池化层（即将图像尺寸变为 1×1）来取代它，全连接层几乎占据了 AlexNet 网络和 VGG 网络 90%的参数量，所以去除全连接层后不仅减少了参数，而且减轻了过拟合。

1. 深度残差网络

ResNET 网络由何凯明等人实现，并在 2015 年的 ImageNet 竞赛中获胜。在深度网络优化中，存在着梯度消失和梯度爆炸的问题，在网络层数较少的情况下，通过合理的初始化可以解决这些问题。然而，随着网络层数的增加，网络回归过程中会出现梯度弥散的问题，反向梯度经过几层之后就会完全消失。当网络层数大幅度增加时，梯度达不到的层数相当于没有训练，因此适当层数的深层网络效果不如浅层网络效果好。当网络的深度不断增加时，错误率会增加，主要是因为网络结构的误差下限增加了。

ResNet 解决了这个问题，使更深层次的网络得到了更好的训练。其原理是由 N-1 层网络经 H（包括 conv、BN、relu、pooling 等）变换得到第 N 层网络，并在此基础上直接与上层网络相连，以便更好地传播梯度。利用残差网络对残差网络的映射进行重构，解决了增加层数后训练误差变大的问题。其核心是将输入 x 再次引入结果中，通过网络将 x 映射到 $F(x)+x$，网络的映射 $F(x)$ 自然趋于 $f(x)=0$。这样，堆栈层的权重趋于 0，学习起来会简单，能更加方便逼近身份映射。

残差网络中的第一次模拟测试假设模块的输出为$H(x)$。由于多层网络的叠加层在理论上可以拟合任意函数，因此可以拟合$H(x)-x$，从而将学习目标转化为$F(x)=H(x)-x$，即残差。将原始目标转化为$H(x)=F(x)+x$，其中x为恒等映射，在不增加参数和计算量的情况下，降低了优化难度，提高了训练效果。残差网络学习过程如图 11-9 所示。

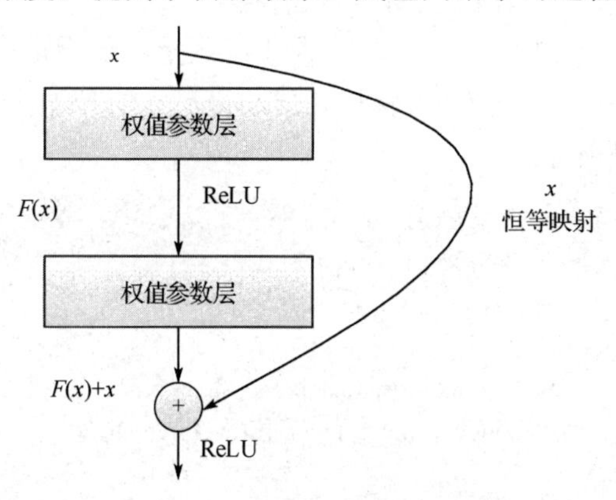

图 11-9　残差网络学习过程

采用公式对图 11-9 进行定义，为$y=F(x,\{w_i\})+x$，其中x和y分别为模块的输入和输出。$F(x,\{w_i\})$表示待训练的残差映射函数，相同的堆叠层和残差模块，只是多加了一个x，实现更方便，而且易于比较相同层的堆叠层和残差层之间的优劣。在统计学中，残差是指实际观测值与估计值的差值，这里是直接映射$H(x)$与恒等x的差值。

以下代码是构建 ResNet 模型的示意代码，其中 input_tensor 为 4 维张量，n 为生成 Residual 块的数量，为了简化代码将下述常规方法抽象出来，其中 create_batch_normalization_layer 函数是自定义的创建批量正则化方法，通过 TensorFlow 的 tf.nn.batch_normalization 来实现；create_conv_bn_relu_layer 方法中除了对输入的层进行批量正则化还应用 ReLU 方法过滤；create_output_layer 方法是创建模型的输出层。

```
def resnet_model(input_tensor, n, reuse):
    layers = []
    with tf.variable_scope('conv0', reuse=reuse):
        conv0 = create_conv_bn_relu_layer(input_tensor, [3, 3, 3, 16], 1)
        layers.append(conv0)
    for i in range(n):
        with tf.variable_scope('conv1_%d' %i, reuse=reuse):
            if i == 0: conv1 = create_residual_block(layers[-1], 16, first_block=True)
            else: conv1 = crate_residual_block(layers[-1], 16)
            layers.append(conv1)
    with tf.variable_scope('fc', reuse=reuse):
        in_channel = layers[-1].get_shape( ).as_list( )[-1]
        bn_layer = create_batch_normalization_layer(layers[-1], in_channel)
        relu_layer = tf.nn.relu(bn_layer)
```

```
            global_pool = tf.reduce_mean(relu_layer, [1, 2])
            assert global_pool.get_shape( ).as_list( )[-1:] == [64]
            output = create_output_layer(global_pool, 10)
            layers.append(output)
    return layers[-1]
```

上述代码与 VGG 算法相比的主要不同之处在于其将不同的层合并成独立的 Residual 块，其中创建 Residual 块的方法如下，输入为 4 维张量，如果是第一层网络则不需要进行正则化和 ReLU 过滤，在残差计算时，将输入层与最后一层相加作为 residual 块的输出，这是 ResNet 的核心和关键所在。

```
def create_residual_block(input_layer, output_channel, first_block=False):
    input_channel = input_layer.get_shape( ).as_list( )[-1]
    with tf.variable_scope('conv1_in_block'):
        if first_block:
            filter = create_variables(name='conv', shape=[3, 3, input_channel, output_channel])
            conv1 = tf.nn.conv2d(input_layer, filter=filter, strides=[1, 1, 1, 1],padding='SAME')
        else:
            conv1 = bn_relu_conv_layer(input_layer, [3, 3, input_channel, output_channel],stride)
    with tf.variable_scope('conv2_in_block'):
        conv2 = bn_relu_conv_layer(conv1, [3, 3, output_channel, output_channel], 1)
        output = conv2 + input_layer
    return output
```

11.3 循环神经网络

循环神经网络（Recurrent Neuron Network，RNN）是指一个随着时间的推移，重复发生的结构。其在自然语言处理、图像识别、语音识别、上下文预测、在线交易预测、实时翻译等领域有广泛应用。RNN 网络和其他网络最大的不同就在于 RNN 能够实现某种“记忆功能”，是进行时间序列分析时最好的选择。如同人类能够利用自己过往的记忆更好地认识这个世界一样。RNN 也实现了类似于人脑的这一机制，对所处理过的信息留存有一定的记忆，而不像其他类型的神经网络一样不能对处理过的信息留存记忆。

11.3.1 RNN 基本原理

在传统的神经网络模型中，各层节点之间没有连接。在循环神经网络中，当前神经元的输出也与先前的输出有关。一个典型的 RNN 网络如图 11-10 所示，包含一个输入 x_t，一个输出 h_t 和一个神经网络单元 A。和普通的神经网络不同的是，RNN 网络的神经网络单元 A 不仅仅与输入和输出存在联系，其与自身也存在一个回路。这种网络结构就揭示了 RNN 的实质：上一个时刻的网络状态信息将会作用于下一个时刻的网络状态。

循环神经网络展开如图 11-11 所示，等号右边的等价 RNN 网络中最初始的输入是 x_0，输出是 h_0，这代表着 0 时刻 RNN 网络的输入为 x_0，输出为 h_0，网络神经元在 0 时刻的状

态保存在 A 中。当下一个时刻 1 到来时，此时网络神经元的状态不仅仅由 1 时刻的输入 x_1 决定，也由 0 时刻的神经元状态决定。以后的情况都以此类推，直到时间序列的末尾 t 时刻。RNN 可以被视为对同一网络的重复执行，每个执行的结果是下一个执行的输入。

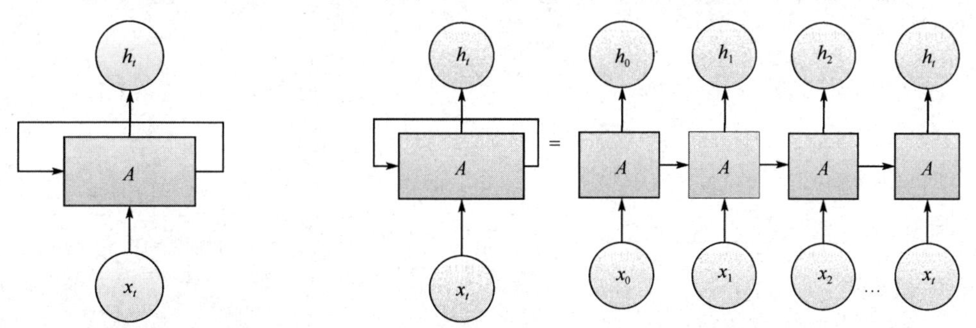

图 11-10　典型的 RNN 网络　　图 11-11　循环神经网络展开

【例 11.1】对一个包含 5 个单词的语句，展开的网络便是一个 5 层的神经网络，每一层代表一个单词，网络参数为 W_1、W_2 和 W_3，循环神经网络展开如图 11-12 所示。可以看到在时间 t 为 1～5 时网络的输入状态，每一个状态都会产生一个神经网络；当时间 $t=5$ 时，输入包括了之前所有的状态输出。

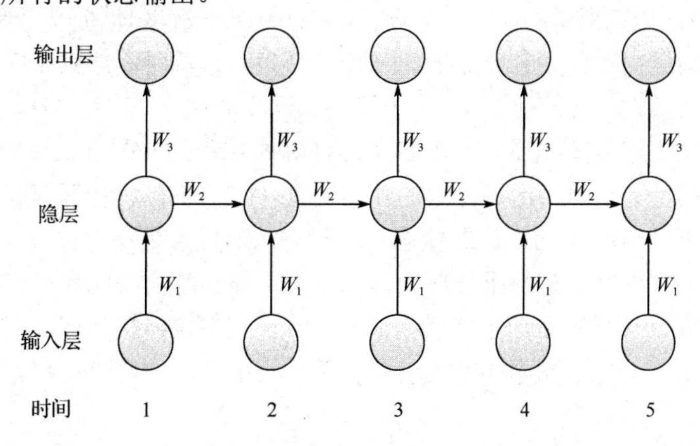

图 11-12　循环神经网络展开

RNN 大致可以分为一对多、多对一、多对多三种，图 11-13（a）的输入是多个，输出也是多个，并且是同步的，如进行字幕标记；图 11-13（b）是输入是多个，输出也是多个，如机器翻译；图 11-13（c）是输入是多个，输出是一个，常用来处理序列分类问题；图 11-13（d）是一个输入和多个输出，如输入一张图像，输出这个图像的描述信息。

由于 RNN 模型与时间序列有关，因此不能直接使用 BP（Back Propagation）算法。针对 RNN 问题的特殊情况，有人提出了 BPTT（Backpropagation Through Time）算法。通过整合层间和时间上的传播来优化参数。RNN 存在长期依赖（Long Term Dependencies）的问题。由于其核心思想是将以前的信息连接到当前任务上，当前位置与相关信息所在位置之间的距离相对较小，因此可以训练 RNN 使用这些信息。然而，随着距离的增加，RNN 对如何连接这些信息无能为力。

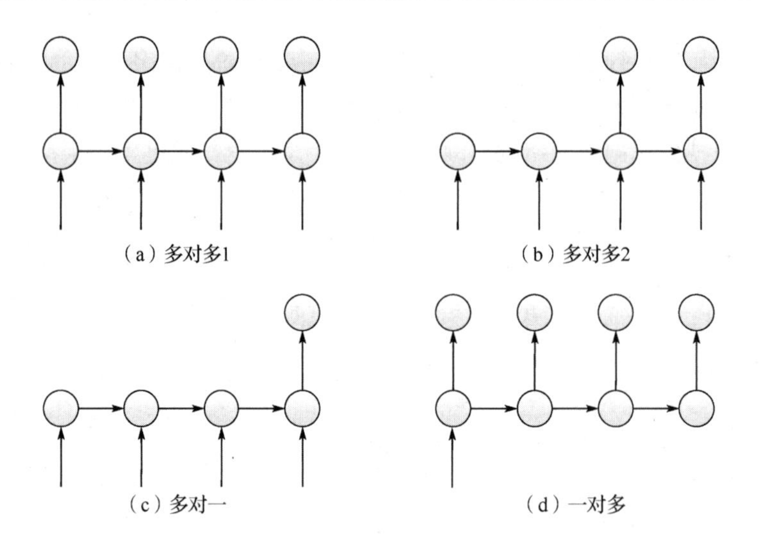

（a）多对多1　　（b）多对多2

（c）多对一　　（d）一对多

图 11-13　循环神经网络种类

11.3.2　长短期记忆网络

长短期记忆（Long Short-Term Memory，LSTM）网络是 1997 年由霍克赖特和 Schmiduber 提出，并在近期被亚历克斯进行了改良和推广的 RNN 的一种变体，是为了解决一般的 RNN 存在的长期依赖问题而专门设计出来的，适用于处理和预测时间序列中间隔与延迟非常长的重要事件。

RNN 由于梯度消失只能短期记忆网络，LSTM 利用门的开关度来决定读、写或清除哪些信息。其中门的开关信号由激活函数的输出决定。LSTM 的门控制是模拟模式，即具有一定的模糊性，不是 0 和 1 的二进制状态。这种方法的优点是易于实现微分处理，有利于误差反向传播，一定程度上解决了长序列训练过程中的梯度消失问题。

LSTM 具有循环神经网络的重复模块链的形式，其模块结构如图 11-14 所示。在图中可以同时看到数据在记忆单元中如何流动，以及单元中的门如何控制数据流动。

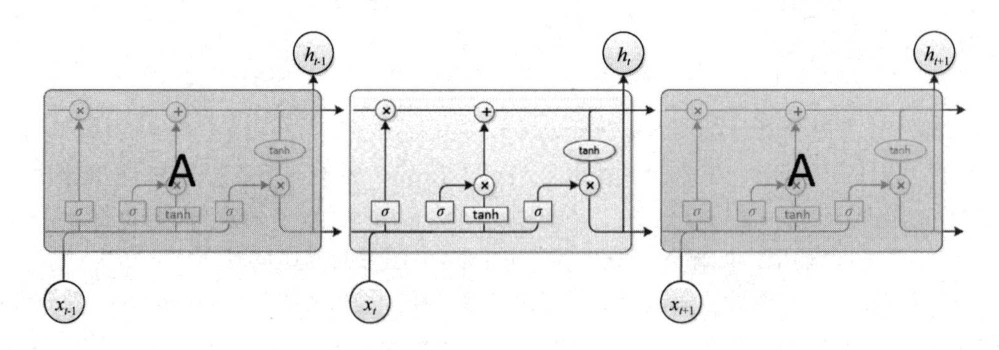

图 11-14　LSTM 模块结构

在图 11-14 中，每一行都带有一个向量，该向量从一个节点输出，经过处理后作为其他节点的输入。圆圈表示点向运算，如向量加法、点乘，而框是学习神经网络层。线的合并表示连接，而线的交叉表示其内容正在复制，副本将转到不同的位置。

LSTM 的关键是细胞状态（Cell State），表示细胞状态的这条线水平地穿过图的顶部。细胞的状态类似于输送带，细胞的状态在整个链上运行，只有少量线性操作与之作用，因此信息很容易保持不变地流过整个链，LSTM 的细胞状态如图 11-15 所示。

LSTM 中删除或添加信息到细胞状态的能力，是由被称为门（Gate）的结构所赋予的，LSTM 中的门结构如图 11-16 所示。门(Gate)是一种可选地让信息通过的方式。它由一个 Sigmoid 神经网络层和一个点乘法运算组成。

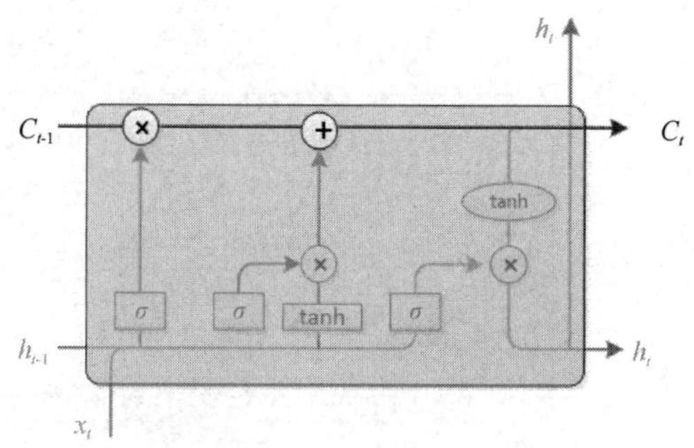

图 11-15　LSTM 的细胞状态

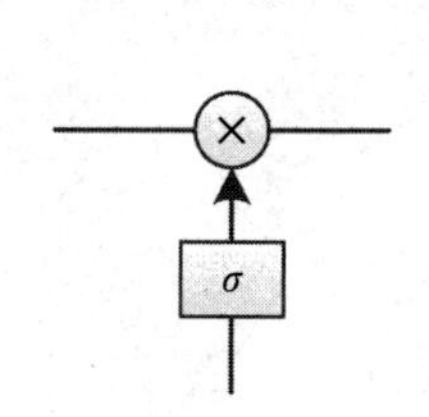

图 11-16　LSTM 中的门结构

Sigmoid 网络层输出 0 和 1 之间的数值，这个数值控制每个组件有多少信息可以通过，0 表示不通过任何信息，1 表示全部通过。LSTM 有三个门，用于保护和控制细胞的状态。

LSTM 的第一步是决定要从细胞状态中丢弃什么信息。该决定由被称为“忘记门”的 Sigmoid 层实现。LSTM 中的忘记门信息来源如图 11-17 所示，它查看 h_{t-1}（前一个输出）和 x_t（当前输入），并为单元格状态 C_{t-1}（上一个状态）中的每个数字输出介于 0 和 1 之间的数字。1 代表完全保留，而 0 代表彻底删除。

注： $f_t = \sigma\left(W_f \bullet [h_{t-1}, x_t] + b_f\right)$。

下一步是决定要在细胞状态中存储什么信息。

首先，称为“输入门”的 Sigmoid 层决定了将更新哪些值；然后，将两者结合起来以生成状态更新；LSTM 中的输入门信息来源如图 11-18 所示。

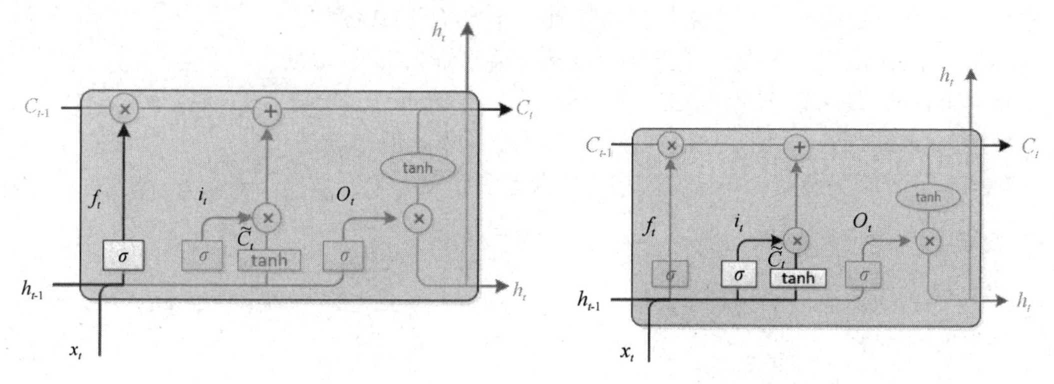

图 11-17　LSTM 中的忘记门信息来源

图 11-18　LSTM 中的输入门信息来源

注： $i_t = \sigma\left(W_t \bullet [h_{t-1}, x_t] + b_i\right)$，　　$\tilde{C}_t = \tanh(W_C \bullet [h_{t-1}, x_t] + b_C)$。

接着，旧单元状态 C_{t-1} 更新为 C；将旧状态乘以 f_t，以遗忘之前决定忘记的信息；添加$i_t \times \tilde{C}_t$。缩放系数i_t根据决定更新状态的数量来设置，LSTM 中的输入门与忘记门结合如图 11-19 所示。

注：$C_t = f_t \bullet C_{t-1} + i_t \bullet C_t$。

最后，决定输出什么，单位状态确定输出什么值。先使用 Sigmoid 层来决定要输出单元状态的哪一部分；接下来使用 Tanh 函数处理单位状态（将状态值映射到[-1，1]之间）；最后将其与 Sigmoid 门的输出值相乘以输出最终值，LSTM 中的输出门如图 11-20 所示。

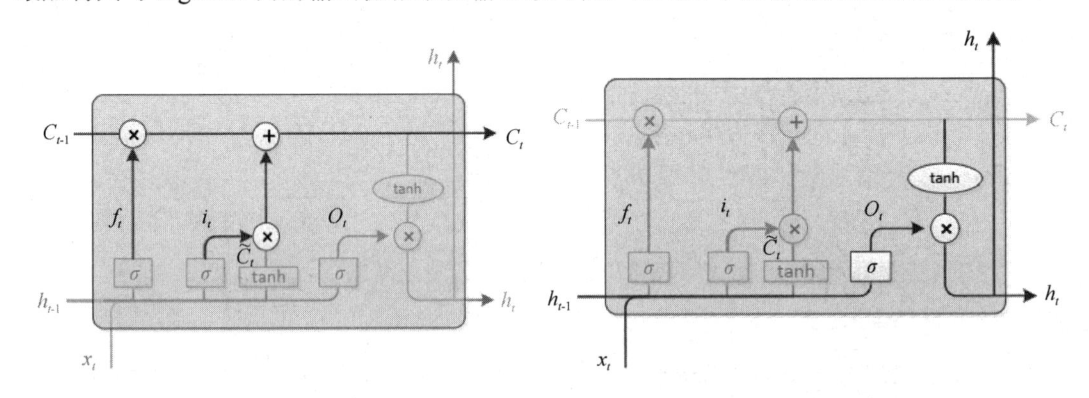

图 11-19　LSTM 中的输入门与忘记门结合　　　　图 11-20　LSTM 中的输出门

注：$o_t = \sigma\left(W_o \bullet \left[h_{t-1}, x_t\right] + b_o\right)$，$h_t = o_t \bullet \tanh\left(C_t\right)$。

【例 11.2】基于 LSTM 预测股票走势。

股票市场的股价、指数等数据是典型的时间序列形式，即每隔一个时间段就会生成一条数据，本例是基于上证指数的收盘价对其进行分析预测。

按照收集数据、建模、训练、预测这一过程进行。其中的数据来源于上海证券交易所的公开数据，每 3 分钟一条记录，共计 30 000 条数据。股票数据示例如图 11-21 所示。

Karas 库用于构建模型，代码如下。在建立模型的方法中，参数 layers 是一个数组，其值为[1，50，100，1]，即输入的维数为（50，1），每 50 个收盘价作为一个段，第一层的输出为 50，并返回序列，使用 Dropout 进行优化，其中随机断开神经元的比例为 40%，第二层输出维为 100 维，第三层全连接层输出维为 1 维，激活函数为 linear，还可以选择 ReLU、Sigmoid 等；compile 方法是设置模型的训练参数。例如，采用 rmsprop 作为优化器，用均方误差（MSE）计算损失函数，每次迭代均计算误差和精度。

1	2615.2
2	2611
3	2610
4	2607.8
5	2609
6	2604.6
7	2599.6
8	2592.6
9	2594.6
10	2595.4

图 11-21　股票数据示例

```
def build_model(layers):
    model = Sequential( )
    model.add(LSTM(input_shape=(layers[1], layers[0]),output_ dim= layers[1], return_
sequences=True))
    model.add(Dropout(0.2))
    model.add(LSTM(layers[2],return_sequences=False))
    model.add(Dropout(0.2))
    model.add(Dense(output_dim=layers[3]))
    model.add(Activation( " linear " ))
```

```
        model.compile(loss= " mse " , optimizer= " rmsprop " )
        return model
```

模型建立完成后，将数据按 95:5 的比例划分为训练集和测试集，涨跌预测窗口大小为 100，即 seq_len 为 100，对窗口中的数据进行归一化处理，最后一条记录与第一条记录进行比较，作为预测结果。model.fit 方法是调用训练过程，每 512 条记录作为一批，迭代次数为 1。在迭代过程中，取 5%的数据进行验证。

```
    seq_len = 100
        x_train, y_train, x_test, y_test = lstm.load_data('small_data.csv', seq_len, True)
        filepath =  " model.h5 "
        checkpoint = ModelCheckpoint(filepath, monitor='loss', verbose=1, save_best_only=True,
    mode='min')
        callbacks_list = [checkpoint]
        model = build_model([1, 100, 200, 1])
        model.fit(x_train,y_train,batch_size=512,nb_epoch=1,validation_split=0.05,
    callbacks=callbacks_list)
        print(model.summary( ))
```

训练完成后可以将模型信息输出到屏幕进行查看，其中 Layer（type）列表示模型的各个层和类别，Output Shape 为每一层的输出结果，Param 列出来的是参数的个数。模型的总参数数量为 28 万个，模型参数训练结果如图 11-22 所示。

```
_________________________________________________________________
Layer (type)                 Output Shape              Param #
=================================================================
lstm_1 (LSTM)                (None, 100, 100)          40800
_________________________________________________________________
dropout_1 (Dropout)          (None, 100, 100)          0
_________________________________________________________________
lstm_2 (LSTM)                (None, 200)               240800
_________________________________________________________________
dropout_2 (Dropout)          (None, 200)               0
_________________________________________________________________
dense_1 (Dense)              (None, 1)                 201
_________________________________________________________________
activation_1 (Activation)    (None, 1)                 0
=================================================================
Total params: 281,801
Trainable params: 281,801
Non-trainable params: 0
_________________________________________________________________
```

图 11-22　模型参数训练结果

下一步将对模型进行验证，将测试数据按照每 100 条作为一段进行分隔，其中 window_size 表示窗口大小。

```
    def predict_sequences(model, data, window_size, prediction_len):
        prediction_seqs = []
        for i in range(int(len(data)/prediction_len)):
            curr_frame = data[i*prediction_len]
            predicted = []
        for j in range(prediction_len):
```

```
            predicted.append(model.predict(curr_frame[newaxis,:,:])[0,0])
            curr_frame = curr_frame[1:]
            curr_frame = np.insert(curr_frame, [window_size-1], predicted[-1], axis=0)
            prediction_seqs.append(predicted)
        return prediction_seqs
```

将预测结果进行可视化，股票预测结果如图 11-23 所示。

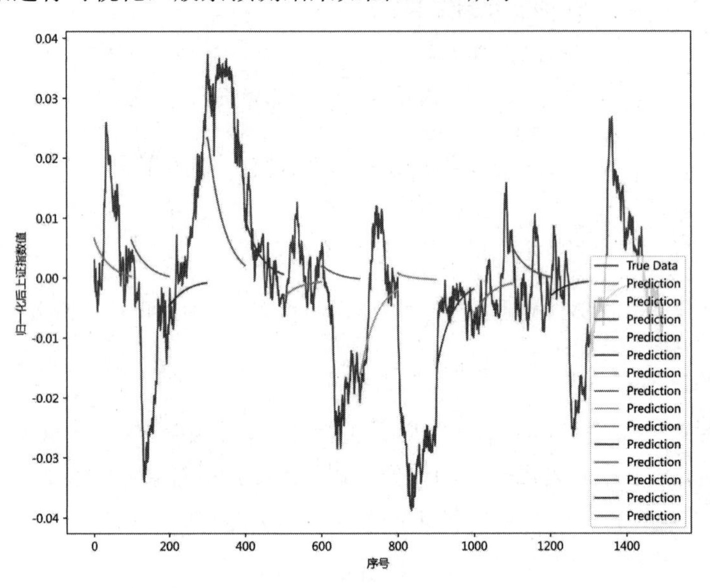

图 11-23　股票预测结果（彩图请扫二维码）

本例中股票预测是趋势预测，是在雅各布等人的预测基础上改进的，它只是用来学习如何应用 LSTM 相关算法，并且在特征选择中只选择收盘价作为 LSTM 的输入。如果要应用到实践中，还需要增加更多与股指相关的特征，如成交量、开盘价、换手率，以及经过数据预处理后的平滑移动平均线（Moving Average Convergence Divergence，MACD）、平行线差指标（Different of Moving Average，DMA）、随机指标（KDJ）等指标，感兴趣的读者可在此基础上进一步研究。

11.3.3　门限循环单元

门限循环单元（Gated Recurrent Unit，GRU）是相关学者在 2014 年提出的一种 LSTM 的变体，LSTM 虽然有很多变体，但经过专业人士测评，这些变体和 LSTM 在性能与准确度上几乎无差别，只是在具体的业务使用上稍有差异。GRU 对 LSTM 的改动比较大，它将忘记门和输入门合在一起，形成了一个单一的更新门，同时还混合了细胞状态和隐藏状态，此外还有一些其他的改动，门限循环单元如图 11-24 所示。

GRU 只有两个门：更新门和重置门。遗忘门和输入门合并为一个更新门（Update Gate），并合并元胞状态和隐状态，即图 11-24 中的 z_t 和 r_t。更新门用于控制上一次的状态信息进入当前状态的程度。更新门的值越大，有关先前状态的信息就越多。重置门用于控制忽略前一时间状态信息的程度。重置门的值越大，忽略的状态信息就越多。该模型比标准的

LSTM 模型更加简化，并且越来越流行。

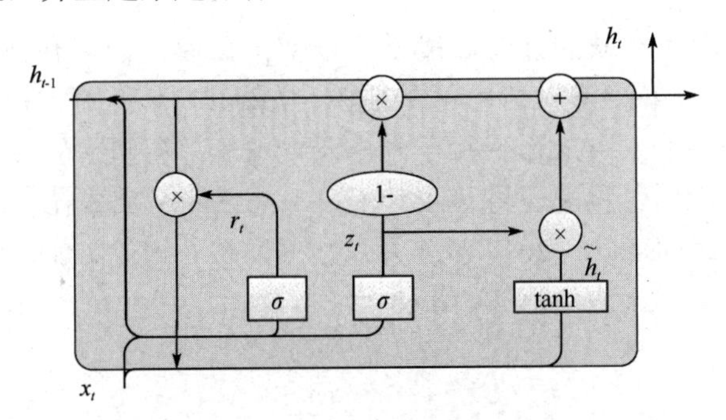

图 11-24　门限循环单元

注：$z_t=\sigma\left(W_z\bullet\left[h_{t-1},x_t\right]\right)$，$r_t=\sigma\left(W_r\bullet\left[h_{t-1},x_t\right]\right)$，$\tilde{h}_t=\tanh\left(W\bullet\left[r_t\bullet h_{t-1},x_t\right]\right)$，$h_t=\left(1-z_t\right)\bullet h_{t-1}+z_t\bullet\tilde{h}_t$。

11.4　深度学习流行框架

目前深度学习领域中的主要实现框架有 Torch/PyTorch、TensorFlow、Caffe/Cafe2、Keras、MxNet、Deeplearning4j 等，下面详细介绍各框架的特点。

1．Torch/PyTorch

Torch 是一个支持机器学习算法的深度学习计算框架，API 采用 Lua 语言编写。其核心是分层定义网络，优点是它包含大量的模块化组件，可以快速组合，并且有更多训练有素的模型，可以直接使用。此外，Torch 支持 GPU 加速，具有很强的模型性能。

Torch 虽然强大，但其模式需要 LuaJIT 的支持，这给开发商学习和应用集成都带来了一些障碍。它在文档中的支持较弱，商业支持较少，并且大部分时间需要自己编写训练代码。最新的 Torch 是由脸书在 2017 年 1 月正式开放了 Python 语言的 API 支持的，即 PyTorch，它支持动态变量输入和输出，这对 RNN 和其他应用程序很有帮助。

PyTorch 是 Torch 的 Python 版本，专门针对 GPU 加速的深度神经网络（DNN）编程，能够实现强大的 GPU 加速，同时还支持动态神经网络。PyTorch 既可以看作加入了 GPU 支持的 Numpy，同时也可以看成一个拥有自动求导功能的强大深度神经网络。

2．TensorFlow

TensorFlow 是用 Python API 编写的。它由 C/C++引擎加速，由谷歌公司开发和开源，具有很大的影响力和大量的社区用户。相应的教程、资源和社区贡献也更多。问题发生后它更容易找到解决办法。它不仅用于深度学习，还支持用于加强学习和其他算法的工具。与 Numpy 等数据库相结合，可以实现强大的数据分析能力，支持数据和模型的并行操作。在数据表示方面，可以使用 TensorBoard 在 Web 模式下将训练过程和结果可视化，只要参数和结果显示在文件的培训过程记录中。

3. Caffe

Caffe 是一个清晰而高效的开源深度学习框架，目前由伯克利视觉学中心（Berkeley Vision and Learning Center，BVLC）进行维护。虽然其内核是用 C++编写的，但 Caffe 有 Python 和 Matlab 相关接口。Caffe 应用于学术研究项目，初创原型甚至视觉、语音和多媒体领域的大规模工业应用。雅虎还将 Caffe 与 Apache Spark 集成在一起，创建了一个分布式深度学习框架 CaffeOnSpark。2017 年 4 月，脸书发布 Caffe2，加入了递归神经网络等新功能。2018 年 3 月底，Caffe2 并入 PyTorch。

4. Keras

Keras 是谷歌软件工程师弗朗索瓦开发的，是一个基于 Theano 和 TensorFlow 的、具有相对直观 API 的深度学习库。这可能是目前最好的 Python API。将来，它可能会成为 TensorFlow 的默认 Python API。它更新速度更快，拥有更多的资源，受到开发人员的欢迎。

5. MxNet

MxNet 是一个机器学习框架，它提供了多种 API，主要用于 R、Python 和 Julia 语言。它由华盛顿大学的佩德罗及其研究团队管理和维护。它有详细的文件，易于初学者理解和掌握。它是一个快速灵活的深度学习库，已被亚马逊云服务采用。

6. Deeplearning4j

Deepelarning4j 是用 Java 编写的，因此它的可用性更高，开发人员的学习曲线更短，在现有 Java 系统中集成和使用更方便。通过 Hadoop、Spark、Hive、Lucene 等开源系统扩展，可以实现无缝集成，具有良好的生态环境支持。Deepelarning4j 中提供了强大的科学计算库 ND4J，可以在 CPU 或 GPU 上分布，API 对接可以通过 Java 或 Scala 实现。它可以快速应用 CNN、RNN 等模型对图像进行分类，支持任意多个 GPU 的并行操作，并提供在多个并行 GPU 集群上运行的功能。

11.5 基于卷积神经网络识别手写数字的实战

11.5.1 实验目的

（1）熟悉 MNIST 数据集的内容和格式。

（2）掌握卷积神经网络（CNN）的原理和运用。

（3）熟悉神经网络模型的创建、训练和预测的流程。

11.5.2 实验背景

本实验将使用 MNIST 数据集，其包括 55 000 个训练集数字图像和标签，5 000 个验证图像和标签，以及 10 000 个测试集图像和标签。本实验基于卷积神经网络（CNN）的基本原理，建立了神经网络模型。读取 55 000 个图像和标签进行训练，然后对测试数据集进行预测。MNIST 数据集是一种应用广泛的数据集。几乎所有的图像训练教程都会以它为例。它已成为一个典范数据。

本实验采用基于 CNN 的 TensorFlow 来识别 MNIST 数据。多层感知器（Multi-Layer Perceptron，MLP）又称人工神经网络（Artificial Neural Network，ANN）。除了输入和输出层，它还可以有多个隐藏层。卷积神经网络是 MLP 之后发展起来的，在精度和效率上都优于 MLP。在卷积层，每个感知器的节点算法公式为卷积。卷积有一个滑动窗口。在编写网络模型时，人们主要定义了卷积的大小、通道数和每次移动的步长。

11.5.3　实验原理

神经网络（Neural Networks）的基本组成包括输入层、隐藏层、全连接层和输出层。而卷积神经网络的特点在于隐藏层分为卷积层、激励层和池化层。通过卷积神经网络的隐藏层可以减少输入的特征。下面是各层作用的简要描述。

（1）输入层：用于将数据输入训练网络。输入层的数据不限定维度，mnist 数据集中是 28×28 的灰度图像，因此输入为[28, 28]的二维矩阵。

（2）卷积层：使用卷积核提取特征。卷积层使用卷积核即过滤器来获取特征，这里需要指定过滤器的个数、大小、步长及零填充的方式

（3）激励层：对线性运算进行非线性映射，解决线性模型不能解决的问题。激励层是神经网络的关键，有了激活函数就可以解决一些复杂的非线性问题，卷积神经网络常用的激活函数是 ReLU 函数，即 $f(x)=\max(0,x)$。

（4）池化层：对特征进行稀疏处理，目的是减少特征数量。池化层的主要目的是特征提取，Feature Map 去掉不重要的样本，进一步减少参数数量，池化层常用的方法是 Max Pooling。

（5）全连接层：在网络末端恢复特征，减少特征的损失。前面的卷积和池化相当于是特征工程，全连接相当于是特征加权，在整个神经网络中起到“分类器”的作用。

（6）输出层：输出层表示最终结果的输出，该问题是个 10 分类问题，因此输出层有 10 个神经元向量。

11.5.4　实验环境

（1）Ubuntu 16.04。

（2）Python 3.6。

（3）Numpy 1.18.3。

（4）TensorFlow 1.5.0。

11.5.5　实验步骤

1．数据准备

首先导入 TensorFlow 的 examples 里的数据集组件，加载 mnist 数据集。这时会创建一个 MNIST_data 目录，然后从网上下载数据集到这个目录。

```
from tensorflow.examples.tutorials.mnist import input_data
mnist = input_data.read_data_sets('MNIST_data/', one_hot=True)
```

MNIST 数据集（见图 11-25）一共 4 个文件，手动创建 MNIST_data 目录，将下载好的 4 个文件移入其中，再次运行加载代码读取数据集。

```
train-images-idx3-ubyte.gz:  training set images (9912422 bytes)
train-labels-idx1-ubyte.gz:  training set labels (28881 bytes)
t10k-images-idx3-ubyte.gz:   test set images (1648877 bytes)
t10k-labels-idx1-ubyte.gz:   test set labels (4542 bytes)
```

图 11-25　MNIST 数据集

2. 网络设计

在训练神经网络模型前，需要预先设定参数，然后根据训练的情况来调整参数的值，本模型的参数如下：

```
# 图像的宽和高
img_size = 28×28
# 图像的 10 个类别，0~9
num_classes = 10
# 学习率
learning_rate = 1e-4
# 迭代次数
epochs = 10
# 每批次大小
batch_size = 50
```

创建神经网络模型，使用卷积来添加网络模型中的隐藏层，这里添加两层卷积层，然后使用 Softmax 多类别分类激活函数，配合交叉熵计算损失值，通过 Adam 来定义优化器。

1）准备数据占位符

```
# 定义输入占位符
x = tf.placeholder(tf.float32, shape=[None, img_size])
x_shaped = tf.reshape(x, [-1, 28, 28, 1])

# 定义输出占位符
y = tf.placeholder(tf.float32, shape=[None, num_classes])
```

2）定义卷积函数

卷积层的四个参数为：输入图像、权重、步长、填充。其中填充 padding 为 SAME，表示在移动窗口中，不够 filter 大小的数据就用 0 填充，如果 padding 为 VALID，则表示不够 filter 大小的那块数据就不要了。

添加最大池化层，ksize 值的形状是[batch，height，width，channels]，步长 strides 值的形状是[batch，stride，stride，channels]

```
def create_conv2d(input_data, num_input_channels, num_filters, filter_shape, pool_shape, name):
```

```
        # 卷积的过滤器大小结构是[filter_height, filter_width, in_channels, out_channels]
        conv_filter_shape = [filter_shape[0], filter_shape[1], num_input_channels, num_filters]

        # 定义权重 Tensor 变量，初始化时是截断正态分布，标准差是 0.03
        weights = tf.Variable(tf.truncated_normal(conv_filter_shape, stddev=0.03), name=name+ " _W " )

        # 定义偏移项 Tensor 变量，初始化时是截断正态分布
        bias = tf.Variable(tf.truncated_normal([num_filters]), name=name+ " _b " )

        # 定义卷积层
        out_layer = tf.nn.conv2d(input_data, weights, (1, 1, 1, 1), padding= " SAME " )
        out_layer += bias
        # 通过激活函数 ReLU 来计算输出
        out_layer = tf.nn.relu(out_layer)
        # 添加最大池化层
        out_layer = tf.nn.max_pool(out_layer, ksize=(1, pool_shape[0], pool_shape[1], 1), strides=(1, 2, 2,
1), padding= " SAME " )
        return out_layer
```

3）添加第一层卷积网络，深度为 32

```
layer1 = create_conv2d(x_shaped, 1, 32, (5, 5), (2, 2), name= " layer1 " )
```

4）添加第二层卷积网络，深度为 64

```
layer2 = create_conv2d(layer1, 32, 64, (5, 5), (2, 2), name= " layer2 " )
```

5）添加扁平化层，扁平化为一个大向量

```
flattened = tf.reshape(layer2, (-1, 7 × 7 × 64))
```

6）添加全连接层

```
wd1 = tf.Variable(tf.truncated_normal((7 * 7 * 64, 1000), stddev=0.03), name= " wd1 " )
bd1 = tf.Variable(tf.truncated_normal([1000], stddev=0.01), name= " bd1 " )
dense_layer1 = tf.add(tf.matmul(flattened, wd1), bd1)
dense_layer1 = tf.nn.relu(dense_layer1)
```

7）添加输出全连接层，深度为 10，因为只需要 10 个类别

```
wd2 = tf.Variable(tf.truncated_normal((1000, num_classes), stddev=0.03), name= " wd2 " )
bd2 = tf.Variable(tf.truncated_normal([num_classes], stddev=0.01), name= " bd2 " )
dense_layer2 = tf.add(tf.matmul(dense_layer1, wd2), bd2)
```

8）添加激活函数的 Softmax 输出层

通过 Softmax 交叉熵定义计算损失值，定义的优化器是 Adam

```
y_ = tf.nn.softmax(dense_layer2)
cost = tf.reduce_mean(tf.nn.softmax_cross_entropy_with_logits(logits=y_, labels=y))

optimizer = tf.train.AdamOptimizer(learning_rate=learning_rate).minimize(cost)
```

9）比较正确的预测结果，计算预测的精确度

变量 correct_prediction 保存的值都是 True 或 False，之后通过 tf.cast 函数将 True 转换成 1，False 转换成 0，最后通过 tf.reduce_mean 计算元素的均值。

```
correct_prediction = tf.equal(tf.argmax(y, 1), tf.argmax(y_, 1))
accuracy = tf.reduce_mean(tf.cast(correct_prediction, tf.float32))
```

3. 模型训练

训练完本模型后，需要通过模型来预测测试集数据，所以此处使用 tf.train.Saver( )来保存模型的最佳检查点，模型会保存在 checkpoints 目录下，名称是 mnist_cnn_tf.ckpt。

```
import math

iteration = 0

# 定义要保存训练模型的变量
saver = tf.train.Saver( )

# 创建 TensorFlow 会话
with tf.Session( ) as sess:
    # 初始化 TensorFlow 的全局变量
    sess.run(tf.global_variables_initializer( ))
    # 计算所有的训练集需要被训练多少次，当每批次是 batch_size 个时
    batch_count = int(math.ceil(x_train.shape[0] / float(batch_size)))

    # 要迭代 epochs 次训练
    for e in range(epochs):
        # 对每张图像进行训练
        for batch_i in range(batch_count):
            # 每次取出 batch_size 张图像
            batch_x, batch_y = mnist.train.next_batch(batch_size=batch_size)
            # 训练模型
            _, loss = sess.run([optimizer, cost], feed_dict={x: batch_x, y: batch_y})

            # 每训练 20 次图像时打印一次日志信息，也就是 20 次乘以 batch_size 个图像已经被训练了
            if batch_i % 20 == 0:
                print( " Epoch: {}/{} " .format(e+1, epochs),
                      " Iteration: {} " .format(iteration),
                      " Training loss: {:.5f} " .format(loss))
            iteration += 1

            # 每迭代一次时，做一次验证，并打印日志信息
            if iteration % batch_size == 0:
                valid_acc = sess.run(accuracy, feed_dict={x: x_valid, y: y_valid})
                print( " Epoch: {}/{} " .format(e, epochs),
```

```
                  " Iteration: {} " .format(iteration),
                  " Validation Accuracy: {:.5f} " .format(valid_acc))

    # 保存模型的检查点
    saver.save(sess,  " checkpoints/mnist_cnn_tf.ckpt " )
```

在每批次大小设置为 50、迭代次数设置为 10 时，总共训练次数为 55 000 / 50 × 10 = 11 000 次，大约 5 分钟训练完毕，训练日志如图 11-26 所示。

```
Epoch: 1/10 Iteration: 0 Training loss: 2.30278
Epoch: 1/10 Iteration: 20 Training loss: 2.32207
Epoch: 1/10 Iteration: 40 Training loss: 2.30476
Epoch: 0/10 Iteration: 50 Validation Accuracy: 0.11000
Epoch: 1/10 Iteration: 60 Training loss: 2.31522
Epoch: 1/10 Iteration: 80 Training loss: 2.31266
Epoch: 0/10 Iteration: 100 Validation Accuracy: 0.20720
Epoch: 1/10 Iteration: 100 Training loss: 2.30856
Epoch: 1/10 Iteration: 120 Training loss: 2.29936
Epoch: 1/10 Iteration: 140 Training loss: 2.31679
Epoch: 0/10 Iteration: 150 Validation Accuracy: 0.09580
Epoch: 1/10 Iteration: 160 Training loss: 2.26478
...
Epoch: 10/10 Iteration: 10860 Training loss: 1.49015
Epoch: 10/10 Iteration: 10880 Training loss: 1.50177
Epoch: 9/10 Iteration: 10900 Validation Accuracy: 0.98360
Epoch: 10/10 Iteration: 10900 Training loss: 1.48207
Epoch: 10/10 Iteration: 10920 Training loss: 1.46847
Epoch: 10/10 Iteration: 10940 Training loss: 1.46172
Epoch: 9/10 Iteration: 10950 Validation Accuracy: 0.98320
Epoch: 10/10 Iteration: 10960 Training loss: 1.48210
Epoch: 10/10 Iteration: 10980 Training loss: 1.47377
Epoch: 9/10 Iteration: 11000 Validation Accuracy: 0.98320
```

图 11-26　训练日志

从日志可以观察到损失值逐渐减小，精度逐渐变大，最后可达到 0.98。

4．模型测试

对测试数据集的样本进行预测，得到精确度。在预测前，先通过 tf.train.Saver( )读取训练时的模型检查点 checkpoint。

```
# 预测测试数据集
saver = tf.train.Saver( )
with tf.Session( ) as sess:
    # 从 TensorFlow 会话中恢复之前保存的模型检查点
    saver.restore(sess, tf.train.latest_checkpoint('checkpoints/'))

    # 通过测试集预测精确度
    test_acc = sess.run(accuracy, feed_dict={x: x_test, y: y_test})
    print( " test accuracy: {:.5f} " .format(test_acc))
```

计算精确度如图 11-27 所示。

```
INFO:tensorflow:Restoring parameters from checkpoints/mnist_cnn_tf.ckpt
test accuracy: 0.98300
```

图 11-27　计算精确度

本章主要介绍深度学习相关的概念和主流框架，重点介绍卷积神经网络和循环神经网络的理论、整体结构及常见应用。

首先介绍了卷积神经网络（Convolutional Neuron Network，CNN）的整体结构和常见的卷积神经网络，关于卷积神经网络结构，依次介绍了卷积层、激活函数、权重初始化、池化层、全连接层、输出层的相关概念。常见的卷积神经网络有 LeNet 网络、AlexNet 网络、VGG 网络、GoogLeNet 网络、深度残差网络。

接着介绍了循环神经网络（Recurrent Neuron Network，RNN），RNN 主要用来处理序列数据，结合两个案例介绍了 RNN 的基本原理，接着介绍了长短期记忆网络和门限循环单元。

然后介绍了目前深度学习领域中的主要实现框架 TensorFlow、Caffe、Torch/PyTorch、Keras、MxNet、Deeplearning4j，并详细对比介绍各框架的特点。

最后介绍了基于卷积神经网络（CNN）的 TensorFlow 实现对 MNIST 数据的识别，在训练的过程中计算并输出训练损失值，每迭代一次做一次验证，打印日志信息。训练完毕后，训练损失值从 2.30 降到 1.46，而精度也从 0.11 提升到 0.98。